直觉模糊二人
非合作博弈理论与方法

南江霞　李登峰　著

科学出版社
北京

内 容 简 介

本书系统阐述了直觉模糊二人非合作博弈的理论模型与求解方法，主要内容包括：直觉模糊集的基本理论，直觉模糊数排序方法的基本理论，二人非合作博弈的基本理论，目标为直觉模糊集的二人零和博弈，支付值为直觉模糊集的二人零和博弈，支付值为直觉模糊数的二人零和博弈，策略带有约束的直觉模糊数二人零和博弈与支付值为直觉模糊数二人非零和博弈的理论模型及求解方法. 每章均通过数值实例介绍理论模型与方法的具体应用.

本书适合运筹学、决策科学、管理科学、模糊数学、系统工程、应用数学等专业的研究人员和高校师生参考与阅读.

图书在版编目(CIP)数据

直觉模糊二人非合作博弈理论与方法 / 南江霞，李登峰著. —北京：科学出版社, 2019.6

ISBN 978-7-03-061393-6

Ⅰ. ①直… Ⅱ. ①南… ②李… Ⅲ. ①模糊集－研究 Ⅳ. ①O159

中国版本图书馆 CIP 数据核字(2019)第 110676 号

责任编辑：李　莉 / 责任校对：杨聪敏
责任印制：张　伟 / 封面设计：无极书装

科学出版社 出版
北京东黄城根北街 16 号
邮政编码：100717
http://www.sciencep.com

北京厚诚则铭印刷科技有限公司 印刷
科学出版社发行　各地新华书店经销
*
2019 年 6 月第　一　版　开本：720 × 1000　1/16
2020 年 7 月第三次印刷　印张：10 3/4
字数：220 000

定价：88.00 元

(如有印装质量问题，我社负责调换)

前　言

在人类的社会实践活动中，当人们的利益存在冲突时，每个人所获得的利益不仅取决于自己所采取的行动，还有赖于他人采取的行动，因此每个人都需要针对对方的行为做出对自己最有利的反应. 博弈论就是一门研究多个决策主体的行为发生相互作用时的决策活动及其均衡问题的学科. 1944 年，冯・诺伊曼(J. von Neumann)和奥斯卡・莫根施特恩(O. Morgenstern)出版了对博弈论建立具有里程碑意义的著作《博弈论与经济行为》，标志着博弈论的研究开始系统化和公理化，并引起了数学、经济学、管理科学、系统工程等领域研究工作者的浓厚兴趣和广泛研究，逐渐发展成为运筹学的一个分支. 半个多世纪以来，博弈论已经发展成为一个相对完善、内容丰富的理论体系，并产生了大量的研究成果. 博弈论逐步成熟，应用领域已遍及社会生活的各个方面，成为分析与解决冲突、对抗、矛盾、竞争、合作等问题的重要数学工具. 这揭示了博弈论在未来的理论研究和应用中的广阔前景.

由于科学技术不断进步，博弈所涉及的知识、信息日益增加，以及人们认识问题的模糊性、所得信息的不完全性、决策环境的不确定性等复杂因素，所以实际的博弈问题中存在一些模糊的、不确定信息. 模糊集理论是表示和量化这些不确定信息的有效工具. 因此，以模糊集理论为基础，越来越多的学者开始研究模糊博弈. 模糊博弈已经在理论与应用研究上取得了一些成果. 已有研究主要是利用 L. Zadeh 提出并发展起来的模糊集理论处理博弈论中的模糊性或模糊现象. 模糊集是用单一的隶属度同时表示模糊概念或模糊现象的两个对立面. 这样就无法表示其中立状态，即既不支持也不反对的犹豫状态. 模糊集概念的这种局限性给解决复杂的实际博弈问题提出了新的研究课题与挑战. Atanassov 提出的两标度(隶属度和非隶属度)直觉模糊集能很好地刻画在各个局势下局中人判断的肯定程度、否定程度和犹豫程度三种状态信息. 因此，直觉模糊集能更加细腻地表示博弈中的模糊性本质.

本书是以作者最近几年在国内外著名期刊上发表的学术论文，以及第一作者撰写的博士学位论文为基础撰写而成的一部学术专著. 本书系统地阐述了直觉模糊二人非合作博弈的理论模型与求解方法. 第 1 章阐述相关的直觉模糊集的基本理论. 第 2 章阐述直觉模糊数的排序，着重阐述几种直觉模糊数的排序方法. 第 3 章阐述二人非合作博弈的基本理论. 第 4 章阐述目标为直觉模糊集的二人零和博弈理论与计算方法. 第 5 章阐述支付值为直觉模糊集的二人零和博弈理论与计算方法. 第 6 章研究支付值为直觉模糊数的二人零和博弈理论与计算方法. 第 7 章讨论策略带有约束的直觉模糊数二人零和博弈理论与计算方法. 第 8 章阐述支付值为直觉模糊数二人非零和博弈理论模型与计算方法. 本书的写作目的是发展和形成直觉模糊非合作博弈的研究新领域.

作者的硕士研究生安京京和汪亭参与了本书部分内容的研究工作, 王盼盼、关晶、魏骊晓和李梦祺参与了本书书稿的校对工作. 作者对研究生在本书的写作过程中付出的辛勤劳动表示感谢.

本书的部分研究成果分别受到国家自然科学基金重点项目(71231003)、国家自然科学基金项目(71561008)、桂林电子科技大学数学与计算科学学院(广西高校数据分析与计算重点实验室)的资助; 科学出版社对本书的出版给予了大力支持, 在此谨致谢意.

由于作者水平有限, 书中难免存在一些有待完善和需改进之处, 恳请各位同行专家批评指正, 并希望本书中的研究内容能起到抛砖引玉的作用.

南江霞

2018 年 5 月 2 日

目　录

第 1 章　直觉模糊集的基本理论

模糊性在现实决策问题中大量存在，1965 年 Zadeh 教授提出的模糊集理论为处理模糊性提供了一种有效方法[1]. 然而，随着社会问题的日益复杂化及科学研究的不断深入，传统的模糊集理论因不能全面地描述所研究问题的不确定信息而在实际应用中受到越来越多的制约和挑战. 于是模糊集理论出现了各种拓展. 1967 年，Goguen 将模糊集的概念推广到 L-模糊集[2]. L-模糊集是论域 X 到 L 上的一个映射，$(L,\leqslant_L,\ell)$ 表示一个完备格，其中 ℓ 是一个一元对合逆序算子. 当 L 取作 $[0,1]$，$\ell(x)=1-x$，$\leqslant_L=\leqslant$ 时，L-模糊集就是模糊集.

1975 年，Zadeh 又提出区间值 (interval-valued) 模糊集的概念[3]，其原因是在许多实际应用中，获取的数据往往不是精确的数值，而是一个区间. 这将导致模糊集的隶属度为一个区间，因而该模糊集形成一个区间模糊集. 区间模糊集最根本的特征是将模糊集中的隶属度用 $[0,1]$ 上的闭子区间表示，即区间模糊集表示为 $\mu(x)=[\mu_L(x),\mu_U(x)]\subseteq[0,1]$.

不论是模糊集还是区间模糊集都是利用单一标度的隶属度或隶属度区间同时表示模糊性、模糊现象或模糊概念的支持和反对两种对立状态. 然而在现实问题中，人们往往在确定元素属于某集合的隶属程度的同时又没有绝对的把握，或者说，该隶属程度含有一定的犹豫程度或不确定性. 即出现元素对模糊概念既有隶属情况，又有非隶属情况，且同时表现出一定程度的犹豫性. 用投票模型解释为：有赞成票，有反对票，同时又有弃权情况的发生. 传统的模糊集理论无法处理这种犹豫性，即模糊集无法表示其中立状态，既不支持也不反对. 为此，1986 年保加利亚学者 Atanassov 提出了直觉模糊集 (IFS) 的概念[4, 5]. 这一概念通过增加一个新的属性参数——非隶属度，很好地解决了犹豫性或不确定性这一问题. 直觉模糊集利用双标度的隶属度与非隶属度刻画模糊性，可以同时表示支持、反对和中立三种状态，更细腻、全面地描述了客观现象的模糊性的自然属性. Atanassov 等在 *Fuzzy Sets and Systems* 等期刊上发表的一系列论文，系统地提出并定义了直觉模糊集及其运算，提出了直觉模糊逻辑的若干基本概念，还研究了直觉模糊集与其他模糊集之间的关系等[6-17]. 作为后续各章节的基础，本章简单介绍直觉模糊集的基本概念与运算法则.

1.1 直觉模糊集的基本概念及运算法则

1.1.1 直觉模糊集的定义

Atanassov 最先在 1986 年给出了如下的直觉模糊集定义[4, 5].

定义 1.1 设 U 是一个有限论域. U 上的一个直觉模糊集 A 为

$$A=\{\langle x,\mu_A(x),\upsilon_A(x)\rangle \mid x\in U\}$$

式中

$$\mu_A:U\to[0,1]$$
$$x\in U\mapsto \mu_A(x)\in[0,1]$$

和

$$\upsilon_A:U\to[0,1]$$
$$x\in U\mapsto \upsilon_A(x)\in[0,1]$$

分别表示 A 的隶属函数和非隶属函数, 且对于 A 上的所有 $x\in U$, 满足

$$0\leqslant \mu_A(x)+\upsilon_A(x)\leqslant 1$$

记

$$\pi_A(x)=1-\mu_A(x)-\upsilon_A(x)$$

则称 $\pi_A(x)$ 为 A 中 x 的直觉模糊指标. 记全体直觉模糊集集合为 IFS(X).

直觉模糊指标 $\pi_A(x)=1-\mu_A(x)-\upsilon_A(x)$ 是 x 对 A 的犹豫程度的一种测度. 显然, 对于任意 $x\in U$, 有

$$0\leqslant \pi_A(x)\leqslant 1$$

任意模糊集均可表示为直觉模糊集

$$A=\{\langle x,\mu_A(x),1-\mu_A(x)\rangle \mid x\in U\}$$

反之, 若直觉模糊集 $A=\{\langle x,\mu_A(x),\upsilon_A(x)\rangle \mid x\in U\}$ 满足 $\mu_A(x)+\upsilon_A(x)=1$, 则可表示为模糊集

$$A=\{\langle x,\mu_A(x)\rangle \mid x\in U\}$$

因此, 直觉模糊集是模糊集的拓展, 而模糊集是直觉模糊集的特殊情况.

对于一个模糊集 A, 其单一隶属度 $\mu_A(x)\in[0,1]$ 既包含了支持 x 的程度 $\mu_A(x)$, 也包含了反对 x 的程度 $1-\mu_A(x)$, 但它不可能表示既不支持也不反对的“非此非彼”的中立状态的程度. 而一个直觉模糊集 A, 其隶属度 $\mu_A(x)\in[0,1]$、非隶属度 $\upsilon_A(x)\in[0,1]$ 与直觉模糊指标 $\pi_A(x)\in[0,1]$ 可分别表示对象 x 属于直觉模糊集 A 的支持、反对、中立这三种状态的程度. 可见, 直觉模糊集有效地扩展了模糊集对模糊性或模糊现象的描述和表示能力.

当 X 为连续空间时，直觉模糊集 A 可表示为

$$A=\int_{x\in X}\langle\mu_A(x),\upsilon_A(x)\rangle/x$$

当 $X=\{x_1,x_2,\cdots,x_n\}$ 为离散空间时，直觉模糊集 A 也可表示为

$$A=\sum_{i=1}^{n}\langle\mu_A(x_i),\upsilon_A(x_i)\rangle/x_i$$

下面用投票选举模型来解释直觉模糊集的含义. 假设一个直觉模糊集为 $A=\langle 0.5,0.3\rangle/x$，即隶属度 $\mu_A(x)=0.5$、非隶属度 $\upsilon_A(x)=0.3$. 从而，直觉模糊指标

$$\pi(x)=1-\mu(x)-\upsilon(x)=0.2$$

或者说，对象 x 支持 A 的程度为 0.5、反对 A 的程度为 0.3、既不支持也不反对的程度为 0.2. 用投票选举模型可以做如下解释：假设有 10 个选民对某个候选人 x 进行投票表决，投票结果是 5 个选民投赞成票、3 个选民投反对票、2 个选民投弃权票.

下面通过一个例子来说明如何用直觉模糊集表示不确定信息.

例 1.1　假设有 10 个专家参加对 3 种装备 x_1,x_2 和 x_3 可维护性的评价. 要求每个参与评价的专家在认真了解装备状况的基础上，对这 3 种装备可维护性是“好”“不好”还是“无法确定”(即不表态或弃权)做出回答. 经过统计可得到：认为装备 x_1 可维护性是“好”“不好”“无法确定”的专家人数分别为 5, 3, 2；认为装备 x_2 可维护性是“好”“不好”“无法确定”的专家人数分别为 7，1，2；认为装备 x_3 可维护性是“好”“不好”“无法确定”的专家人数分别为 4, 5, 1. 试用直觉模糊集表示 3 种装备 x_1,x_2 和 x_3 可维护性的评价结果.

解　根据题设，认为装备 x_1 可维护性是“好”“不好”“无法确定”的专家人数分别为 5, 3, 2，则装备 x_1 可维护性属于模糊概念 A“好”“不好”“无法确定”的程度分别为

$$\mu_A(x_1)=\frac{5}{10}=0.5$$

$$\upsilon_A(x_1)=\frac{3}{10}=0.3$$

$$\pi_A(x_1)=\frac{2}{10}=0.2$$

而 $\pi_A(x_1)$ 正好就是直觉模糊指标

$$\begin{aligned}\pi_A(x_1)&=1-\mu_A(x_1)-\upsilon_A(x_1)\\&=1-0.5-0.3\\&=0.2\end{aligned}$$

这样可将 x_1 可维护性的评价结果表示为直觉模糊集

$$\langle\mu_A(x_1),\upsilon_A(x_1)\rangle/x_1=\langle 0.5,0.3\rangle/x_1$$

类似地，可将 x_2 和 x_3 可维护性的评价结果分别表示为直觉模糊集

$$\langle \mu_A(x_2), \upsilon_A(x_2) \rangle / x_2 = \langle 0.7, 0.1 \rangle / x_2$$

和

$$\langle \mu_A(x_3), \upsilon_A(x_3) \rangle / x_3 = \langle 0.4, 0.5 \rangle / x_3$$

于是, 10 个专家对上述 3 种装备 x_1, x_2 和 x_3 可维护性的评价结果可统一用直觉模糊集表示为

$$\begin{aligned} A &= \langle \mu(x_1), \upsilon(x_1) \rangle / x_1 + \langle \mu(x_2), \upsilon(x_2) \rangle / x_2 + \langle \mu(x_3), \upsilon(x_3) \rangle / x_3 \\ &= \langle 0.5, 0.3 \rangle / x_1 + \langle 0.7, 0.1 \rangle / x_2 + \langle 0.4, 0.5 \rangle / x_3 \end{aligned}$$

1.1.2　直觉模糊集的几何意义

论域 U 上的直觉模糊集 A 可用三维空间来表示, 如图 1.1 所示. 在图 1.1 中, 三角形 CBD 内的每一点都存在一个确定的直觉模糊集与之一一对应; 反之, 任意一个直觉模糊集都可找到三角形 CBD 内的一个确定的点与之一一对应. 特别地, 当直觉模糊指标为 0 时, 则相应的直觉模糊集已退化为模糊集, 此时其与线段 CB 上的某个点一一对应. 图 1.1 中的三角形 CBD 的顶点 $C(1,0,0)$, $B(0,1,0)$ 和 $D(0,0,1)$ 分别对应于三个特殊的直觉模糊集 $C = \langle 1,0 \rangle, B = \langle 0,1 \rangle$ 和 $D = \langle 0,0 \rangle$.

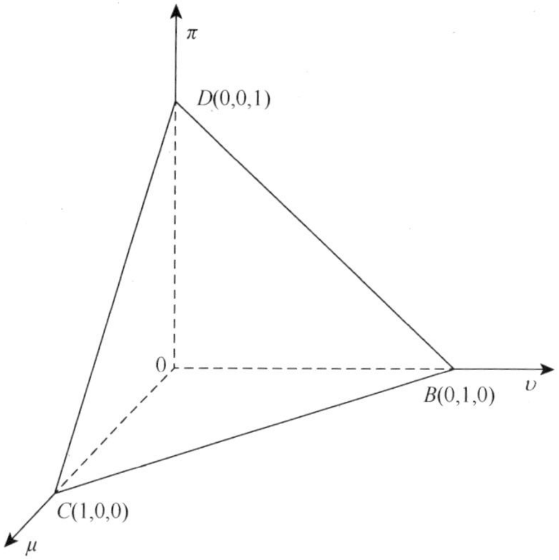

图 1.1　直觉模糊集的几何表示

1.1.3　直觉模糊集的运算

定义 1.2[4, 5]　设 A 和 B 是给定论域 U 上的两个直觉模糊集, 实数 $\lambda > 0$, 则

(1) 直觉模糊集包含关系: $A \subseteq B$ 当且仅当对任意 $x \in U$, 有

$$\mu_A(x) \leqslant \mu_B(x), \quad \upsilon_A(x) \geqslant \upsilon_B(x)$$

(2) 直觉模糊集相等关系: $A = B$ 当且仅当对任意 $x \in U$, 有

$$\mu_A(x) = \mu_B(x), \quad \upsilon_A(x) = \upsilon_B(x)$$

(3) 直觉模糊集的补:

$$A^c = \overline{A} = \{\langle x, \upsilon_A(x), \mu_A(x)\rangle \mid x \in U\}$$

(4) 直觉模糊集的交:

$$A \cap B = \{\langle x, \min\{\mu_A(x), \mu_B(x)\}, \max\{\upsilon_A(x), \upsilon_B(x)\}\rangle \mid x \in U\}$$

(5) 直觉模糊集的并:

$$A \cup B = \{\langle x, \max\{\mu_A(x), \mu_B(x)\}, \min\{\upsilon_A(x), \upsilon_B(x)\}\rangle \mid x \in U\}$$

(6) 直觉模糊集的和:

$$A + B = \{\langle x, \mu_A(x) + \mu_B(x) - \mu_A(x)\mu_B(x), \upsilon_A(x)\upsilon_B(x)\rangle \mid x \in U\}$$

(7) 直觉模糊集的积:

$$AB = \{\langle x, \mu_A(x)\mu_B(x), \upsilon_A(x) + \upsilon_B(x) - \upsilon_A(x)\upsilon_B(x)\rangle \mid x \in U\}$$

(8) 直觉模糊集与数的积:

$$\lambda A = \{\langle x, 1 - (1 - \mu_A(x))^\lambda, (\upsilon_A(x))^\lambda\rangle \mid x \in U\}$$

(9) 直觉模糊集的乘方:

$$A^\lambda = \{\langle x, (\mu_A(x))^\lambda, 1 - (1 - \upsilon_A(x))^\lambda\rangle \mid x \in U\}$$

下面通过一个例子来说明上述直觉模糊集的运算.

例 1.2　设两个直觉模糊集分别为 $A = \langle 0.6, 0.2\rangle / x$ 和 $B = \langle 0.4, 0.3\rangle / x$. 试求直觉模糊集 A 的补 A^c、直觉模糊集 A 与数的积 $2A$、直觉模糊集 A 的乘方 A^2 及直觉模糊集 A 与 B 的交 $A \cap B$、并 $A \cup B$、和 $A + B$、积 AB.

解　由定义 1.2, 可得直觉模糊集 A 的补 A^c 为

$$A^c = \langle 0.2, 0.6\rangle / x$$

类似地, 直觉模糊集 A 与数的积 $2A$ 为

$$2A = \langle 1 - (1 - 0.6)^2, (0.2)^2\rangle / x = \langle 0.84, 0.04\rangle / x$$

直觉模糊集 A 的乘方 A^2 为

$$A^2 = \langle (0.6)^2, 1 - (1 - 0.2)^2\rangle / x = \langle 0.36, 0.36\rangle / x$$

直觉模糊集 A 与 B 的交为

$$A \cap B = \langle \min\{0.6, 0.4\}, \max\{0.2, 0.3\}\rangle / x = \langle 0.4, 0.3\rangle / x$$

直觉模糊集 A 与 B 的并为

$$A \cup B = \langle \max\{0.6, 0.4\}, \min\{0.2, 0.3\} \rangle / x = \langle 0.6, 0.2 \rangle / x$$

直觉模糊集 A 与 B 的和为

$$A + B = \langle 0.6 + 0.4 - 0.6 \times 0.4, 0.2 \times 0.3 \rangle / x = \langle 0.76, 0.06 \rangle / x$$

直觉模糊集 A 与 B 的积为

$$AB = \langle 0.6 \times 0.4, 0.2 + 0.3 - 0.2 \times 0.3 \rangle / x = \langle 0.24, 0.44 \rangle / x$$

1.2　直觉模糊集的集成算子

为了对直觉模糊信息进行集成，加权算术集成算子是直觉模糊集集成的常用方法. 下面给出直觉模糊集的加权算术集成算子的概念.

定义 1.3[18]　设 $A_j = \{\langle x, \mu_{A_j}(x), \upsilon_{A_j}(x) \rangle \mid x \in U\} (j = 1, 2, \cdots, n)$ 为一组直觉模糊集，且 $\mathrm{IFWAA}_{\boldsymbol{\omega}} : \Omega^n \to \Omega$. 若

$$\mathrm{IFWAA}_{\boldsymbol{\omega}}(A_1, A_2, \cdots, A_n) = \sum_{j=1}^{n} \omega_j A_j \tag{1.1}$$

其中，Ω 表示所有直觉模糊集的集合，$\boldsymbol{\omega} = (\omega_1, \omega_2, \cdots, \omega_n)^{\mathrm{T}}$ 为 $A_j (j = 1, 2, \cdots, n)$ 的权重向量，且 $\omega_j \in [0,1], \sum_{j=1}^{n} \omega_j = 1$，则称函数 $\mathrm{IFWAA}_{\boldsymbol{\omega}}$ 为直觉模糊集的加权算术集成算子.

特别地，若 $\boldsymbol{\omega} = \left(\frac{1}{n}, \frac{1}{n}, \cdots, \frac{1}{n}\right)^{\mathrm{T}}$，则称函数 IFWAA 为直觉模糊集的算术集成算子

$$\mathrm{IFWAA}(A_1, A_2, \cdots, A_n) = \frac{1}{n} \sum_{j=1}^{n} A_j$$

$\mathrm{IFWAA}_{\boldsymbol{\omega}}$ 算子的特点是：对每个直觉模糊集加权后进行集成.

由定义 1.2 中的(6)和(8)，并利用数学归纳法可证定理 1.1.

定理 1.1[17]　设 $A_j = \{\langle x, \mu_{A_j}(x), \upsilon_{A_j}(x) \rangle \mid x \in U\} (j = 1, 2, \cdots, n)$ 为一组直觉模糊集，则由式(1.1)集成得到的结果仍为直觉模糊集，且

$$\mathrm{IFWAA}_{\boldsymbol{\omega}}(A_1, A_2, \cdots, A_n) = \left\{ \left\langle x, 1 - \prod_{j=1}^{n} (1 - \mu_{A_j}(x))^{\omega_j}, \prod_{j=1}^{n} (\upsilon_{A_j}(x))^{\omega_j} \right\rangle \middle| x \in U \right\} \tag{1.2}$$

1.3　直觉模糊集的截集

截集是直觉模糊集中的重要概念，是建立直觉模糊集和普通集之间的桥梁.

定义 1.4[18]　设 $A=\{\langle x,\mu_A(x),\upsilon_A(x)\rangle \mid x\in U\}$ 为有限论域 U 上的一个直觉模糊集. 对任意 $\alpha\in[0,1]$ 和 $\beta\in[0,1]$，且 $0\leqslant\alpha+\beta\leqslant 1$，称集合

$$A_\beta^\alpha=\{x \mid \mu_A(x)\geqslant\alpha,\upsilon_A(x)\leqslant\beta,x\in U\}$$

为直觉模糊集 A 的 $\langle\alpha,\beta\rangle$ 截集，称 $\langle\alpha,\beta\rangle$ 为置信水平或置信度. 当 $\alpha=1$ 和 $\beta=0$ 时，截集 A_0^1 称为直觉模糊集 A 的核. 当 $\alpha=0$ 和 $\beta=1$ 时，截集 A_1^0 称为直觉模糊集 A 的支撑.

不难看出，对于给定的一个有序对 $\langle\alpha,\beta\rangle$，截集 A_β^α 都是 U 上的一个普通集合. 事实上，它是直觉模糊集 A 在置信程度 $\langle\alpha,\beta\rangle$ 上的逆像.

易于看出，直觉模糊集的 $\langle\alpha,\beta\rangle$ 截集也是模糊集的截集概念的推广.

显然，如果 $0\leqslant\alpha_1\leqslant\alpha_2\leqslant 1$ 和 $0\leqslant\beta_2\leqslant\beta_1\leqslant 1$，且 $0\leqslant\alpha_1+\beta_1\leqslant 1$ 和 $0\leqslant\alpha_2+\beta_2\leqslant 1$，则

$$A_{\beta_2}^{\alpha_2}\subseteq A_{\beta_1}^{\alpha_1}$$

特别地，对固定的 $\beta\in[0,1]$，若 $0\leqslant\alpha_1\leqslant\alpha_2\leqslant 1$，且 $0\leqslant\alpha_1+\beta\leqslant 1$ 和 $0\leqslant\alpha_2+\beta\leqslant 1$，则

$$A_\beta^{\alpha_2}\subseteq A_\beta^{\alpha_1}$$

同样，对固定的 $\alpha\in[0,1]$，若 $0\leqslant\beta_2\leqslant\beta_1\leqslant 1$，且 $0\leqslant\alpha+\beta_1\leqslant 1$ 和 $0\leqslant\alpha+\beta_2\leqslant 1$，则

$$A_{\beta_2}^{\alpha}\subseteq A_{\beta_1}^{\alpha}.$$

类似地，直觉模糊集 $A=\{\langle x,\mu_A(x),\upsilon_A(x)\rangle \mid x\in U\}$ 的 α 截集和 β 截集可分别定义为

$$A^\alpha=\{x \mid \mu_A(x)\geqslant\alpha,x\in U\}$$

和

$$A_\beta=\{x \mid \upsilon_A(x)\leqslant\beta,x\in U\}$$

例 1.3　设 $A=\langle x_1,0.3,0.5\rangle+\langle x_2,0.4,0.58\rangle+\langle x_3,0.6,0.3\rangle$ 是论域 $U=\{x_1,x_2,x_3\}$ 上的一个直觉模糊集，试求截集 $A^{0.35},A_{0.5}$ 和 $A_{0.5}^{0.35}$.

解　根据直觉模糊集的 α 截集的定义，并结合直觉模糊集 A，可得

$$A^{0.35}=\{x \mid \mu_A(x)\geqslant 0.35,x\in U\}=\{x_2,x_3\}$$

根据直觉模糊集的 β 截集的定义，并结合直觉模糊集 A，可得

$$A_{0.5}=\{x \mid \upsilon_A(x)\leqslant 0.5,x\in U\}=\{x_1,x_3\}$$

根据定义 1.4, 并结合直觉模糊集 A, 可得

$$A_{0.5}^{0.35}=\{x\mid \mu_A(x)\geqslant 0.35,\upsilon_A(x)\leqslant 0.5,x\in U\}=\{x_3\}$$

显然, $A^{0.35}\cap A_{0.5}=\{x_3\}=A_{0.5}^{0.35}$.

一般地, 对任意直觉模糊集 $A=\{\langle x,\mu_A(x),\upsilon_A(x)\rangle\mid x\in U\}$, 都有下列关系式成立

$$A_\beta^\alpha=A^\alpha\cap A_\beta$$

其中 $\alpha\in[0,1]$ 和 $\beta\in[0,1]$, 且 $0\leqslant\alpha+\beta\leqslant 1$.

1.4 直觉模糊集的排序

直觉模糊集是一个有序对, 本身不一定存在序关系, 即直觉模糊集的集合 Ω 是个偏序集, 因而在不确定性决策问题中, 如果用直觉模糊集表示选择或方案的某种度量, 则必须首先确定直觉模糊集的大小比较问题或定义某种“序”关系. 本节介绍几类直觉模糊集的排序方法.

1.4.1 直觉模糊集的记分函数排序方法

若对某一模糊决策问题, 决策方案 A_i 的评价值用直觉模糊集 $\langle\mu_{A_i},1-\upsilon_{A_i}\rangle$ 来表示. Chen 和 Tan[19]用记分函数 $S(A_i)$ 表示该方案满足决策者要求的程度

$$S(A_i)=\mu_{A_i}-\upsilon_{A_i} \tag{1.3}$$

并根据 $S(A_i)$ 的值进行备选方案的排序.

Hong 和 Choi[20]分析了 $S(A_i)$ 的不足, 增加一个精确函数 $H(A_i)$ 为

$$H(A_i)=1-\pi_{A_i}$$

即

$$H(A_i)=\mu_{A_i}+\upsilon_{A_i} \tag{1.4}$$

$H(A_i)$ 反映方案满足决策者要求的精确程度.

根据记分函数 $S(A_i)$ 的弊端, 李凡和饶勇[21]定义如下两个记分函数 $S_1(A_i)$ 和 $S_2(A_i)$ 来表示方案 A_i 适合决策者要求的程度

$$S_1(A_i)=\mu_{A_i},\quad S_2(A_i)=1-\upsilon_{A_i} \tag{1.5}$$

或

$$S_1(A_i)=\mu_{A_i}-\upsilon_{A_i},\quad S_2(A_i)=1-\upsilon_{A_i}$$

其决策的排序规则为: 先根据 $S_1(A_i)$ 的值进行选择, 该值越大, 则方案 A_i 越适合决策要求; 当 $S_1(A_i)$ 的值相同时, 再根据函数 $S_2(A_i)$ 进行选择, 该值越大, 则方案 A_i 越适合决策要求.

然而，上述两个记分函数均忽视了弃权部分对决策的影响，决策时丢失的信息较多. 考虑到弃权部分中可能有一部分人倾向肯定程度，而有一部分人倾向否定程度，还有一部分人仍是犹豫不定. 为此，将弃权部分又细化成三部分：$\mu_{A_i}\pi_{A_i}, \upsilon_{A_i}\pi_{A_i}$，$\pi_{A_i}\pi_{A_i}$，Liu[22]给出如下的修正记分函数

$$L(A_i) = \mu_{A_i} + \mu_{A_i}\pi_{A_i} \tag{1.6}$$

$L(A_i)$ 的值越大，方案 A_i 越满足决策者的要求.

式(1.6)的记分函数忽视了反对部分和弃权部分对决策者态度的影响，是一种过于乐观的决策方法，悲观的决策者却得不到满意的决策结果.

对式(1.6)进行补充，进一步给出辅助记分函数如下

$$L'(A_i) = \upsilon_{A_i} + \upsilon_{A_i}\pi_{A_i} \tag{1.7}$$

它表示方案 A_i 不满足决策者要求的程度. $L'(A_i)$ 的值越小，表示方案 A_i 越满足决策者的要求.

此外, Liu[22]还提出了几类其他的记分函数,

$$M(A_i) = \mu_{A_i} - \upsilon_{A_i} - \frac{1}{2}(1 - \mu_{A_i} - \upsilon_{A_i}) = \frac{1}{2}(3\mu_{A_i} - \upsilon_{A_i} - 1) \tag{1.8}$$

$M(A_i)$ 的值越大，表示方案 A_i 越满足决策者的要求.

$$L(A_i) = \mu_{A_i} + \frac{1}{2}\pi_{A_i} \tag{1.9}$$

或

$$L(A_i) = \mu_{A_i} + \frac{\mu_{A_i}}{\mu_{A_i} + \upsilon_{A_i}}\pi_{A_i} \tag{1.10}$$

或

$$L(A_i) = \mu_{A_i} + \frac{1 + \mu_{A_i} - \upsilon_{A_i}}{2}\pi_{A_i} \tag{1.11}$$

式(1.9)的含义是，假设直觉模糊指标所表征的中立证据中，支持与反对的程度呈均衡状态，该方法易于处理，但不能直观刻画中立者的倾向性，因为没有考虑到支持证据与反对证据的大小对中立的影响.

式(1.10)的含义是，将中立证据的倾向性按照支持与反对的比例来赋值.

式(1.11)的含义是，首先将中立者可能倾向于支持的比例认为是 0.5，再通过支持证据与反对证据之差的一半来修正其赋值比例，从而体现出支持者越多，则中立者倾向支持的比例越大，反之越小.

通过比较分析可见，上述诸多记分函数均为下面一般形式的记分函数

$$L(A_i)=\lambda_1\mu_{A_i}+\lambda_2\upsilon_{A_i}+\lambda_3\pi_{A_i} \tag{1.12}$$

的特例.

理论上，式(1.12)同时考虑了赞成、反对和弃权三个方面，是个较好的结果. 但系数 λ_1,λ_2 与 λ_3 的具体选择是难点，也制约了其实际应用. 总之，不同的记分函数法各有优劣，均适合某些具体情况，满足某些决策问题的要求. 但该类方法不具有客观通用性，同时均要求决策者给出承担风险的态度，并且决策结果的最终排序完全受到决策者的主观影响.

例 1.4　设直觉模糊集 $A_1=\langle 0.2,1\rangle$, $A_2=\langle 0.3,0.9\rangle$, $A_3=\langle 0.4,0.8\rangle$, $A_4=\langle 0.5,0.7\rangle$, $A_5=\langle 0.6,0.6\rangle$ 和直觉模糊集 $B_1=\langle 0.2,0.7\rangle$, $B_2=\langle 0.4,0.4\rangle$，分别做出最佳选择.

解　根据式(1.3)得

$$S(A_1)=S(A_2)=S(A_3)=S(A_4)=S(A_5)=0.2$$

$$S(B_1)=-0.1,\quad S(B_2)=-0.2$$

上述结果表明，记分函数 S 反映出直觉模糊集 A_1,A_2,A_3,A_4,A_5 满足决策的程度相同，无法进行选择；而 $S(B_1)\geqslant S(B_2)$ 表明 B_1 比 B_2 更满足决策需要，这与人们的直觉相悖.

利用式(1.6)得

$$L(A_1)=0.2+0.2(1-0.2-0)=0.36$$

$$L(A_2)=0.3+0.3(1-0.3-0.1)=0.48$$

$$L(A_3)=0.4+0.4(1-0.4-0.2)=0.56$$

$$L(A_4)=0.5+0.5(1-0.5-0.3)=0.6$$

$$L(A_5)=0.6+0.6(1-0.6-0.4)=0.6$$

$$L(B_1)=0.2+0.2(1-0.2-0.3)=0.3$$

$$L(B_2)=0.4+0.4(1-0.4-0.6)=0.4$$

于是，得出在直觉模糊集 A_1,A_2,A_3,A_4,A_5 中，A_4 和 A_5 是最佳选择；在 B_1 与 B_2 中，B_2 是最佳选择.

利用式(1.7)得

$$L'(A_1)=0+0(1-0.2-0)=0$$

$$L'(A_2)=0.1+0.1(1-0.3-0.1)=0.16$$

$$L'(A_3)=0.2+0.2(1-0.4-0.2)=0.28$$

$$L'(A_4)=0.3+0.3(1-0.5-0.3)=0.36$$

$$L'(A_5)=0.4+0.4(1-0.6-0.4)=0.4$$

$$L'(B_1)=0.3+0.3(1-0.2-0.3)=0.45$$
$$L'(B_2)=0.6+0.6(1-0.4-0.6)=0.6$$

于是，得出在直觉模糊集 A_1,A_2,A_3,A_4,A_5 中，A_1 是最佳选择；在 B_1 与 B_2 中，B_1 是最佳选择.

利用式(1.8)得

$$M(A_1)=\frac{3\times 0.2-0-1}{2}=\frac{-0.4}{2}=-0.2$$
$$M(A_2)=\frac{3\times 0.3-0.1-1}{2}=\frac{-0.2}{2}=-0.1$$
$$M(A_3)=\frac{3\times 0.4-0.2-1}{2}=\frac{0}{2}=0$$
$$M(A_4)=\frac{3\times 0.5-0.3-1}{2}=\frac{0.2}{2}=0.1$$
$$M(A_5)=\frac{3\times 0.6-0.4-1}{2}=\frac{0.4}{2}=0.2$$
$$M(B_1)=\frac{3\times 0.2-0.3-1}{2}=\frac{-0.7}{2}=-0.35$$
$$M(B_2)=\frac{3\times 0.4-0.6-1}{2}=\frac{-0.4}{2}=-0.2$$

这样，可以得出，在直觉模糊集 A_1,A_2,A_3,A_4,A_5 中，A_5 是最佳选择；在 B_1 与 B_2 中，B_2 是最佳选择.

通过上面的例子可以看出，对直觉模糊集进行排序，不同的排序方法会得到不同的排序结果，从而说明没有最好的直觉模糊集的排序方法，只能具体问题具体分析.

1.4.2　直觉模糊集的可能度排序方法

Li 和 Wang 提出了一种较客观的排序方法，即基于可能度的直觉模糊集排序方法[23]. 假定在某一模糊决策问题中，决策方案 A_i 的综合评价值用直觉模糊集 $\langle\mu_{A_i},\upsilon_{A_i}\rangle$ 来表示. 该方法的前提是认为决策方案的综合评价值是客观存在的定值，且认为它包含在区间 $[\mu_{A_i},\mu_{A_i}+\pi_{A_i}]$ 内，且区间上每个点覆盖该评价值是等可能的，确切地说，任意将 $[\mu_{A_i},\mu_{A_i}+\pi_{A_i}]$ 划分为 n 等份，得到 n 个小区间，每个小区间都等可能地覆盖该评价值. 这样，相对地认为区间 $[\mu_{A_i},\mu_{A_i}+\pi_{A_i}]$ 不动，综合评价值在此区间上随机取值，且服从均匀分布.

基于可能度的直觉模糊集排序思路是，首先基于等价变换将直觉模糊集转化为区间数，而区间数是实数的推广，故将实数比较延拓为区间数的比较.

首先引入实数集可能度的定义.

定义 1.5 对任意 $a,b\in\mathbf{R}$, 称函数

$$p(a>b)=\begin{cases}1 & (a>b)\\ 1/2 & (a=b)\\ 0 & (a<b)\end{cases}$$

为 $a>b$ 的可能度.

类似于实数与区间数的情况, 给出直觉模糊集 $A\geqslant B$ 的可能度定义.

定义 1.6 对任意 $A,B\in\mathrm{IFS}(X)$, 若函数 $p(A\geqslant B)$ 满足下面的性质:

(1) $0\leqslant p(A\geqslant B)\leqslant 1$;

(2) $p(A\geqslant B)=1$ 当且仅当 $1-\upsilon_B(x)\leqslant\mu_A(x)$;

(3) $p(A\geqslant B)=0$ 当且仅当 $1-\mu_B(x)\leqslant\upsilon_A(x)$;

(4) $p(A\geqslant B)+p(B\geqslant A)=1$, 特别地, $p(A\geqslant A)=\dfrac{1}{2}$;

(5) $p(A\geqslant B)\geqslant\dfrac{1}{2}$ 当且仅当 $\mu_A(x)-\upsilon_A(x)\geqslant\mu_B(x)-\upsilon_B(x)$;

(6) 对任意 $C\in\mathrm{IFS}(X)$, 若 $p(A\geqslant B)\geqslant\dfrac{1}{2}$ 和 $p(B\geqslant C)\geqslant\dfrac{1}{2}$, 则 $p(A\geqslant C)\geqslant\dfrac{1}{2}$,

则称函数 $p(A\geqslant B)$ 为直觉模糊集 $A\geqslant B$ 的可能度.

定理 1.2 设任意 A 和 B 是两个直觉模糊集, 则

$$p(A\geqslant B)=\max\left\{1-\max\left\{\frac{1-\upsilon_B(x)-\mu_A(x)}{\pi_A(x)+\pi_B(x)},0\right\},0\right\} \tag{1.13}$$

为 $A\geqslant B$ 的可能度.

证明 根据式(1.13), 利用定义 1.6 可以简单地验证(略).

对于给定的一组直觉模糊集 $A_i(i=1,2,\cdots,n)$, 对它们进行两两比较, 利用可能度公式(1.13)可得到其可能度矩阵为

$$\boldsymbol{P}=\begin{pmatrix}0.5 & p_{12} & \cdots & p_{1n}\\ p_{21} & 0.5 & \cdots & p_{2n}\\ \vdots & \vdots & & \vdots\\ p_{n1} & p_{n2} & \cdots & 0.5\end{pmatrix} \tag{1.14}$$

矩阵 $\boldsymbol{P}$ 包含了所有直觉模糊集两两比较的全部可能度信息. 根据定义 1.6 中的性质(6)即传递性, 可给出所有直觉模糊集的排序.

根据定义 1.6, 显然得到矩阵 $\boldsymbol{P}$ 是一个模糊互补判断矩阵. 根据模糊互补判断矩阵的排序公式:

$$\varphi_i=\frac{1}{n(n-1)}\left(\sum_{j=1}^{n}p_{ij}+\frac{n}{2}-1\right) \tag{1.15}$$

计算得到可能度矩阵 $\boldsymbol{P}$ 的排序向量 $\boldsymbol{\varphi}=(\varphi_1,\varphi_2,\cdots,\varphi_n)$ (其中 n 代表直觉模糊集 A_i 的数量)，并根据排序向量 $\boldsymbol{\varphi}$ 的分量 φ_i 的递减顺序可得到直觉模糊集 $A_i(i=1,2,\cdots,n)$ 的大小排序.

此外，由于直觉模糊集 $A=\langle\mu_A,\upsilon_A\rangle$ 等价于区间模糊集 $[\mu_A,\mu_A+\pi_A]$ 或 $[\mu_A,1-\upsilon_A]$，根据区间数的排序关系，我们可以定义直觉模糊集的排序如下.

定义 1.7　设 $A=\langle\mu_A,\upsilon_A\rangle$ 和 $B=\langle\mu_B,\upsilon_B\rangle$ 为论域 X 上两个直觉模糊集，“$A\leqslant_{\mathrm{IFS}}B$”当且仅当 $\mu_A\leqslant\mu_B$ 和 $1-\upsilon_A\leqslant1-\upsilon_B$，其中“$\leqslant_{\mathrm{IFS}}$”表示两个直觉模糊集比较“直觉模糊小于等于”.

1.5　区间直觉模糊集的定义及排序方法

自直觉模糊集的概念提出以后，由于客观事物的复杂性和不确定性，隶属度和非隶属度往往难以用精确数值来表达，而用区间数表示是比较方便的. Atanassov 和 Gargov 进一步对直觉模糊集进行拓展，提出了区间直觉模糊集的概念[24].

定义 1.8　已知集合 X 是非空集合，X 上的区间直觉模糊集可定义为

$$\bar{A}=\{\langle x,\bar{\mu}_{\bar{A}}(x),\bar{\upsilon}_{\bar{A}}(x)\rangle\mid x\in X\}$$

其中 $\bar{\mu}_{\bar{A}}(x)$ 和 $\bar{\upsilon}_{\bar{A}}(x)$ 分别为 X 中的元素 x 属于 $\bar{A}$ 的隶属区间和非隶属区间，且满足

$$\bar{\mu}_{\bar{A}}(x)\in[0,1],\quad \bar{\upsilon}_{\bar{A}}(x)\in[0,1],\quad \sup\bar{\mu}_{\bar{A}}(x)+\sup\bar{\upsilon}_{\bar{A}}(x)\leqslant1,\quad x\in X$$

此外，$\bar{\pi}_{\bar{A}}(x)=1-\bar{\mu}_{\bar{A}}(x)-\bar{\upsilon}_{\bar{A}}(x)$ 表示 X 中的元素 x 属于 $\bar{A}$ 的犹豫度区间.

构成区间直觉模糊集的有序区间对可称为区间直觉模糊集，简记为 $\bar{A}=\langle[a,b],[c,d]\rangle$，其中 $[a,b]\subseteq[0,1],[c,d]\subseteq[0,1]$，且 $b+d\leqslant1$. $\bar{A}$ 的犹豫度区间为 $\pi_{\bar{A}}=[1-b-d,1-a-c]$.

区间直觉模糊集的相关运算规则与直觉模糊集类似. 鉴于后面章节的需要，下面介绍区间直觉模糊集的排序.

定义 1.9　设 $\bar{A}_1=\langle[a_1,b_1],[c_1,d_1]\rangle,\bar{A}_2=\langle[a_2,b_2],[c_2,d_2]\rangle$ 为任意两个区间直觉模糊集，$S(\bar{A}_1)=\dfrac{a_1+b_1-c_1-d_1}{2},S(\bar{A}_2)=\dfrac{a_2+b_2-c_2-d_2}{2},S(\bar{A}_1),S(\bar{A}_2)\in[-1,1]$ 为 $\bar{A}$ 的得分函数，$H(\bar{A}_1)=\dfrac{a_1+b_1+c_1+d_1}{2},H(\bar{A}_2)=\dfrac{a_2+b_2+c_2+d_2}{2},H(\bar{A}_1),H(\bar{A}_2)\in[0,1]$ 为 $\bar{A}$ 的精确函数.

(1) 若 $S(\bar{A}_1)<S(\bar{A}_2)$，则 $\bar{A}_1<\bar{A}_2$.

(2) 若 $S(\overline{A}_1) > S(\overline{A}_2)$, 则 $\overline{A}_1 > \overline{A}_2$.

(3) 若 $S(\overline{A}_1) = S(\overline{A}_2)$, 当 $H(\overline{A}_1) < H(\overline{A}_2)$ 时, 则 $\overline{A}_1 < \overline{A}_2$; 当 $H(\overline{A}_1) > H(\overline{A}_2)$ 时, 则 $\overline{A}_1 > \overline{A}_2$; 当 $H(\overline{A}_1) = H(\overline{A}_2)$ 时, 则 $\overline{A}_1 = \overline{A}_2$.

徐泽水考虑了犹豫度区间 $\pi_{\overline{A}}(x) = [1-b-d, 1-a-c]$ 的影响, 给出了一种新的精确函数如下[25]:

$$R(\overline{A}) = \frac{a+b-d(1-b)-c(1-a)}{2} \tag{1.16}$$

显然, $R(\overline{A}) \in [-1,1]$. $R(\overline{A})$ 的值越大, 其对应的区间直觉模糊集越大.

第 2 章　直觉模糊数排序方法的基本理论

直觉模糊集与模糊集一样, 其论域比较广泛, 不一定为实数集, 且直觉模糊集只能粗略地表示隶属或非隶属于某模糊概念“好”“坏”的程度. 直觉模糊数则将其论域限制在实数集上, 即定义在实数集上的直觉模糊集, 是对模糊数的扩展. 最近, 直觉模糊数受到了一些研究者的关注, 研究者已经定义了几种类型的直觉模糊数及其相应的排序方法. 由于三角直觉模糊数和梯形直觉模糊数是特殊的直觉模糊数, 其表述简单, 并且具有一些好的性质, 在实际问题中便于表示不确定的量, 因此, 本章主要介绍三角直觉模糊数和梯形直觉模糊数的基本理论及其排序方法.

2.1　直觉模糊数的定义及运算规则

2.1.1　直觉模糊数的定义

定义 2.1　对于 U 上的一个直觉模糊集 $A=\{\langle x,\mu_A(x),\upsilon_A(x)\rangle \mid x\in U\}$, 如果至少存在两个点 $x_0,x_1\in U$ 使得 $\mu_A(x_0)=1$, $\upsilon_A(x_1)=1$, 则称直觉模糊集 A 是规范的.

定义 2.2　设 U 上的一个直觉模糊集 $A=\{\langle x,\mu_A(x),\upsilon_A(x)\rangle \mid x\in U\}$, 对于任意的 $x_1,x_2\in U$, $\lambda\in[0,1]$, 如果满足 $\mu_A[\lambda x_1+(1-\lambda)x_2]\geqslant \min\{\mu_A(x_1),\mu_A(x_2)\}$, $\upsilon_A[\lambda x_1+(1-\lambda)x_2]\leqslant \max\{\upsilon_A(x_1),\upsilon_A(x_2)\}$, 则称直觉模糊集 A 是凸的.

拓展模糊数的定义, 直觉模糊数的定义如下.

定义 2.3　设 $\tilde a=\{\langle x,\mu_{\tilde a}(x),\upsilon_{\tilde a}(x)\rangle \mid x\in U\}$ 是实数集上的一个直觉模糊集, 若直觉模糊集 $\tilde a$ 满足

(1) $\tilde a$ 是直觉模糊规范的;

(2) $\tilde a$ 是直觉模糊凸的;

(3) $\tilde a$ 的隶属函数 $\mu_{\tilde a}(x)$ 是上半连续, 非隶属函数 $\upsilon_{\tilde a}(x)$ 是下半连续;

(4) $\{\mu_{\tilde a}(x)>0 \mid x\in U\}$ 和 $\{\upsilon_{\tilde a}(x)>0 \mid x\in U\}$ 是有界的,

则称 $\tilde a$ 为直觉模糊数.

根据定义 2.3, 目前定义了两类直觉模糊数, 我们分别称之为第 I 类直觉模糊数和第 II 类直觉模糊数.

定义 2.4　设 $\tilde a=\langle(\underline{a}_1,a_{1l},a_{1r},\overline{a}_1),(\underline{a}_2,a_{2l},a_{2r},\overline{a}_2)\rangle$ 是实数集上的一个第 I 类直觉模糊数, 其隶属函数为

$$\mu_{\tilde{a}}(x)=\begin{cases}0 & (x<\underline{a}_1)\\ f_l(x) & (\underline{a}_1\leqslant x<a_{1l})\\ 1 & (a_{1l}\leqslant x\leqslant a_{1r})\\ f_r(x) & (a_{1r}<x\leqslant \overline{a}_1)\\ 0 & (x>\overline{a}_1)\end{cases} \tag{2.1}$$

其非隶属函数为

$$\upsilon_{\tilde{a}}(x)=\begin{cases}1 & (x<\underline{a}_2)\\ g_l(x) & (\underline{a}_2\leqslant x<a_{2l})\\ 0 & (a_{2l}\leqslant x\leqslant a_{2r})\\ g_r(x) & (a_{2r}<x\leqslant \overline{a}_2)\\ 1 & (x>\overline{a}_2)\end{cases} \tag{2.2}$$

其中，$\underline{a}_1,a_{1l},a_{1r},\overline{a}_1,\underline{a}_2,a_{2l},a_{2r},\overline{a}_2\in\mathbf{R}$ 且 $\underline{a}_2\leqslant\underline{a}_1\leqslant a_{2l}\leqslant a_{1l}\leqslant a_{1r}\leqslant a_{2r}\leqslant\overline{a}_1\leqslant\overline{a}_2$. $f_l(x)$ 和 $g_r(x)$ 为连续的单调递增函数，$f_r(x)$ 和 $g_l(x)$ 为连续的单调递减函数；$f_l(x)$ 和 $f_r(x)$ 分别称为左、右基准隶属函数；$g_l(x)$ 和 $g_r(x)$ 分别称为左、右基准非隶属函数，如图 2.1 所示.

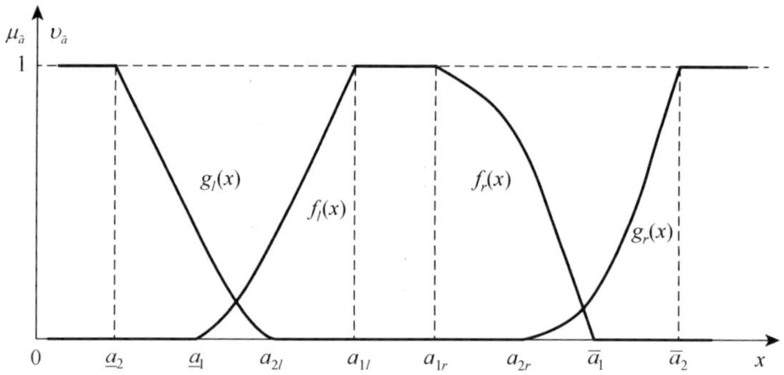

图 2.1　第 I 类直觉模糊数 $\tilde{a}=\langle(\underline{a}_1,a_{1l},a_{1r},\overline{a}_1),(\underline{a}_2,a_{2l},a_{2r},\overline{a}_2)\rangle$

令

$$\pi_{\tilde{a}}(x)=1-\mu_{\tilde{a}}(x)-\upsilon_{\tilde{a}}(x)$$

$\pi_{\tilde{a}}(x)$ 称为直觉模糊数 $\tilde{a}$ 的直觉模糊指标，它反映了 x 属于 $\tilde{a}$ 的犹豫程度.

若 $\underline{a}_1\geqslant 0$，且 $\underline{a}_1,a_{1l},a_{1r},\overline{a}_1,\underline{a}_2,a_{2l},a_{2r},\overline{a}_2\in\mathbf{R}$ 不全为零，则 $\tilde{a}=\langle(\underline{a}_1,a_{1l},a_{1r},\overline{a}_1),(\underline{a}_2,a_{2l},a_{2r},\overline{a}_2)\rangle$ 称为正直觉模糊数，记为 $\tilde{a}>_{\text{IFN}}0$. 类似地，若 $\underline{a}_1\leqslant 0$，且 $\underline{a}_1,a_{1l},a_{1r},\overline{a}_1,\underline{a}_2,a_{2l},a_{2r},\overline{a}_2\in\mathbf{R}$ 不全为零，则 $\tilde{a}=\langle(\underline{a}_1,a_{1l},a_{1r},\overline{a}_1),(\underline{a}_2,a_{2l},a_{2r},\overline{a}_2)\rangle$ 称为负直觉模糊数，记为 $\tilde{a}<_{\text{IFN}}0$. 其中，“$<_{\text{IFN}}$”表示直觉模糊数的不等式关系，语义解释为“直觉模糊数小于”．“$>_{\text{IFN}}$”和“$=_{\text{IFN}}$”分别解释为“直觉模糊数大于”和“直觉模糊数等于”.

特殊地，当 $f_l(x)$, $f_r(x)$, $g_l(x)$, $g_r(x)$ 都是线性函数时，可得第 I 类梯形直觉模糊数的定义.

定义 2.5　设 $\tilde{a}=\langle(\underline{a}_1,a_{1l},a_{1r},\overline{a}_1),(\underline{a}_2,a_{2l},a_{2r},\overline{a}_2)\rangle$ 是实数集上的一个第 I 类梯形直觉模糊数，其隶属函数为

$$\mu_{\tilde{a}}(x)=\begin{cases}0 & (x<\underline{a}_1)\\ \dfrac{x-\underline{a}_1}{a_{1l}-\underline{a}_1} & (\underline{a}_1\leqslant x<a_{1l})\\ 1 & (a_{1l}\leqslant x\leqslant a_{1r})\\ \dfrac{x-\overline{a}_1}{a_{1r}-\overline{a}_1} & (a_{1r}<x\leqslant\overline{a}_1)\\ 0 & (x>\overline{a}_1)\end{cases} \tag{2.3}$$

其非隶属函数为

$$\upsilon_{\tilde{a}}(x)=\begin{cases}1 & (x<\underline{a}_2)\\ \dfrac{x-\underline{a}_2}{a_{2l}-\underline{a}_2} & (\underline{a}_2\leqslant x<a_{2l})\\ 0 & (a_{2l}\leqslant x\leqslant a_{2r})\\ \dfrac{x-\overline{a}_2}{a_{2r}-\overline{a}_2} & (a_{2r}<x\leqslant\overline{a}_2)\\ 1 & (x>\overline{a}_2)\end{cases} \tag{2.4}$$

其中，$\underline{a}_1,a_{1l},a_{1r},\overline{a}_1,\underline{a}_2,a_{2l},a_{2r},\overline{a}_2\in\mathbf{R}$ 且 $\underline{a}_2\leqslant\underline{a}_1\leqslant a_{2l}\leqslant a_{1l}\leqslant a_{1r}\leqslant a_{2r}\leqslant\overline{a}_1\leqslant\overline{a}_2$，如图 2.2 所示.

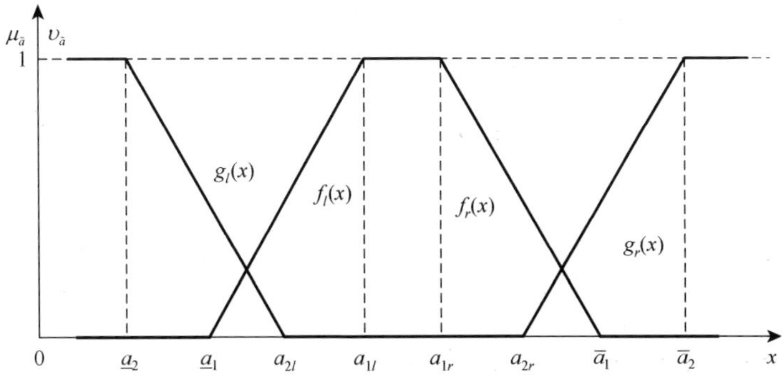

图 2.2　第 I 类梯形直觉模糊数 $\tilde{a}=\langle(\underline{a}_1,a_{1l},a_{1r},\overline{a}_1),(\underline{a}_2,a_{2l},a_{2r},\overline{a}_2)\rangle$

特殊地，当 $a_{1l}=a_{1r}=a_{2l}=a_{2r}=a$ 时，第 I 类梯形直觉模糊数退化为第 I 类三角直觉模糊数.

定义 2.6　设 $\tilde{a}=\langle(\underline{a}_1,a,\overline{a}_1),(\underline{a}_2,a,\overline{a}_2)\rangle$ 是实数集上的一个第 I 类三角直觉模糊数，其隶属函数为

$$\mu_{\tilde{a}}(x)=\begin{cases}0 & (x<\underline{a}_1)\\ \dfrac{x-\underline{a}_1}{a-\underline{a}_1} & (\underline{a}_1\leqslant x<a)\\ 1 & (x=a)\\ \dfrac{x-\overline{a}_1}{a-\overline{a}_1} & (a<x\leqslant\overline{a}_1)\\ 0 & (x>\overline{a}_1)\end{cases}\tag{2.5}$$

其非隶属函数为

$$\upsilon_{\tilde{a}}(x)=\begin{cases}1 & (x<\underline{a}_2)\\ \dfrac{x-\underline{a}_2}{a-\underline{a}_2} & (\underline{a}_2\leqslant x<a)\\ 0 & (x=a)\\ \dfrac{x-\overline{a}_2}{a-\overline{a}_2} & (a<x\leqslant\overline{a}_2)\\ 1 & (x>\overline{a}_2)\end{cases}\tag{2.6}$$

其中，$\underline{a}_1,a,\overline{a}_1,\underline{a}_2,\overline{a}_2\in\mathbf{R}$ 且 $\underline{a}_2\leqslant\underline{a}_1\leqslant a\leqslant\overline{a}_1\leqslant\overline{a}_2$，如图 2.3 所示.

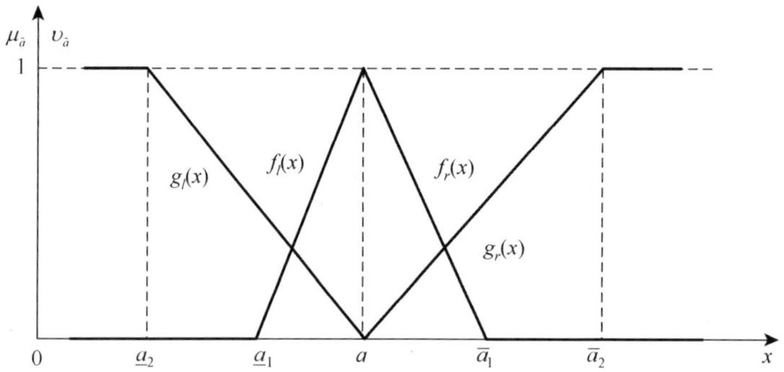

图 2.3　第 I 类三角直觉模糊数 $\tilde{a}=\langle(\underline{a}_1,a,\overline{a}_1),(\underline{a}_2,a,\overline{a}_2)\rangle$

拓展广义模糊数的定义，文献[26]给出了第 II 类直觉模糊数的定义如下.

定义 2.7　设 $\tilde{a}=\langle(\underline{a},a_1,a_2,\overline{a});w_{\tilde{a}},u_{\tilde{a}}\rangle$ 是实数集上的一个第 II 类直觉模糊数，其隶属函数为

$$\mu_{\tilde{a}}(x)=\begin{cases} f_l(x) & (\underline{a}\leqslant x<a_1) \\ w_{\tilde{a}} & (a_1\leqslant x\leqslant a_2) \\ f_r(x) & (a_2<x\leqslant \overline{a}) \\ 0 & (x<\underline{a}\text{或}x>\overline{a}) \end{cases} \tag{2.7}$$

其非隶属函数为

$$\upsilon_{\tilde{a}}(x)=\begin{cases} g_l(x) & (\underline{a}\leqslant x<a_1) \\ u_{\tilde{a}} & (a_1\leqslant x\leqslant a_2) \\ g_r(x) & (a_2<x\leqslant \overline{a}) \\ 1 & (x<\underline{a}\text{或}x>\overline{a}) \end{cases} \tag{2.8}$$

其中，$f_l(x)$ 和 $g_r(x)$ 为连续的单调递增函数，$f_r(x)$ 和 $g_l(x)$ 为连续的单调递减函数；$f_l(x)$ 和 $f_r(x)$ 分别称为左、右基准隶属函数；$g_l(x)$ 和 $g_r(x)$ 分别称为左、右基准非隶属函数；$w_{\tilde{a}}$ 和 $u_{\tilde{a}}$ 为最大的隶属度和最小的非隶属度，满足 $0\leqslant w_{\tilde{a}}\leqslant 1, 0\leqslant u_{\tilde{a}}\leqslant 1$，$0\leqslant w_{\tilde{a}}+u_{\tilde{a}}\leqslant 1$，如图 2.4 所示.

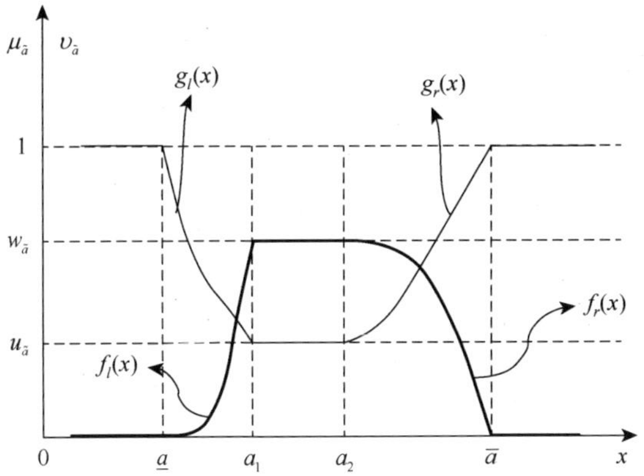

图 2.4　第 II 类直觉模糊数 $\tilde{a}=\langle(\underline{a},a_1,a_2,\overline{a});w_{\tilde{a}},u_{\tilde{a}}\rangle$

当选取

$$f_l(x)=\frac{x-\underline{a}}{a_1-\underline{a}}w_{\tilde{a}}$$

$$f_r(x)=\frac{\overline{a}-x}{\overline{a}-a_2}w_{\tilde{a}}$$

$$g_l(x)=\frac{a_1-x+u_{\tilde{a}}(x-\underline{a})}{a_1-\underline{a}}$$

$$g_r(x)=\frac{x-a_2+u_{\tilde{a}}(\overline{a}-x)}{\overline{a}-a_2}$$

时, 第Ⅱ类直觉模糊数称为第Ⅱ类梯形直觉模糊数.

定义 2.8 设 $\tilde{a}=\langle(\underline{a},a_1,a_2,\overline{a});w_{\tilde{a}},u_{\tilde{a}}\rangle$ 是实数集上的一个第Ⅱ类梯形直觉模糊数, 其隶属函数和非隶属函数分别为

$$\mu_{\tilde{a}}(x)=\begin{cases} w_{\tilde{a}}(x-\underline{a})/(a_1-\underline{a}) & (\underline{a}\leqslant x<a_1) \\ w_{\tilde{a}} & (a_1\leqslant x\leqslant a_2) \\ w_{\tilde{a}}(\overline{a}-x)/(\overline{a}-a_2) & (a_2<x\leqslant\overline{a}) \\ 0 & (x<\underline{a}\text{或}x>\overline{a}) \end{cases} \tag{2.9}$$

$$\upsilon_{\tilde{a}}(x)=\begin{cases} [a_1-x+u_{\tilde{a}}(x-\underline{a})]/(a_1-\underline{a}) & (\underline{a}\leqslant x<a_1) \\ u_{\tilde{a}} & (a_1\leqslant x\leqslant a_2) \\ [x-a_2+u_{\tilde{a}}(\overline{a}-x)]/(\overline{a}-a_2) & (a_2<x\leqslant\overline{a}) \\ 1 & (x<\underline{a}\text{或}x>\overline{a}) \end{cases} \tag{2.10}$$

如图 2.5 所示.

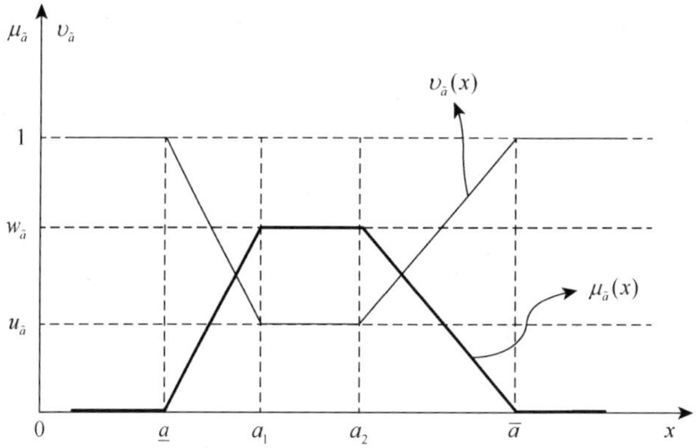

图 2.5　第Ⅱ类梯形直觉模糊数 $\tilde{a}=\langle(\underline{a},a_1,a_2,\overline{a});w_{\tilde{a}},u_{\tilde{a}}\rangle$

梯形直觉模糊数 $\tilde{a}=\langle(\underline{a},a_1,a_2,\overline{a});w_{\tilde{a}},u_{\tilde{a}}\rangle$ 用介于 $\underline{a}$ 和 $\overline{a}$ 之间的任意实数表示不确定量 $\tilde{a}$, 且在区间 $(\underline{a},\overline{a})$ 内任意的实数 x 具有不同的隶属度、非隶属度和犹豫度, 分别为 $\mu_{\tilde{a}}(x)$, $\upsilon_{\tilde{a}}(x)$ 和 $\pi_{\tilde{a}}(x)$.

定义 2.8 中的两个参数 $w_{\tilde{a}}$ 与 $u_{\tilde{a}}$ 分别表示 $\tilde{a}$ 的最大隶属度和最小非隶属度. 显然, 当 $w_{\tilde{a}}=1$, $u_{\tilde{a}}=0$ 时, $\mu_{\tilde{a}}(x)+\upsilon_{\tilde{a}}(x)=1$, 则第Ⅱ类梯形直觉模糊数 $\tilde{a}=\langle(\underline{a},a_1,a_2,\overline{a});w_{\tilde{a}},u_{\tilde{a}}\rangle$ 变为 $\tilde{a}=\langle(\underline{a},a_1,a_2,\overline{a});1,0\rangle$, 这正是文献[27]中定义的梯形直觉模糊数. 第Ⅱ类梯形直觉模糊数能更全面地表示不确定量的模糊性的本质. 当 $a_1=a_2$ 时, 第Ⅱ类梯形直觉模糊数退化为第Ⅱ类三角直觉模糊数.

定义 2.9　设 $\tilde{a}=\langle(\underline{a},a,\overline{a});w_{\tilde{a}},u_{\tilde{a}}\rangle$ 是实数集 **R** 上的一个第Ⅱ类三角直觉模糊数，其隶属函数为

$$\mu_{\tilde{a}}(x)=\begin{cases}\dfrac{x-\underline{a}}{a-\underline{a}}w_{\tilde{a}} & (\underline{a}\leqslant x<a)\\ w_{\tilde{a}} & (x=a)\\ \dfrac{\overline{a}-x}{\overline{a}-a}w_{\tilde{a}} & (a<x\leqslant\overline{a})\\ 0 & (x<\underline{a}或x>\overline{a})\end{cases} \tag{2.11}$$

其非隶属函数为

$$\upsilon_{\tilde{a}}(x)=\begin{cases}\dfrac{a-x+u_{\tilde{a}}(x-\underline{a})}{a-\underline{a}} & (\underline{a}\leqslant x<a)\\ u_{\tilde{a}} & (x=a)\\ \dfrac{x-a+u_{\tilde{a}}(\overline{a}-x)}{\overline{a}-a} & (a<x\leqslant\overline{a})\\ 1 & (x<\underline{a}或x>\overline{a})\end{cases} \tag{2.12}$$

其中，$w_{\tilde{a}}$ 和 $u_{\tilde{a}}$ 表示最大的隶属度和最小的非隶属度，满足 $0\leqslant w_{\tilde{a}}\leqslant 1$, $0\leqslant u_{\tilde{a}}\leqslant 1$, $0\leqslant w_{\tilde{a}}+u_{\tilde{a}}\leqslant 1$，如图 2.6 所示.

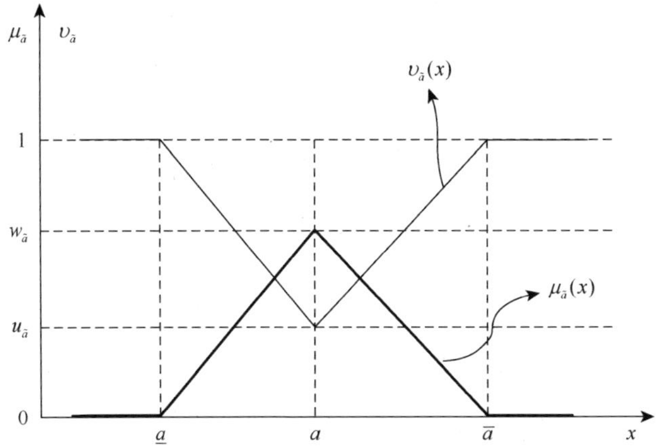

图 2.6　第Ⅱ类三角直觉模糊数 $\tilde{a}=\langle(\underline{a},a,\overline{a});w_{\tilde{a}},u_{\tilde{a}}\rangle$

第Ⅱ类三角直觉模糊数 $\tilde{a}=\langle(\underline{a},a,\overline{a});w_{\tilde{a}},u_{\tilde{a}}\rangle$ 表示实数 a 的近似值，即，不确定量 $\tilde{a}$ 用介于 $\underline{a}$ 和 $\overline{a}$ 之间的任意实数表示，且每个实数具有不同的隶属度、非隶属度和犹豫度. 不确定量 $\tilde{a}$ 最可能的值是 a，它的隶属度和非隶属分别为 $w_{\tilde{a}}$ 和 $u_{\tilde{a}}$. 显然，当 $w_{\tilde{a}}=1$, $u_{\tilde{a}}=0$ 时，$\mu_{\tilde{a}}(x)+\upsilon_{\tilde{a}}(x)=1$，则第Ⅱ类三角直觉模糊数 $\tilde{a}=\langle(\underline{a},a,\overline{a});$

$w_{\tilde{a}}, u_{\tilde{a}}\rangle$ 变为 $\tilde{a}=\langle(\underline{a},a,\overline{a});1,0\rangle$，这正是文献[27]中定义的三角模糊数. 因此，第 II 类三角直觉模糊数是三角模糊数的拓展. 不确定量 $\tilde{a}$ 的最悲观的值和最乐观的值分别为 $\underline{a}$ 和 $\overline{a}$，其隶属度和非隶属度分别为 0 和 1；当 $x\in(\underline{a},\overline{a})$ 时，不确定量 $\tilde{a}$ 的隶属度和非隶属度分别为 $\mu_{\tilde{a}}(x)$ 和 $\upsilon_{\tilde{a}}(x)$.

相对于定义 1.1 给出的直觉模糊集的概念，直觉模糊数使隶属度和非隶属度不再只是相对于一个模糊概念“优秀”或“好”，而是相对于该直觉模糊数，并且表示了决策者的犹豫程度，因此能更客观、准确地反映决策者的信息. 比如，第 II 类三角直觉模糊数 $\tilde{5}=\langle(4,5,8);0.7,0.2\rangle$，则当 $x=5$ 时，第 II 类三角直觉模糊数 $\tilde{5}$ 的隶属度为 0.7，同时不是三角直觉模糊数 $\tilde{5}$ 的非隶属度为 0.2，对不能确定是否为第 II 类三角直觉模糊数 $\tilde{5}$ 的犹豫度为 0.1.

2.1.2　直觉模糊数的运算规则

我们拓展梯形模糊数的运算规则，定义第 I 类梯形直觉模糊数的运算规则如下.

定义 2.10　设

$$\tilde{a}=\langle(\underline{a}_1,a_{1l},a_{1r},\overline{a}_1),(\underline{a}_2,a_{2l},a_{2r},\overline{a}_2)\rangle,\quad \tilde{b}=\langle(\underline{b}_1,b_{1l},b_{1r},\overline{b}_1),(\underline{b}_2,b_{2l},b_{2r},\overline{b}_2)\rangle$$

是两个第 I 类梯形直觉模糊数，λ 是实数. 第 I 类梯形直觉模糊数的运算规则如下：

$$\tilde{a}+\tilde{b}=\langle(\underline{a}_1+\underline{b}_1,a_{1l}+b_{1l},a_{1r}+b_{1r},\overline{a}_1+\overline{b}_1),(\underline{a}_2+\underline{b}_2,a_{2l}+b_{2l},a_{2r}+b_{2r},\overline{a}_2+\overline{b}_2)\rangle \tag{2.13}$$

$$\lambda\tilde{a}=\begin{cases}\langle(\lambda\underline{a}_1,\lambda a_{1l},\lambda a_{1r},\lambda\overline{a}_1),(\lambda\underline{a}_2,\lambda a_{2l},\lambda a_{2r},\lambda\overline{a}_2)\rangle & (\lambda>0)\\ \langle(\lambda\overline{a}_1,\lambda a_{r1},\lambda a_{1l},\lambda\underline{a}_1),(\lambda\overline{a}_2,\lambda a_{2r},\lambda a_{2l},\lambda\underline{a}_2)\rangle & (\lambda<0)\end{cases} \tag{2.14}$$

类似地，可得第 I 类三角直觉模糊数的运算规则如下.

定义 2.11　设 $\tilde{a}=\langle(\underline{a}_1,a_{1l},\overline{a}_1),(\underline{a}_2,a_{2l},\overline{a}_2)\rangle$，$\tilde{b}=\langle(\underline{b}_1,b_{1l},\overline{b}_1),(\underline{b}_2,b_{2l},\overline{b}_2)\rangle$ 是两个第 I 类三角形直觉模糊数，λ 是实数. 第 I 类三角直觉模糊数的运算规则如下：

$$\tilde{a}+\tilde{b}=\langle(\underline{a}_1+\underline{b}_1,a_{1l}+b_{1l},\overline{a}_1+\overline{b}_1),(\underline{a}_2+\underline{b}_2,a_{2l}+b_{2l},\overline{a}_2+\overline{b}_2)\rangle \tag{2.15}$$

$$\lambda\tilde{a}=\begin{cases}\langle(\lambda\underline{a}_1,\lambda a_{1l},\lambda\overline{a}_1),(\lambda\underline{a}_2,\lambda a_{2l},\lambda\overline{a}_2)\rangle & (\lambda>0)\\ \langle(\lambda\overline{a}_1,\lambda a_{1l},\lambda\underline{a}_1),(\lambda\overline{a}_2,\lambda a_{2l},\lambda\underline{a}_2)\rangle & (\lambda<0)\end{cases} \tag{2.16}$$

拓展广义梯形模糊数的运算规则，下面定义第 II 类梯形直觉模糊数的运算规则.

定义 2.12　设 $\tilde{a}=\langle(\underline{a},a_1,a_2,\overline{a});w_{\tilde{a}},u_{\tilde{a}}\rangle$，$\tilde{b}=\langle(\underline{b},b_1,b_2,\overline{b});w_{\tilde{a}},u_{\tilde{a}}\rangle$ 为两个第 II 类梯形直觉模糊数，λ 是实数. 第 II 类梯形直觉模糊数的运算规则如下：

$$\tilde{a}+\tilde{b}=\langle(\underline{a}_1+\underline{b}_1,a_{1l}+b_{1l},a_{1r}+b_{1r},\overline{a}_1+\overline{b}_1);\min\{w_{\tilde{a}_1},w_{\tilde{a}_2}\},\max\{u_{\tilde{a}_1},u_{\tilde{a}_2}\}\rangle \tag{2.17}$$

$$\tilde{a}-\tilde{b}=\langle(\underline{a}_1-\overline{b}_1,a_{1l}-b_{1r},a_{1r}-b_{1l},\overline{a}_1-\underline{b}_1);\min\{w_{\tilde{a}_1},w_{\tilde{a}_2}\},\max\{u_{\tilde{a}_1},u_{\tilde{a}_2}\}\rangle \tag{2.18}$$

$$\tilde{a}\tilde{b}=\begin{cases}\langle(\underline{a}_1\underline{b}_1,a_{1l}b_{1l},a_{1r}b_{1r},\overline{a}_1\overline{b}_1);\min\{w_{\tilde{a}_1},w_{\tilde{a}_2}\},\max\{u_{\tilde{a}_1},u_{\tilde{a}_2}\}\rangle & (\tilde{a}>0,\tilde{b}>0)\\ \langle(\underline{a}_1\overline{b}_1,a_{1l}b_{1r},a_{1r}b_{2l},\overline{a}_1\underline{b}_1);\min\{w_{\tilde{a}_1},w_{\tilde{a}_2}\},\max\{u_{\tilde{a}_1},u_{\tilde{a}_2}\}\rangle & (\tilde{a}<0,\tilde{b}>0)\\ \langle(\overline{a}_1\overline{b}_1,a_{1r}b_{1r},a_{1l}b_{1l},\underline{a}_1\underline{b}_1);\min\{w_{\tilde{a}_1},w_{\tilde{a}_2}\},\max\{u_{\tilde{a}_1},u_{\tilde{a}_2}\}\rangle & (\tilde{a}<0,\tilde{b}<0)\end{cases} \quad (2.19)$$

$$\tilde{a}/\tilde{b}=\begin{cases}\langle(\underline{a}_1/\overline{b}_1,a_{1l}/b_{1r},a_{1r}/b_{1l},\overline{a}_1/\underline{b}_1);\min\{w_{\tilde{a}_1},w_{\tilde{a}_2}\},\max\{u_{\tilde{a}_1},u_{\tilde{a}_2}\}\rangle & (\tilde{a}>0,\tilde{b}>0)\\ \langle(\overline{a}_1/\overline{b}_2,a_{1r}/b_{1r},a_{1l}/b_{1l},\underline{a}_1/\underline{b}_1);\min\{w_{\tilde{a}_1},w_{\tilde{a}_2}\},\max\{u_{\tilde{a}_1},u_{\tilde{a}_2}\}\rangle & (\tilde{a}<0,\tilde{b}>0)\\ \langle(\overline{a}_1/\underline{b}_2,a_{1r}/b_{1l},a_{1l}/b_{1r},\underline{a}_1/\overline{b}_1);\min\{w_{\tilde{a}_1},w_{\tilde{a}_2}\},\max\{u_{\tilde{a}_1},u_{\tilde{a}_2}\}\rangle & (\tilde{a}<0,\tilde{b}<0)\end{cases}$$

(2.20)

$$\lambda\tilde{a}=\begin{cases}\langle(\lambda\underline{a}_1,\lambda a_{1l},\lambda a_{1r},\lambda\overline{a}_1);w_{\tilde{a}_1},u_{\tilde{a}_1}\rangle & (\lambda>0)\\ \langle(\lambda\overline{a}_1,\lambda a_{1r},\lambda a_{1l},\lambda\underline{a}_1);w_{\tilde{a}_1},u_{\tilde{a}_1}\rangle & (\lambda<0)\end{cases} \quad (2.21)$$

类似地，定义第Ⅱ类三角直觉模糊数的运算规则.

定义 2.13　设 $\tilde{a}=\langle(\underline{a},a,\overline{a});w_{\tilde{a}},u_{\tilde{a}}\rangle$ 和 $\tilde{b}=\langle(\underline{b},b,\overline{b});w_{\tilde{b}},u_{\tilde{b}}\rangle$ 为两个第Ⅱ类三角直觉模糊数，λ 是实数. 第Ⅱ类三角直觉模糊数的运算规则如下:

$$\tilde{a}+\tilde{b}=\langle(\underline{a}+\underline{b},a+b,\overline{a}+\overline{b});\min\{w_{\tilde{a}},w_{\tilde{b}}\},\max\{u_{\tilde{a}},u_{\tilde{b}}\}\rangle \quad (2.22)$$

$$\tilde{a}-\tilde{b}=\langle(\underline{a}-\overline{b},a-b,\overline{a}-\underline{b});\min\{w_{\tilde{a}},w_{\tilde{b}}\},\max\{u_{\tilde{a}},u_{\tilde{b}}\}\rangle \quad (2.23)$$

$$\tilde{a}\tilde{b}=\begin{cases}\langle(\underline{ab},ab,\overline{ab});\min\{w_{\tilde{a}},w_{\tilde{b}}\},\max\{u_{\tilde{a}},u_{\tilde{b}}\}\rangle & (\tilde{a}>0,\tilde{b}>0)\\ \langle(\underline{a}\overline{b},ab,\overline{a}\underline{b});\min\{w_{\tilde{a}},w_{\tilde{b}}\},\max\{u_{\tilde{a}},u_{\tilde{b}}\}\rangle & (\tilde{a}<0,\tilde{b}>0)\\ \langle(\overline{ab},ab,\underline{ab});\min\{w_{\tilde{a}},w_{\tilde{b}}\},\max\{u_{\tilde{a}},u_{\tilde{b}}\}\rangle & (\tilde{a}<0,\tilde{b}<0)\end{cases} \quad (2.24)$$

$$\tilde{a}/\tilde{b}=\begin{cases}\langle(\underline{a}/\overline{b},a/b,\overline{a}/\underline{b});\min\{w_{\tilde{a}},w_{\tilde{b}}\},\max\{u_{\tilde{a}},u_{\tilde{b}}\}\rangle & (\tilde{a}>0,\tilde{b}>0)\\ \langle(\overline{a}/\overline{b},a/b,\underline{a}/\underline{b});\min\{w_{\tilde{a}},w_{\tilde{b}}\},\max\{u_{\tilde{a}},u_{\tilde{b}}\}\rangle & (\tilde{a}<0,\tilde{b}>0)\\ \langle(\overline{a}/\underline{b},a/b,\underline{a}/\overline{b});\min\{w_{\tilde{a}},w_{\tilde{b}}\},\max\{u_{\tilde{a}},u_{\tilde{b}}\}\rangle & (\tilde{a}<0,\tilde{b}<0)\end{cases} \quad (2.25)$$

$$\lambda\tilde{a}=\begin{cases}\langle(\lambda\underline{a},\lambda a,\lambda\overline{a});w_{\tilde{a}},u_{\tilde{a}}\rangle & (\lambda>0)\\ \langle(\lambda\overline{a},\lambda a,\lambda\underline{a});w_{\tilde{a}},u_{\tilde{a}}\rangle & (\lambda<0)\end{cases} \quad (2.26)$$

$$\tilde{a}^{-1}=\langle(1/\overline{a},1/a,1/\underline{a});w_{\tilde{a}},u_{\tilde{a}}\rangle \quad (2.27)$$

2.2　直觉模糊数的截集

根据 1.5 节直觉模糊集的截集定义，得到直觉模糊数的截集定义如下.

定义 2.14　设 $\tilde{a}=\langle(\underline{a}_1,a_{1l},a_{1r},\overline{a}_1),(\underline{a}_2,a_{2l},a_{2r},\overline{a}_2)\rangle$ 为第Ⅰ类梯形直觉模糊数，且 $0\leqslant\alpha\leqslant1$，称集合

$$\tilde{a}^{\alpha}=\{x\mid\mu_{\tilde{a}}(x)\geqslant\alpha\} \quad (2.28)$$

为第Ⅰ类梯形直觉模糊数 $\tilde{a}$ 的 α 截集.

根据式(2.3)和定义 2.14，$\tilde{a}^{\alpha}=\{x\mid\mu_{\tilde{a}}(x)\geqslant\alpha\}$ 是一个闭区间，记为 $\tilde{a}^{\alpha}=[L^{\alpha}(\tilde{a}),R^{\alpha}(\tilde{a})]$，计算可得

$$[L^{\alpha}(\tilde{a}),R^{\alpha}(\tilde{a})]=[\underline{a}_1+(a_{1l}-\underline{a}_1)\alpha,\overline{a}_1-(\overline{a}_1-a_{1r})\alpha] \tag{2.29}$$

第Ⅰ类梯形直觉模糊数 $\tilde{a}$ 关于隶属度的支撑定义为

$$\mathrm{supp}_{\mu}(\tilde{a})=\{x\mid\mu_{\tilde{a}}(x)\geqslant 0\}$$

定义 2.15　设 $\tilde{a}=\langle(\underline{a}_1,a_{1l},a_{1r},\overline{a}_1),(\underline{a}_2,a_{2l},a_{2r},\overline{a}_2)\rangle$ 为第Ⅰ类梯形直觉模糊数，且 $u_{\tilde{a}}\leqslant\beta\leqslant 1$，称集合

$$\tilde{a}_{\beta}=\{x\mid\upsilon_{\tilde{a}}(x)\leqslant\beta\} \tag{2.30}$$

为第Ⅰ类梯形直觉模糊数 $\tilde{a}$ 的 β 截集.

根据式(2.4)和定义 2.15，$\tilde{a}_{\beta}=\{x\mid\upsilon_{\tilde{a}}(x)\leqslant\beta\}$ 是一个闭区间，记为 $\tilde{a}_{\beta}=[L_{\beta}(\tilde{a}),R_{\beta}(\tilde{a})]$，计算可得

$$[L_{\beta}(\tilde{a}),R_{\beta}(\tilde{a})]=[a_{2l}-(a_{2l}-\underline{a}_2)\beta,a_{2r}+(\overline{a}_2-a_{2r})\beta] \tag{2.31}$$

第Ⅰ类梯形直觉模糊数 $\tilde{a}$ 关于非隶属度的支撑定义为

$$\mathrm{supp}_{\upsilon}(\tilde{a})=\{x\mid\upsilon_{\tilde{a}}(x)\leqslant 1\}$$

类似于第Ⅰ类梯形直觉模糊数的截集定义，下面给出第Ⅰ类三角直觉模糊数的截集定义.

定义 2.16　设 $\tilde{a}=\langle(\underline{a}_1,a_{1l},\overline{a}_1),(\underline{a}_2,a_{2l},\overline{a}_2)\rangle$ 为第Ⅰ类三角直觉模糊数，且 $0\leqslant\alpha\leqslant 1$，称集合

$$\tilde{a}^{\alpha}=\{x\mid\mu_{\tilde{a}}(x)\geqslant\alpha\} \tag{2.32}$$

为第Ⅰ类三角直觉模糊数 $\tilde{a}$ 的 α 截集.

根据式(2.5)和定义 2.16，$\tilde{a}^{\alpha}=\{x\mid\mu_{\tilde{a}}(x)\geqslant\alpha\}$ 是一个闭区间，记为 $\tilde{a}^{\alpha}=[L^{\alpha}(\tilde{a}),R^{\alpha}(\tilde{a})]$，计算可得

$$[L^{\alpha}(\tilde{a}),R^{\alpha}(\tilde{a})]=[\underline{a}_1+(a_{1l}-\underline{a}_1)\alpha,\overline{a}_1-(\overline{a}_1-a_{1l})\alpha] \tag{2.33}$$

第Ⅰ类三角直觉模糊数 $\tilde{a}$ 关于隶属度的支撑定义为

$$\mathrm{supp}_{\mu}(\tilde{a})=\{x\mid\mu_{\tilde{a}}(x)\geqslant 0\}$$

定义 2.17　设 $\tilde{a}=\langle(\underline{a}_1,a_{1l},\overline{a}_1),(\underline{a}_2,a_{2l},\overline{a}_2)\rangle$ 为第Ⅰ类三角形直觉模糊数，且 $u_{\tilde{a}}\leqslant\beta\leqslant 1$，称集合

$$\tilde{a}_{\beta}=\{x\mid\upsilon_{\tilde{a}}(x)\leqslant\beta\} \tag{2.34}$$

为第Ⅰ类三角直觉模糊数 $\tilde{a}$ 的 β 截集.

根据式(2.6)和定义 2.17，$\tilde{a}_{\beta}=\{x\mid\upsilon_{\tilde{a}}(x)\leqslant\beta\}$ 是一个闭区间，记为 $\tilde{a}_{\beta}=[L_{\beta}(\tilde{a}),R_{\beta}(\tilde{a})]$，计算可得

$$[L_{\beta}(\tilde{a}),R_{\beta}(\tilde{a})]=[a_{2l}-(a_{2l}-\underline{a}_2)\beta,a_{2l}+(\overline{a}_2-a_{2l})\beta] \tag{2.35}$$

第 I 类三角直觉模糊数 $\tilde{a}$ 关于非隶属度的支撑定义为

$$\mathrm{supp}_{\upsilon}(\tilde{a})=\{x\,|\,\upsilon_{\tilde{a}}(x)\leqslant 1\}$$

定义 2.18　设 $\tilde{a}=\langle(\underline{a},a_1,a_2,\overline{a});w_{\tilde{a}},u_{\tilde{a}}\rangle$ 为第 II 类梯形直觉模糊数，且 $0\leqslant\alpha\leqslant w_{\tilde{a}}$，称集合

$$\tilde{a}^{\alpha}=\{x\,|\,\mu_{\tilde{a}}(x)\geqslant\alpha\} \tag{2.36}$$

为第 II 类梯形直觉模糊数 $\tilde{a}$ 的 α 截集.

根据式(2.9)和定义 2.18，$\tilde{a}^{\alpha}=\{x\,|\,\mu_{\tilde{a}}(x)\geqslant\alpha\}$ 是一个闭区间，记为 $\tilde{a}^{\alpha}=[L^{\alpha}(\tilde{a}),R^{\alpha}(\tilde{a})]$，计算可得

$$[L^{\alpha}(\tilde{a}),R^{\alpha}(\tilde{a})]=[\underline{a}+\alpha(a_1-\underline{a})/w_{\tilde{a}},\overline{a}-\alpha(\overline{a}-a_2)/w_{\tilde{a}}] \tag{2.37}$$

第 II 类梯形直觉模糊数 $\tilde{a}$ 关于隶属度的支撑定义为

$$\mathrm{supp}_{\mu}(\tilde{a})=\{x\,|\,\mu_{\tilde{a}}(x)\geqslant 0\}$$

定义 2.19　设 $\tilde{a}=\langle(\underline{a},a_1,a_2,\overline{a});w_{\tilde{a}},u_{\tilde{a}}\rangle$ 为第 II 类梯形直觉模糊数，且 $u_{\tilde{a}}\leqslant\beta\leqslant 1$，称集合

$$\tilde{a}_{\beta}=\{x\,|\,\upsilon_{\tilde{a}}(x)\leqslant\beta\} \tag{2.38}$$

为第 II 类梯形直觉模糊数 $\tilde{a}$ 的 β 截集.

根据式(2.10)和定义 2.19，$\tilde{a}_{\beta}=\{x\,|\,\upsilon_{\tilde{a}}(x)\leqslant\beta\}$ 是一个闭区间，记为 $\tilde{a}_{\beta}=[L_{\beta}(\tilde{a}),R_{\beta}(\tilde{a})]$，计算可得

$$[L_{\beta}(\tilde{a}),R_{\beta}(\tilde{a})]=[[a_1(1-\beta)+\underline{a}(\beta-u_{\tilde{a}})]/(1-u_{\tilde{a}}),[a_2(1-\beta)+\overline{a}(\beta-u_{\tilde{a}})]/(1-u_{\tilde{a}})] \tag{2.39}$$

第 II 类梯形直觉模糊数 $\tilde{a}$ 关于非隶属度的支撑定义为

$$\mathrm{supp}_{\upsilon}(\tilde{a})=\{x\,|\,\upsilon_{\tilde{a}}(x)\leqslant 1\}$$

类似第 II 类梯形直觉模糊数的截集定义，下面给出第 II 类三角直觉模糊数的截集概念.

定义 2.20　设 $\tilde{a}=\langle(\underline{a},a,\overline{a});w_{\tilde{a}},u_{\tilde{a}}\rangle$ 为第 II 类三角直觉模糊数，且 $0\leqslant\alpha\leqslant w_{\tilde{a}}$，称集合

$$\tilde{a}^{\alpha}=\{x\,|\,\mu_{\tilde{a}}(x)\geqslant\alpha\} \tag{2.40}$$

为第 II 类三角直觉模糊数 $\tilde{a}$ 的 α 截集.

根据式(2.11)和定义 2.20，$\tilde{a}^{\alpha}=\{x\,|\,\mu_{\tilde{a}}(x)\geqslant\alpha\}$ 是一个闭区间，记为 $\tilde{a}^{\alpha}=[L^{\alpha}(\tilde{a}),R^{\alpha}(\tilde{a})]$，计算可得

$$[L^{\alpha}(\tilde{a}),R^{\alpha}(\tilde{a})]=[\underline{a}+\alpha(a-\underline{a})/w_{\tilde{a}},\overline{a}-\alpha(\overline{a}-a)/w_{\tilde{a}}] \tag{2.41}$$

第 II 类三角直觉模糊数 $\tilde{a}$ 关于隶属度的支撑定义为

$$\mathrm{supp}_{\mu}(\tilde{a})=\{x\,|\,\mu_{\tilde{a}}(x)\geqslant 0\}$$

即 $\mathrm{supp}_{\mu}(\tilde{a})=\tilde{a}^{0}=[\underline{a},\overline{a}]$.

定义 2.21　设 $\tilde{a}=\langle(\underline{a},a,\overline{a});w_{\tilde{a}},u_{\tilde{a}}\rangle$ 为第Ⅱ类三角直觉模糊数，且 $u_{\tilde{a}}\leqslant\beta\leqslant 1$，称集合

$$\tilde{a}_\beta=\{x\,|\,\upsilon_{\tilde{a}}(x)\leqslant\beta\} \tag{2.42}$$

为第Ⅱ类三角直觉模糊数 $\tilde{a}$ 的 β 截集.

根据式(2.12)和定义 2.21，$\tilde{a}_\beta=\{x\,|\,\upsilon_{\tilde{a}}(x)\leqslant\beta\}$ 是一个闭区间，记 $\tilde{a}_\beta=[L_\beta(\tilde{a}),R_\beta(\tilde{a})]$，计算可得

$$[L_\beta(\tilde{a}),R_\beta(\tilde{a})]=[[(1-\beta)a+(\beta-u_{\tilde{a}})\underline{a}]/(1-u_{\tilde{a}}),[(1-\beta)a+(\beta-u_{\tilde{a}})\overline{a}]/(1-u_{\tilde{a}})] \tag{2.43}$$

第Ⅱ类三角直觉模糊数 $\tilde{a}$ 关于非隶属度的支撑定义为

$$\mathrm{supp}_\upsilon(\tilde{a})=\{x\,|\,\upsilon_{\tilde{a}}(x)\leqslant 1\}$$

即 $\mathrm{supp}_\upsilon(\tilde{a})=\tilde{a}_1=[\underline{a},\overline{a}]$.

2.3　直觉模糊数的排序方法

在模糊决策中，模糊量特别是模糊数常被用于对备择对象的性能进行构模，于是备择对象的选择或排序则最终归结为模糊量的选择或排序问题. 而事实上，在博弈问题中，局中人在行动方案的选择过程中不可避免地要对不同行动的支付值进行比较，这将会涉及模糊量的排序. 模糊量排序问题对于研究模糊博弈具有十分重要的意义. 因此，在不确定性问题中，如果用直觉模糊数表示模糊量，则必须首先确定直觉模糊数的排序问题或定义直觉模糊数的某种“序”关系. 直觉模糊数的排序是直觉模糊集理论的重要内容，由于三角直觉模糊数表示简单，便于在实际中应用，本节主要以三角直觉模糊数为例，介绍几种直觉模糊数的排序方法.

2.3.1　直觉模糊数的 λ 加权均值面积排序方法

设 $\tilde{a}$ 为直觉模糊数，对任意的 $\alpha\in[0,1]$，令 $m(\tilde{a}^\alpha)$ 和 $m(\tilde{a}_\beta)$ 分别是直觉模糊数 $\tilde{a}$ 的 α 截集 $\tilde{a}^\alpha$ 和 β 截集 $\tilde{a}_\beta$ 的平均值，其中

$$m(\tilde{a}^\alpha)=\frac{L^\alpha(\tilde{a})+R^\alpha(\tilde{a})}{2}=\frac{f_l^{-1}(\alpha)+f_r^{-1}(\alpha)}{2} \tag{2.44}$$

$$m(\tilde{a}_\beta)=\frac{L_\beta(\tilde{a})+R_\beta(\tilde{a})}{2}=\frac{g_l^{-1}(\beta)+g_r^{-1}(\beta)}{2} \tag{2.45}$$

定义 2.22　直觉模糊数 $\tilde{a}$ 关于隶属度 $\mu_{\tilde{a}}(x)$ 和非隶属度 $\upsilon_{\tilde{a}}(x)$ 的均值面积分别定义为

$$S_\mu(\tilde{a})=\int_0^1 m(\tilde{a}^\alpha)\mathrm{d}\alpha \tag{2.46}$$

和

$$S_\upsilon(\tilde{a})=\int_0^1 m(\tilde{a}_\beta)\mathrm{d}\beta \tag{2.47}$$

令

$$S_\lambda(\tilde{a})=\lambda S_\mu(\tilde{a})+(1-\lambda)S_\upsilon(\tilde{a}) \tag{2.48}$$

称 $S_\lambda(\tilde{a})$ 为直觉模糊数 $\tilde{a}$ 的 λ 加权均值面积，其中 $\lambda\in[0,1]$ 为权重，表示决策者的偏好信息.

显然，$S_\lambda(\tilde{a})$ 综合反映了隶属度和非隶属度在不同置信水平的信息. 由于有些决策者关注直觉模糊数近似 a 的隶属程度，而有些决策者更关注直觉模糊数近似 a 的非隶属程度，因此决策者可以根据自己的偏好信息选取 λ 的值. $S_\lambda(\tilde{a})$ 的值越大，直觉模糊数就越大.

下面以第 II 类三角直觉模糊数为例，介绍直觉模糊数 λ 加权均值面积排序方法，其他直觉模糊数的 λ 加权均值面积排序方法可类似得到.

设 $\tilde{a}=\langle(\underline{a},a,\overline{a});w_{\tilde{a}},u_{\tilde{a}}\rangle$ 为第 II 类三角直觉模糊数，对任意的 $\alpha\in[0,w_{\tilde{a}}]$，令 $m(\tilde{a}^\alpha)$ 和 $m(\tilde{a}_\beta)$ 分别是第 II 类三角直觉模糊数 $\tilde{a}=\langle(\underline{a},a,\overline{a});w_{\tilde{a}},u_{\tilde{a}}\rangle$ 的 α 截集 $\tilde{a}^\alpha$ 和 β 截集 $\tilde{a}_\beta$ 的平均值.

根据式(2.41)、式(2.43)—(2.45)，可得

$$m(\tilde{a}^\alpha)=\frac{[2\alpha a+(w_{\tilde{a}}-\alpha)(\underline{a}+\overline{a})]}{2w_{\tilde{a}}} \tag{2.49}$$

$$m(\tilde{a}_\beta)=\frac{[2(1-\beta)a+(\beta-u_{\tilde{a}})(\underline{a}+\overline{a})]}{2(1-u_{\tilde{a}})} \tag{2.50}$$

根据式(2.46)和式(2.47)，可得第 II 类三角直觉模糊数 $\tilde{a}=\langle(\underline{a},a,\overline{a});w_{\tilde{a}},u_{\tilde{a}}\rangle$ 关于隶属度 $\mu_{\tilde{a}}(x)$ 和非隶属度 $\upsilon_{\tilde{a}}(x)$ 的均值面积分别为

$$S_\mu(\tilde{a})=\frac{(2a+\underline{a}+\overline{a})w_{\tilde{a}}}{4} \tag{2.51}$$

和

$$S_\upsilon(\tilde{a})=\frac{(2a+\underline{a}+\overline{a})(1-u_{\tilde{a}})}{4} \tag{2.52}$$

根据式(2.48)，可得第II类三角直觉模糊数 $\tilde{a}$ 的 λ 加权均值面积

$$S_\lambda(\tilde{a})=\frac{2a+\underline{a}+\overline{a}}{4}[\lambda w_{\tilde{a}}+(1-\lambda)(1-u_{\tilde{a}})] \tag{2.53}$$

$S_\lambda(\tilde{a})$ 的值越大，第II类三角直觉模糊数就越大. 因此，我们得到下面第II类三角直觉模糊数的排序方法.

定义 2.23[28]　设 $S_\lambda(\tilde{a})$ 和 $S_\lambda(\tilde{b})$ 分别为两个第II类三角直觉模糊数 $\tilde{a}=\langle(\underline{a},a,\overline{a});w_{\tilde{a}},u_{\tilde{a}}\rangle$ 和 $\tilde{b}=\langle(\underline{b},b,\overline{b});w_{\tilde{b}},u_{\tilde{b}}\rangle$ 的 λ 加权均值面积，则

(1) 若 $S_\lambda(\tilde{a})<S_\lambda(\tilde{b})$，则 $\tilde{a}<_{\text{IFN}}\tilde{b}$;

(2) 若 $S_\lambda(\tilde{a})>S_\lambda(\tilde{b})$，则 $\tilde{a}>_{\text{IFN}}\tilde{b}$;

(3) 若 $S_\lambda(\tilde{a})=S_\lambda(\tilde{b})$，则 $\tilde{a}=_{\text{IFN}}\tilde{b}$.

下面通过两个例子简单介绍上述排序方法的应用过程.

例 2.1　比较两个第II类三角直觉模糊数

$$\tilde{a}=\langle(0.3,0.5,0.7);0.6,0.3\rangle \quad 和 \quad \tilde{b}=\langle(0.1,0.5,0.9);0.5,0.2\rangle$$

解　根据式(2.51)和式(2.52)，可得 $\tilde{a}$ 和 $\tilde{b}$ 关于隶属度和非隶属度的均值面积分别为

$$S_\mu(\tilde{a})=0.3,\quad S_\upsilon(\tilde{a})=0.35$$

$$S_\mu(\tilde{b})=0.25,\quad S_\upsilon(\tilde{b})=0.4$$

根据式(2.53)，可得 $\tilde{a}$ 和 $\tilde{b}$ 的 λ 加权均值面积分别为

$$S_\lambda(\tilde{a})=0.35-0.05\lambda$$

$$S_\lambda(\tilde{b})=0.4-0.15\lambda$$

如图 2.7 所示.

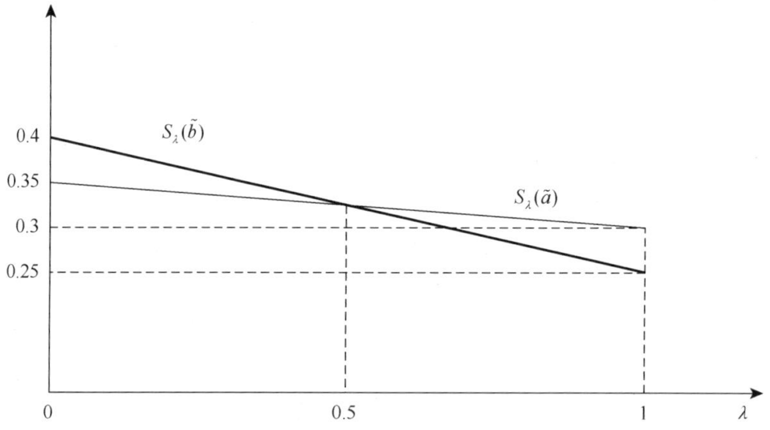

图 2.7　$\tilde{a}$ 和 $\tilde{b}$ 的 λ 加权均值面积

从图 2.7 可以看出

当 $\lambda\in[0,0.5)$ 时，$S_\lambda(\tilde{a})<S_\lambda(\tilde{b})$，则 $\tilde{b}>_{\mathrm{IFN}}\tilde{a}$；

当 $\lambda=0.5$ 时，$S_\lambda(\tilde{a})=S_\lambda(\tilde{b})=0.325$，则 $\tilde{b}=_{\mathrm{IFN}}\tilde{a}$；

当 $\lambda\in(0.5,1]$ 时，$S_\lambda(\tilde{a})>S_\lambda(\tilde{b})$，则 $\tilde{a}>_{\mathrm{IFN}}\tilde{b}$.

例 2.2 比较三个第 II 类三角直觉模糊数 $\tilde{a}=\langle(2,3,5);0.7,0.1\rangle$，$\tilde{b}=\langle(1.5,3.5,6);0.6,0.2\rangle$ 和 $\tilde{c}=\langle(1,4,6);0.5,0.3\rangle$.

解 根据式(2.51)和式(2.52)，第 II 类三角直觉模糊数 $\tilde{a},\tilde{b}$ 和 $\tilde{c}$ 关于隶属度和非隶属度的均值面积分别为

$$S_\mu(\tilde{a})=2.275,\quad S_\upsilon(\tilde{a})=2.925$$

$$S_\mu(\tilde{b})=2.175,\quad S_\upsilon(\tilde{b})=2.9$$

$$S_\mu(\tilde{c})=1.875,\quad S_\upsilon(\tilde{c})=2.625$$

根据式(2.53)，可得 $\tilde{a},\tilde{b}$ 和 $\tilde{c}$ 的 λ 加权均值面积分别为

$$S_\lambda(\tilde{a})=2.925-0.65\lambda$$

$$S_\lambda(\tilde{b})=2.9-0.725\lambda$$

$$S_\lambda(\tilde{c})=2.625-0.75\lambda$$

如图 2.8 所示.

从图 2.8 可以看出，对任意的 $\lambda\in[0,1]$，$S_\lambda(\tilde{a})>S_\lambda(\tilde{b})>S_\lambda(\tilde{c})$，因此，$\tilde{a}>_{\mathrm{IFN}}\tilde{b}>_{\mathrm{IFN}}\tilde{c}$.

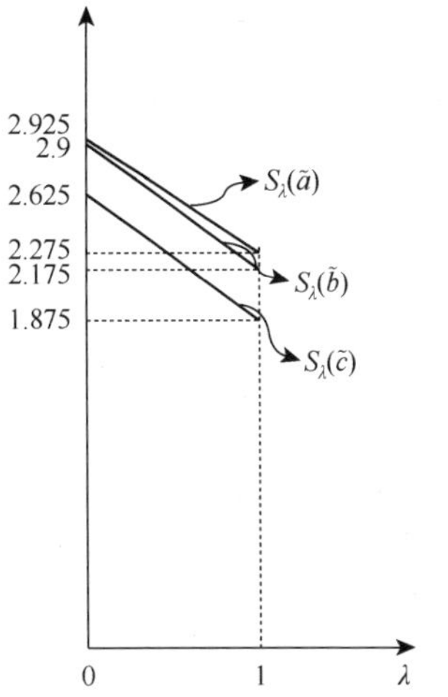

图 2.8 $\tilde{a},\tilde{b}$ 和 $\tilde{c}$ 的 λ 加权均值面积

2.3.2 直觉模糊数基于值和模糊度的排序方法

Delgado 定义了模糊数的两个特征：模糊数的值(value)和模糊度(ambiguity)，并给出了模糊数的值的指标和模糊度指标，进一步根据这两个指标提出了模糊数的排序方法[29]. 我们将该方法推广到直觉模糊数的排序中. 本小节主要以第 II 类三角直觉模糊数为例介绍直觉模糊数值和模糊度的排序方法.

受到文献[29]定义的模糊数的值和模糊度的启发，我们定义如下第 II 类三角直觉模糊数 $\tilde{a}$ 的值和模糊度.

定义 2.24 设 $\tilde{a}^\alpha$ 与 $\tilde{a}_\beta$ 分别为第Ⅱ类三角直觉模糊数 $\tilde{a}$ 的 α 截集和 β 截集. 第Ⅱ类三角直觉模糊数 $\tilde{a}$ 关于隶属度 $\mu_{\tilde{a}}(x)$ 和非隶属度 $\upsilon_{\tilde{a}}(x)$ 的值分别定义为

$$V_\mu(\tilde{a})=\int_0^{w_{\tilde{a}}}[L^\alpha(\tilde{a})+R^\alpha(\tilde{a})]f(\alpha)\mathrm{d}\alpha \tag{2.54}$$

和

$$V_\upsilon(\tilde{a})=\int_{u_{\tilde{a}}}^1[L_\beta(\tilde{a})+R_\beta(\tilde{a})]g(\beta)\mathrm{d}\beta \tag{2.55}$$

其中，$f(\alpha)(\alpha\in[0,w_{\tilde{a}}])$ 是关于 α 的非负、单调不减函数，表示对不同的 α 截集赋予不同的权重.

事实上，由于越小的 α 截集含有越多的不确定性，因此 $f(\alpha)$ 降低了较小的 α 截集的作用. 显然，$V_\mu(\tilde{a})$ 综合反映了隶属度的信息，可以看成隶属度所表示的第Ⅱ类三角直觉模糊数的中心值(central value). 类似地，$g(\beta)(\beta\in[u_{\tilde{a}},1])$ 是关于 β 的非负、单调不增函数，表示对不同的 β 截集赋予不同的权重. 由于越大的 β 截集含有越多的不确定性，$g(\beta)$ 减少了较大的 β 截集的作用. $V_\upsilon(\tilde{a})$ 综合反映了非隶属度的信息，可以看成非隶属度所表示的第Ⅱ类三角直觉模糊数的中心值.

在实际应用中，$f(\alpha)$ 和 $g(\beta)$ 可以根据决策者的不同需求有不同的选择. 比如，可令 $f(\alpha)=\alpha,g(\beta)=1-\beta$.

根据式(2.54)和式(2.55)，第Ⅱ类三角直觉模糊数 $\tilde{a}$ 关于隶属度 $\mu_{\tilde{a}}(x)$ 和非隶属度 $\upsilon_{\tilde{a}}(x)$ 的值计算如下

$$V_\mu(\tilde{a})=\frac{(\underline{a}+4a+\overline{a})w_{\tilde{a}}^2}{6} \tag{2.56}$$

和

$$V_\upsilon(\tilde{a})=\frac{(\underline{a}+4a+\overline{a})(1-u_{\tilde{a}})^2}{6} \tag{2.57}$$

由于 $0\leqslant w_{\tilde{a}}+u_{\tilde{a}}\leqslant 1$，根据式(2.56)和(2.57)，可得 $V_\mu(\tilde{a})\leqslant V_\upsilon(\tilde{a})$. 因此，第Ⅱ类三角直觉模糊数 $\tilde{a}$ 关于隶属度 $\mu_{\tilde{a}}(x)$ 和非隶属度 $\upsilon_{\tilde{a}}(x)$ 的值可以表示为区间 $[V_\mu(\tilde{a}), V_\upsilon(\tilde{a})]$.

类似地，可得第Ⅱ类梯形直觉模糊数 $\tilde{a}=\langle(\underline{a},a_1,a_2,\overline{a});w_{\tilde{a}},u_{\tilde{a}}\rangle$ 关于隶属度 $\mu_{\tilde{a}}(x)$ 和非隶属度 $\upsilon_{\tilde{a}}(x)$ 的值，计算如下

$$V_\mu(\tilde{a})=\frac{(\underline{a}+2a_1+2a_2+\overline{a})w_{\tilde{a}}^2}{6} \tag{2.58}$$

和

$$V_\upsilon(\tilde{a})=\frac{(\underline{a}+2a_1+2a_2+\overline{a})(1-u_{\tilde{a}})^2}{6} \tag{2.59}$$

若令

$$f(\alpha)=\frac{2\alpha}{w_{\tilde{a}}} \quad (\alpha\in[0,w_{\tilde{a}}])$$

和

$$g(\beta)=\frac{2(1-\beta)}{1-u_{\tilde{a}}} \quad (\beta\in[u_{\tilde{a}},1])$$

根据式(2.54)和式(2.55)，第II类三角直觉模糊数$\tilde{a}$关于隶属度$\mu_{\tilde{a}}(x)$和非隶属度$\upsilon_{\tilde{a}}(x)$的值计算如下

$$V_\mu(\tilde{a})=\frac{(\underline{a}+4a+\overline{a})w_{\tilde{a}}}{6} \tag{2.60}$$

和

$$V_\upsilon(\tilde{a})=\frac{(\underline{a}+4a+\overline{a})(1-u_{\tilde{a}})}{6} \tag{2.61}$$

不难得到，当第II类三角直觉模糊数$\tilde{a}$为正时，可得$V_\mu(\tilde{a})\leqslant V_\upsilon(\tilde{a})$.

类似可得第II类梯形直觉模糊数$\tilde{a}=\langle(\underline{a},a_1,a_2,\overline{a});w_{\tilde{a}},u_{\tilde{a}}\rangle$关于隶属度$\mu_{\tilde{a}}(x)$和非隶属度$\upsilon_{\tilde{a}}(x)$的值，计算如下

$$V_\mu(\tilde{a})=\frac{(\underline{a}+2a_1+2a_2+\overline{a})w_{\tilde{a}}}{6} \tag{2.62}$$

和

$$V_\upsilon(\tilde{a})=\frac{(\underline{a}+2a_1+2a_2+\overline{a})(1-u_{\tilde{a}})}{6} \tag{2.63}$$

容易证明，第II类直觉模糊数$\tilde{a}$关于隶属度$\mu_{\tilde{a}}(x)$的值$V_\mu(\tilde{a})$和非隶属度$\upsilon_{\tilde{a}}(x)$的值$V_\upsilon(\tilde{a})$有一些很好的性质. 这里以第II类三角直觉模糊数为例证明.

定理2.1 设$\tilde{a}=\langle(\underline{a},a,\overline{a});w_{\tilde{a}},u_{\tilde{a}}\rangle$和$\tilde{b}=\langle(\underline{b},b,\overline{b});w_{\tilde{b}},u_{\tilde{b}}\rangle$为第II类三角直觉模糊数，且$w_{\tilde{a}}=w_{\tilde{b}}$，$u_{\tilde{a}}=u_{\tilde{b}}$，则$V_\mu(\tilde{a}+\tilde{b})=V_\mu(\tilde{a})+V_\mu(\tilde{b})$.

证明 根据第II类三角直觉模糊数的加法运算，即式(2.22)及$w_{\tilde{a}}=w_{\tilde{b}}$和$u_{\tilde{a}}=u_{\tilde{b}}$，可得$\tilde{a}+\tilde{b}=\langle(\underline{a}+\underline{b},a+b,\overline{a}+\overline{b});w_{\tilde{a}},u_{\tilde{a}}\rangle$.

由式(2.62)，可得

$$V_\mu(\tilde{a}+\tilde{b})=\frac{[(\underline{a}+\underline{b})+4(a+b)+(\overline{a}+\overline{b})]w_{\tilde{a}}^2}{6}$$
$$=\frac{(\underline{a}+4a+\overline{a})w_{\tilde{a}}^2}{6}+\frac{(\underline{b}+4b+\overline{b})w_{\tilde{b}}^2}{6}$$
$$=V_\mu(\tilde{a})+V_\mu(\tilde{b})$$

类似地，可得定理 2.2.

定理 2.2　设 $\tilde{a}=\langle(\underline{a},a,\overline{a});w_{\tilde{a}},u_{\tilde{a}}\rangle$ 和 $\tilde{b}=\langle(\underline{b},b,\overline{b});w_{\tilde{b}},u_{\tilde{b}}\rangle$ 为第 II 类三角直觉模糊数，且 $w_{\tilde{a}}=w_{\tilde{b}},u_{\tilde{a}}=u_{\tilde{b}}$，则 $V_\upsilon(\tilde{a}+\tilde{b})=V_\upsilon(\tilde{a})+V_\upsilon(\tilde{b})$.

定义 2.25　设 $\tilde{a}^\alpha$ 与 $\tilde{a}_\beta$ 分别为第 II 类三角直觉模糊数 $\tilde{a}=\langle(\underline{a},a,\overline{a});w_{\tilde{a}},u_{\tilde{a}}\rangle$ 的 α 截集和 β 截集. 第 II 类三角直觉模糊数 $\tilde{a}$ 关于隶属度 $\mu_{\tilde{a}}(x)$ 和非隶属度 $\upsilon_{\tilde{a}}(x)$ 的模糊度分别定义为

$$A_\mu(\tilde{a})=\int_0^{w_{\tilde{a}}}[R^\alpha(\tilde{a})-L^\alpha(\tilde{a})]f(\alpha)\mathrm{d}\alpha \tag{2.64}$$

和

$$A_\upsilon(\tilde{a})=\int_{u_{\tilde{a}}}^1[R_\beta(\tilde{a})-L_\beta(\tilde{a})]g(\beta)\mathrm{d}\beta \tag{2.65}$$

由于 $R^\alpha(\tilde{a})-L^\alpha(\tilde{a})$ 与 $R_\beta(\tilde{a})-L_\beta(\tilde{a})$ 表示截集 $\tilde{a}^\alpha$ 与 $\tilde{a}_\beta$ 的区间长度，因此 $A_\mu(\tilde{a})$ 与 $A_\upsilon(\tilde{a})$ 是第 II 类三角直觉模糊数 $\tilde{a}$ 关于隶属度 $\mu_{\tilde{a}}(x)$ 和非隶属度 $\upsilon_{\tilde{a}}(x)$ 的跨度 (global spreads). $A_\mu(\tilde{a})$ 与 $A_\upsilon(\tilde{a})$ 表示第 II 类三角直觉模糊数 $\tilde{a}$ 的模糊程度.

令 $f(\alpha)=\alpha$ 与 $g(\beta)=1-\beta$，根据式 (2.56) 和式 (2.57)，第 II 类三角直觉模糊数 $\tilde{a}$ 关于隶属度 $\mu_{\tilde{a}}(x)$ 和非隶属度 $\upsilon_{\tilde{a}}(x)$ 的模糊度计算如下

$$A_\mu(\tilde{a})=\frac{(\overline{a}-\underline{a})w_{\tilde{a}}^2}{6} \tag{2.66}$$

和

$$A_\upsilon(\tilde{a})=\frac{(\overline{a}-\underline{a})(1-u_{\tilde{a}})^2}{6} \tag{2.67}$$

由于 $0\leqslant w_{\tilde{a}}+u_{\tilde{a}}\leqslant 1$，根据式 (2.66) 和式 (2.67)，可得 $A_\mu(\tilde{a})\leqslant A_\upsilon(\tilde{a})$. 因此，第 II 类三角直觉模糊数 $\tilde{a}$ 关于隶属度 $\mu_{\tilde{a}}(x)$ 和非隶属度 $\upsilon_{\tilde{a}}(x)$ 的模糊度可以表示为区间 $[A_\mu(\tilde{a}),A_\upsilon(\tilde{a})]$.

类似地，可得第 II 类梯形直觉模糊数 $\tilde{a}=\langle(\underline{a},a_1,a_2,\overline{a});w_{\tilde{a}},u_{\tilde{a}}\rangle$ 关于隶属度 $\mu_{\tilde{a}}(x)$ 和非隶属度 $\upsilon_{\tilde{a}}(x)$ 的模糊度，计算如下

$$A_\mu(\tilde{a})=\frac{[\overline{a}-\underline{a}+2(a_2-a_1)]w_{\tilde{a}}^2}{6} \tag{2.68}$$

和

$$A_{\upsilon}(\tilde{a})=\frac{[\overline{a}-\underline{a}+2(a_2-a_1)](1-u_{\tilde{a}})^2}{6} \tag{2.69}$$

若

$$f(\alpha)=\frac{2\alpha}{w_{\tilde{a}}} \quad (\alpha\in[0,w_{\tilde{a}}])$$

和

$$g(\beta)=\frac{2(1-\beta)}{1-u_{\tilde{a}}} \quad (\beta\in[u_{\tilde{a}},1])$$

根据式(2.62)和式(2.63)，第Ⅱ类三角直觉模糊数 $\tilde{a}$ 关于隶属度 $\mu_{\tilde{a}}(x)$ 和非隶属度 $\upsilon_{\tilde{a}}(x)$ 的模糊度计算如下

$$A_{\mu}(\tilde{a})=\frac{(\overline{a}-\underline{a})w_{\tilde{a}}}{6} \tag{2.70}$$

和

$$A_{\upsilon}(\tilde{a})=\frac{(\overline{a}-\underline{a})(1-u_{\tilde{a}})}{6} \tag{2.71}$$

类似地，可得第Ⅱ类梯形直觉模糊数 $\tilde{a}=\langle(\underline{a},a_1,a_2,\overline{a});w_{\tilde{a}},u_{\tilde{a}}\rangle$ 关于隶属度 $\mu_{\tilde{a}}(x)$ 和非隶属度 $\upsilon_{\tilde{a}}(x)$ 的模糊度，计算如下

$$A_{\mu}(\tilde{a})=\frac{[\overline{a}-\underline{a}+2(a_2-a_1)]w_{\tilde{a}}}{6} \tag{2.72}$$

和

$$A_{\upsilon}(\tilde{a})=\frac{[\overline{a}-\underline{a}+2(a_2-a_1)](1-u_{\tilde{a}})}{6} \tag{2.73}$$

不难证明，第Ⅱ类三角直觉模糊数 $\tilde{a}$ 关于隶属度 $\mu_{\tilde{a}}(x)$ 的模糊度 $A_{\tilde{a}}(\tilde{a})$ 和非隶属度 $\upsilon_{\tilde{a}}(x)$ 的模糊度 $A_{\upsilon}(\tilde{a})$ 有一些好的性质.

定理 2.3　设 $\tilde{a}=\langle(\underline{a},a,\overline{a});w_{\tilde{a}},u_{\tilde{a}}\rangle$ 和 $\tilde{b}=\langle(\underline{b},b,\overline{b});w_{\tilde{b}},u_{\tilde{b}}\rangle$ 为第Ⅱ类三角直觉模糊数，且 $w_{\tilde{a}}=w_{\tilde{b}}$，$u_{\tilde{a}}=u_{\tilde{b}}$，则 $A_{\mu}(\tilde{a}+\tilde{b})=A_{\mu}(\tilde{a})+A_{\mu}(\tilde{b})$.

证明　根据第Ⅱ类三角直觉模糊数的加法运算，即式(2.22)及 $w_{\tilde{a}}=w_{\tilde{b}}$ 和 $u_{\tilde{a}}=u_{\tilde{b}}$，则

$$\tilde{a}+\tilde{b}=\langle(\underline{a}+\underline{b},a+b,\overline{a}+\overline{b});w_{\tilde{a}},u_{\tilde{a}}\rangle$$

由式(2.66)，可得

$$\begin{aligned}A_{\mu}(\tilde{a}+\tilde{b})&=\frac{[(\overline{a}+\overline{b})-(\underline{a}+\underline{b})]w_{\tilde{a}}^2}{6}\\&=\frac{(\overline{a}-\underline{a})w_{\tilde{a}}^2}{6}+\frac{(\overline{b}-\underline{b})w_{\tilde{b}}^2}{6}\\&=A_{\mu}(\tilde{a})+A_{\mu}(\tilde{b})\end{aligned}$$

类似地，可得定理 2.4.

定理 2.4　设 $\tilde{a}=\langle(\underline{a},a,\overline{a});w_{\tilde{a}},u_{\tilde{a}}\rangle$ 和 $\tilde{b}=\langle(\underline{b},b,\overline{b});w_{\tilde{b}},u_{\tilde{b}}\rangle$ 为第 II 类三角直觉模糊数，且 $w_{\tilde{a}}=w_{\tilde{b}}$，$u_{\tilde{a}}=u_{\tilde{b}}$，则 $A_{\upsilon}(\tilde{a}+\tilde{b})=A_{\upsilon}(\tilde{a})+A_{\upsilon}(\tilde{b})$.

下面给出第 II 类三角直觉模糊数的排序方法. 先定义第 II 类三角直觉模糊数 $\tilde{a}$ 的值指标和模糊度指标.

定义 2.26　设 $\tilde{a}=\langle(\underline{a},a,\overline{a});w_{\tilde{a}},u_{\tilde{a}}\rangle$ 是一个第 II 类三角直觉模糊数，$\tilde{a}$ 的值指标和模糊度指标分别定义为

$$V_{\lambda}(\tilde{a})=\lambda V_{\mu}(\tilde{a})+(1-\lambda)V_{\upsilon}(\tilde{a}) \tag{2.74}$$

和

$$A_{\lambda}(\tilde{a})=\lambda A_{\mu}(\tilde{a})+(1-\lambda)A_{\upsilon}(\tilde{a}) \tag{2.75}$$

其中，$\lambda\in[0,1]$ 是权重，表示决策者的偏好信息.

定义 2.26 中 $\lambda\in[1/2,1]$ 表明决策者喜欢肯定的、正面信息，即决策者更关注不确定量的满意程度；$\lambda\in[0,1/2]$ 表明决策者喜欢否定的、负面信息，即决策者更关注不确定量的不满意程度. 因此，值指标和模糊度指标可以反映决策者对第 II 类三角直觉模糊数的主观态度. 第 II 类三角直觉模糊数 $\tilde{a}=\langle(\underline{a},a,\overline{a});w_{\tilde{a}},u_{\tilde{a}}\rangle$ 的值指标 $V_{\lambda}(\tilde{a})$ 和模糊度指标 $A_{\lambda}(\tilde{a})$ 有下面的性质.

定理 2.5　设 $\tilde{a}=\langle(\underline{a},a,\overline{a});w_{\tilde{a}},u_{\tilde{a}}\rangle$ 和 $\tilde{b}=\langle(\underline{b},b,\overline{b});w_{\tilde{b}},u_{\tilde{b}}\rangle$ 为第 II 类三角直觉模糊数，且 $w_{\tilde{a}}=w_{\tilde{b}}$，$u_{\tilde{a}}=u_{\tilde{b}}$，则 $V_{\lambda}(\tilde{a}+\tilde{b})=V_{\lambda}(\tilde{a})+V_{\lambda}(\tilde{b})$.

证明　由式(2.74)，可得

$$V_{\lambda}(\tilde{a}+\tilde{b})=\lambda V_{\mu}(\tilde{a}+\tilde{b})+(1-\lambda)V_{\upsilon}(\tilde{a}+\tilde{b})$$

根据定理 2.1 和定理 2.2，可得

$$\begin{aligned}V_{\lambda}(\tilde{a}+\tilde{b})&=\lambda V_{\mu}(\tilde{a}+\tilde{b})+(1-\lambda)V_{\upsilon}(\tilde{a}+\tilde{b})\\&=\lambda(V_{\mu}(\tilde{a})+V_{\mu}(\tilde{b}))+(1-\lambda)(V_{\upsilon}(\tilde{a})+V_{\upsilon}(\tilde{b}))\\&=V_{\lambda}(\tilde{a})+V_{\lambda}(\tilde{b})\end{aligned}$$

定理 2.6　设 $\tilde{a}=\langle(\underline{a},a,\overline{a});w_{\tilde{a}},u_{\tilde{a}}\rangle$ 和 $\tilde{b}=\langle(\underline{b},b,\overline{b});w_{\tilde{b}},u_{\tilde{b}}\rangle$ 为第 II 类三角直觉模糊数，且 $w_{\tilde{a}}=w_{\tilde{b}}$，$u_{\tilde{a}}=u_{\tilde{b}}$，则 $A_{\lambda}(\tilde{a}+\tilde{b})=A_{\lambda}(\tilde{a})+A_{\lambda}(\tilde{b})$.

证明　由式(2.75)可得

$$A_{\lambda}(\tilde{a}+\tilde{b})=\lambda A_{\mu}(\tilde{a}+\tilde{b})+(1-\lambda)A_{\upsilon}(\tilde{a}+\tilde{b})$$

根据定理 2.3 和定理 2.4，可得

$$\begin{aligned}V_{\lambda}(\tilde{a}+\tilde{b})&=\lambda V_{\mu}(\tilde{a}+\tilde{b})+(1-\lambda)V_{\upsilon}(\tilde{a}+\tilde{b})\\&=\lambda(V_{\mu}(\tilde{a})+V_{\mu}(\tilde{b}))+(1-\lambda)(V_{\upsilon}(\tilde{a})+V_{\upsilon}(\tilde{b}))\\&=V_{\lambda}(\tilde{a})+V_{\lambda}(\tilde{b})\end{aligned}$$

不难证明定理 2.7.

定理 2.7　第Ⅱ类三角直觉模糊数 $\tilde{a}=\langle(\underline{a},a,\overline{a});w_{\tilde{a}},u_{\tilde{a}}\rangle$ 的值指标 $V_\lambda(\tilde{a})$ 和模糊度指标 $A_\lambda(\tilde{a})$ 都是关于参数 $\lambda\in[0,1]$ 的连续不增函数.

根据定理 2.7 可得

$$\max\{V_\lambda(\tilde{a})\}=V_\upsilon(\tilde{a}) \tag{2.76}$$

$$\min\{A_\lambda(\tilde{a})\}=A_\mu(\tilde{a}) \tag{2.77}$$

对于一个直觉模糊数来说, 其值指标越大且模糊度指标越小, 则该直觉模糊数越大. 基于第Ⅱ类三角直觉模糊数 $\tilde{a}$ 的值指标和模糊度指标, 我们给出如下排序方法.

定义 2.27　设 $\tilde{a}=\langle(\underline{a},a,\overline{a});w_{\tilde{a}},u_{\tilde{a}}\rangle$ 与 $\tilde{b}=\langle(\underline{b},b,\overline{b});w_{\tilde{b}},u_{\tilde{b}}\rangle$ 是两个第Ⅱ类三角直觉模糊数, 则

(1) 若 $V_\lambda(\tilde{a})\leqslant V_\lambda(\tilde{b})$ 且 $A_\lambda(\tilde{a})\geqslant A_\lambda(\tilde{b})$, 则有 $\tilde{a}\leqslant_{\text{IFN}}\tilde{b}$;

(2) 若 $V_\lambda(\tilde{a})=V_\lambda(\tilde{b})$ 且 $A_\lambda(\tilde{a})=A_\lambda(\tilde{b})$, 则有 $\tilde{a}=_{\text{IFN}}\tilde{b}$.

定义 2.27 可以对部分的第Ⅱ类三角直觉模糊数进行排序. 然而, 大多数的第Ⅱ类三角直觉模糊数并非同时具有大的值指标与小的模糊度指标. 下面进一步给出基于第Ⅱ类三角直觉模糊数的值指标和模糊度指标的其他排序方法.

定义 2.28[30] (字典序排序方法)　设 $\tilde{a}=\langle(\underline{a},a,\overline{a});w_{\tilde{a}},u_{\tilde{a}}\rangle$ 与 $\tilde{b}=\langle(\underline{b},b,\overline{b});w_{\tilde{b}},u_{\tilde{b}}\rangle$ 是两个第Ⅱ类三角直觉模糊数, 基于第Ⅱ类三角直觉模糊数的值指标和模糊度指标的字典序排序方法如下

(1) 若 $V_\lambda(\tilde{a})>V_\lambda(\tilde{b})$, 则 $\tilde{a}>_{\text{IFN}}\tilde{b}$;

(2) 若 $V_\lambda(\tilde{a})=V_\lambda(\tilde{b})$ 且 $A_\lambda(\tilde{a})<A_\lambda(\tilde{b})$, 则 $\tilde{a}>_{\text{IFN}}\tilde{b}$;

(3) 若 $V_\lambda(\tilde{a})=V_\lambda(\tilde{b})$ 且 $A_\lambda(\tilde{a})=A_\lambda(\tilde{b})$, 则 $\tilde{a}=_{\text{IFN}}\tilde{b}$.

定义 2.29[31] (比率排序方法)　设 $\tilde{a}=\langle(\underline{a},a,\overline{a});w_{\tilde{a}},u_{\tilde{a}}\rangle$ 是第Ⅱ类三角直觉模糊数, 其值指标和模糊度指标的比率定义为

$$R(\tilde{a},\lambda)=\frac{V_\lambda(\tilde{a})}{1+A_\lambda(\tilde{a})} \tag{2.78}$$

$R(\tilde{a},\lambda)$ 越大, 表明第Ⅱ类三角直觉模糊数 $\tilde{a}$ 越大.

定义 2.30　设 $\tilde{a}=\langle(\underline{a},a,\overline{a});w_{\tilde{a}},u_{\tilde{a}}\rangle$ 与 $\tilde{b}=\langle(\underline{b},b,\overline{b});w_{\tilde{b}},u_{\tilde{b}}\rangle$ 为两个第Ⅱ类三角直觉模糊数, 令 $D_\lambda(\tilde{b})=V_\lambda(\tilde{b})-A_\lambda(\tilde{b})$ 和 $D_\lambda(\tilde{a})=V_\lambda(\tilde{a})-A_\lambda(\tilde{a})$, 则有

(1) 若 $D_\lambda(\tilde{a})>D_\lambda(\tilde{b})$, 则 $\tilde{a}>_{\text{INF}}\tilde{b}$;

(2) 若 $D_\lambda(\tilde{a})=D_\lambda(\tilde{b})$, 则 $\tilde{a}=_{\text{INF}}\tilde{b}$.

上述基于直觉模糊数的值指标和模糊度指标的排序方法都是将直觉模糊数的排序转化为实数的排序, 这样会丢失直觉模糊数的一些信息, 从而造成排序

结果不合理. 事实上, 直觉模糊数的值指标和模糊度指标可看作比较直觉模糊数大小的评价标准. 这样, 直觉模糊数的排序问题就可以看作一个多属性决策问题. 将被排序的第Ⅱ类三角直觉模糊数 $\tilde{a}_i(i=1,2,\cdots,m)$ 看作方案集, 值的指标 $V_\lambda(\tilde{a}_i)$ 和模糊度的指标 $A_\lambda(\tilde{a}_i)$ 看作属性集, 可以用多属性决策方法对直觉模糊数进行排序.

折中率的排序方法, 是一类重要的多属性决策法. 其思想类似TOPSIS方法, 不同之处是 TOPSIS 方法选择的方案不能保证既接近正理想方案, 同时又远离负理想方案. 然而, 折中率的多属性决策方法确保了所选择的方案既接近正理想方案又远离负理想方案, 同时考虑了接近正理想方案和远离负理想方案的程度, 其思想如下: 设有 n 个可供选择的决策方案构成方案集 $X=\{x_1,x_2,\cdots,x_n\}$, 伴随每个方案有 m 个属性, 记属性集为 $A=\{A_1,A_2,\cdots,A_m\}$. 令 x^+ 和 x^- 分别表示正理想方案和负理想方案. $D(x_j,x^+)$ 和 $D(x_j,x^-)$ 分别表示每个方案 $x_j(j=1,2,\cdots,n)$ 距离正理想方案 x^+ 和负理想方案 x^- 的距离. 为了同时考虑接近正理想方案的距离和远离负理想方案的距离, 对于每个方案, Li[32]定义了折中率的多属性决策方法为

$$\xi(x_j)=\varepsilon\frac{D_1(x^+)-D(x_j,x^+)}{D_1(x^+)-D_2(x^+)}+(1-\varepsilon)\frac{D(x_j,x^-)-D_2(x^-)}{D_1(x^-)-D_2(x^-)} \tag{2.79}$$

其中, $D_1(x^+)=\max\limits_{1\leqslant j\leqslant n}\{D(x_j,x^+)\},D_2(x^+)=\min\limits_{1\leqslant j\leqslant n}\{D(x_j,x^+)\},D_1(x^-)=\max\limits_{1\leqslant j\leqslant n}\{D(x_j,x^-)\},D_2(x^-)=\min\limits_{1\leqslant j\leqslant n}\{D(x_j,x^-)\}$. 式(2.79)中的 $\varepsilon\in[0,1]$ 表示决策者对接近正理想方案和远离负理想方案的程度, 即决策者的主观态度. 若 $\varepsilon=1$, 方案集的排序被得到仅通过每个方案到正理想方案的距离 $D(x_j,x^+)$; 若 $\varepsilon=0$, 方案集的排序被得到仅通过每个方案到负理想方案的距离 $D(x_j,x^-)$; 若 $\varepsilon=1/2$, 方案集的排序被产生同时考虑到正理想方案的距离 $D(x_j,x^+)$ 和到负理想方案的距离 $D(x_j,x^-)$, 并且到正理想方案的距离和到负理想方案的距离的重要程度是相同的. 因此, 指标 $\xi(x_j)\in[0,1]$ 测量了每个方案 $x_j(j=1,2,\cdots,n)$ 到正理想方案 x^+ 和到负理想方案 x^- 的折中程度. $\xi(x_j)$ 越大, 方案 x_j 越优.

将上述多属性决策的折中率方法用于对第Ⅱ类三角直觉模糊数排序. 将被排序的第Ⅱ类三角直觉模糊数 $\tilde{a}_i=\langle(\underline{a}_i,a_i,\overline{a}_i);w_{\tilde{a}_i},u_{\tilde{a}_i}\rangle(i=1,2,\cdots,m)$ 看作方案集. 值的指标 $V_\lambda(\tilde{a}_i)$ 和模糊度的指标 $A_\lambda(\tilde{a}_i)$ 看作属性集, 得到如下的直觉模糊数的排序方法.

定义 2.31[33] 设 $\tilde{a}_i=\langle(\underline{a}_i,a_i,\overline{a}_i);w_{\tilde{a}_i},u_{\tilde{a}_i}\rangle(i=1,2,\cdots,m)$ 为 m 个第Ⅱ类三角直觉模糊数. 基于第Ⅱ类三角直觉模糊数值的指标和模糊度的指标, 折中率的排序方法定义如下

$$\xi(\tilde{a}_i,\lambda,\varepsilon)=\varepsilon\frac{V_\lambda(\tilde{a}_i)-\min\limits_{1\leqslant i\leqslant m}\{V_\lambda(\tilde{a}_i)\}}{\max\limits_{1\leqslant i\leqslant m}\{V_\lambda(\tilde{a}_i)\}-\min\limits_{1\leqslant i\leqslant m}\{V_\lambda(\tilde{a}_i)\}}+(1-\varepsilon)\frac{\max\limits_{1\leqslant i\leqslant m}\{A_\lambda(\tilde{a}_i)\}-A_\lambda(\tilde{a}_i)}{\max\limits_{1\leqslant i\leqslant m}\{A_\lambda(\tilde{a}_i)\}-\min\limits_{1\leqslant i\leqslant m}\{A_\lambda(\tilde{a}_i)\}} \tag{2.80}$$

其中 $\varepsilon\in[0,1]$ 是折中系数，表示决策者的偏好信息.

$\varepsilon=1$ 表示决策者更注重值的指标，$\varepsilon=0$ 表示决策者更偏重模糊度指标，$\varepsilon=1/2$ 表示决策者对值指标和模糊度的指标具有相同的重要性.

排序指标 $\xi(\tilde{a}_i,\lambda,\varepsilon)\in[0,1]$ 表示第Ⅱ类三角直觉模糊数 $\tilde{a}_i$ 接近最大的值指标 $\max\{V_\lambda(\tilde{a}_i)\}$ 同时远离最小的模糊度指标 $\min\{A_\lambda(\tilde{a}_i)\}$ 的程度. $\xi(\tilde{a}_i,\lambda,\varepsilon)\in[0,1]$ 越大，第Ⅱ类三角直觉模糊数 $\tilde{a}_i$ 越大.

若 $\tilde{a}_i=\langle(\underline{a}_i,a_i,\overline{a}_i);w_{\tilde{a}_i},u_{\tilde{a}_i}\rangle(i=1,2,\cdots,m)$ 是非负的第Ⅱ类三角直觉模糊数，由式(2.76)和式(2.77)，式(2.80)被转化为

$$\xi(\tilde{a}_i,\lambda,\varepsilon)=\varepsilon\frac{V_\lambda(\tilde{a}_i)-\min\limits_{1\leqslant i\leqslant m}\{V_\mu(\tilde{a}_i)\}}{\max\limits_{1\leqslant i\leqslant m}\{V_\upsilon(\tilde{a}_i)\}-\min\limits_{1\leqslant i\leqslant m}\{V_\mu(\tilde{a}_i)\}}+(1-\varepsilon)\frac{\max\limits_{1\leqslant i\leqslant m}\{A_\upsilon(\tilde{a}_i)\}-A_\lambda(\tilde{a}_i)}{\max\limits_{1\leqslant i\leqslant m}\{A_\upsilon(\tilde{a}_i)\}-\min\limits_{1\leqslant i\leqslant m}\{A_\mu(\tilde{a}_i)\}} \tag{2.81}$$

定理 2.8　若 $\tilde{a}_i=\langle(\underline{a}_i,a_i,\overline{a}_i);w_{\tilde{a}_i},u_{\tilde{a}_i}\rangle(i=1,2,\cdots,m)$ 是非负的第Ⅱ类三角直觉模糊数，则 $\xi(\tilde{a}_i,\lambda,\varepsilon)$ 是关于参数 $\lambda\in[0,1]$ 的连续不减函数.

证明　由式(2.74)，(2.75)可得第Ⅱ类三角直觉模糊数 $\tilde{a}_i$ 的值指标 $V_\lambda(\tilde{a}_i)$ 和模糊度指标 $A_\lambda(\tilde{a}_i)$ 关于参数 $\lambda\in[0,1]$ 是线性的. 由式(2.81)不难得到 $\xi(\tilde{a}_i,\lambda,\varepsilon)$ 是关于参数 $\lambda\in[0,1]$ 的线性函数，因此 $\xi(\tilde{a}_i,\lambda,\varepsilon)$ 是 $\lambda\in[0,1]$ 的连续函数.

由于 $\tilde{a}_i=\langle(\underline{a}_i,a_i,\overline{a}_i);w_{\tilde{a}_i},u_{\tilde{a}_i}\rangle(i=1,2,\cdots,m)$ 是非负的第Ⅱ类三角直觉模糊数，由式(2.74)和式(2.75)，$\xi(\tilde{a}_i,\lambda,\varepsilon)$ 可转化为

$$\begin{aligned}\xi(\tilde{a}_i,\lambda,\varepsilon)=&\varepsilon\frac{V_\mu(\tilde{a}_i)+\lambda(V_\upsilon(\tilde{a}_i)-V_\mu(\tilde{a}_i))-\min\limits_{1\leqslant i\leqslant m}\{V_\mu(\tilde{a}_i)\}}{\max\limits_{1\leqslant i\leqslant m}\{V_\upsilon(\tilde{a}_i)\}-\min\limits_{1\leqslant i\leqslant m}\{V_\mu(\tilde{a}_i)\}}\\&+(1-\varepsilon)\frac{\max\limits_{1\leqslant i\leqslant m}\{A_\upsilon(\tilde{a}_i)\}-A_\upsilon(\tilde{a}_i)+\lambda(A_\upsilon(\tilde{a}_i)-A_\mu(\tilde{a}_i))}{\max\limits_{1\leqslant i\leqslant m}\{A_\upsilon(\tilde{a}_i)\}-\min\limits_{1\leqslant i\leqslant m}\{A_\mu(\tilde{a}_i)\}}\end{aligned}$$

则有

$$\begin{aligned}\frac{\partial\xi(\tilde{a}_i,\lambda,\varepsilon)}{\partial\lambda}=&\varepsilon\frac{V_\upsilon(\tilde{a}_i)-V_\mu(\tilde{a}_i)}{\max\limits_{1\leqslant i\leqslant m}\{V_\upsilon(\tilde{a}_i)\}-\min\limits_{1\leqslant i\leqslant m}\{V_\mu(\tilde{a}_i)\}}\\&+(1-\varepsilon)\frac{A_\upsilon(\tilde{a}_i)-A_\mu(\tilde{a}_i)}{\max\limits_{1\leqslant i\leqslant m}\{A_\upsilon(\tilde{a}_i)\}-\min\limits_{1\leqslant i\leqslant m}\{A_\mu(\tilde{a}_i)\}}\end{aligned} \tag{2.82}$$

由于 $V_\upsilon(\tilde{a}_i)\geqslant V_\mu(\tilde{a}_i)$，$A_\upsilon(\tilde{a}_i)\geqslant A_\mu(\tilde{a}_i)$，则由式(2.82)可得，$\dfrac{\partial\xi(\tilde{a}_i,\lambda,\varepsilon)}{\partial\lambda}\geqslant 0$.

设 $\tilde{a}_i = \langle(\underline{a}_i, a_i, \overline{a}_i); w_{\tilde{a}_i}, u_{\tilde{a}_i}\rangle (i=1,2,\cdots,m)$ 为 m 个第 II 类三角直觉模糊数. 第 II 类三角直觉模糊数的折中率排序方法步骤归纳如下.

第一步: 根据式(2.54), (2.55), (2.64) 和 (2.65) 计算 $V_\mu(\tilde{a}_i)$, $V_\upsilon(\tilde{a}_i)$, $A_\mu(\tilde{a}_i)$ 和 $A_\upsilon(\tilde{a}_i)(i=1,2,\cdots,m)$;

第二步: 根据式(2.74) 和式(2.75), 计算 $V_\lambda(\tilde{a}_i)$ 和 $A_\lambda(\tilde{a}_i)(i=1,2,\cdots,m)$;

第三步: 根据式(2.81), 对于给定的 $\lambda \in [0,1]$ 和 $\varepsilon \in [0,1]$, 计算 $\xi(\tilde{a}_i, \lambda, \varepsilon)(i=1, 2,\cdots,m)$;

第四步: 根据 $\xi(\tilde{a}_i, \lambda, \varepsilon)$ 的值, 对第 II 类三角直觉模糊数 $\tilde{a}_i$ 排序, $\xi(\tilde{a}_i, \lambda, \varepsilon)$ 的值越大, 第 II 类三角直觉模糊数 $\tilde{a}_i(i=1,2,\cdots,m)$ 越大.

上面所介绍的第 II 类三角直觉模糊数的所有排序方法都可推广到其他直觉模糊数.

下面通过一个例子简单介绍上述排序方法的应用过程.

例 2.3　比较三个第 II 类三角直觉模糊数 $\tilde{a} = \langle(0.592, 0.774, 0.910); 0.6, 0.4\rangle$, $\tilde{b} = \langle(0.769, 0.903, 1); 0.4, 0.5\rangle$ 和 $\tilde{c} = \langle(0.653, 0.849, 0.956); 0.5, 0.2\rangle$.

解　根据式(2.56) 和式(2.57), 第 II 类三角直觉模糊数 $\tilde{a}, \tilde{b}$ 和 $\tilde{c}$ 关于隶属度和非隶属度的值分别计算如下

$$V_\mu(\tilde{a}) = 0.766 \times 0.6^2 \approx 0.276$$

$$V_\upsilon(\tilde{a}) = 0.766 \times 0.6^2 \approx 0.276$$

$$V_\mu(\tilde{b}) = 0.897 \times 0.4^2 \approx 0.144$$

$$V_\upsilon(\tilde{b}) = 0.897 \times 0.5^2 \approx 0.224$$

$$V_\mu(\tilde{c}) = 0.834 \times 0.5^2 \approx 0.209$$

$$V_\upsilon(\tilde{c}) = 0.834 \times 0.8^2 \approx 0.534$$

根据式(2.74), 可计算得到第 II 类三角直觉模糊数 $\tilde{a}, \tilde{b}$ 和 $\tilde{c}$ 的值指标为

$$V_\lambda(\tilde{a}) = 0.276$$

$$V_\lambda(\tilde{b}) = 0.144\lambda + 0.224(1-\lambda)$$

$$V_\lambda(\tilde{c}) = 0.209\lambda + 0.534(1-\lambda)$$

如图 2.9 所示.

(1) 采用字典序排序方法.

从图 2.9 可得, 对任意给定的 $\lambda \in [0, 0.793)$, $V_\lambda(\tilde{c}) > V_\lambda(\tilde{a}) > V_\lambda(\tilde{b})$. 因此, $\tilde{c} >_{\mathrm{IFN}} \tilde{a} >_{\mathrm{IFN}} \tilde{b}$. 当 $\lambda = 0.793$ 时, $\tilde{c}$ 与 $\tilde{a}$ 值的指标相等, 即 $V_{0.793}(\tilde{c}) = V_{0.793}(\tilde{a}) = 0.276$. 根据式(2.75), $\tilde{c}$ 与 $\tilde{a}$ 的模糊度指标分别为 $A_{0.793}(\tilde{c}) = 0.017, A_{0.793}(\tilde{a}) = 0.019$, 因此, $\tilde{c} >_{\mathrm{IFN}} \tilde{a}$. 当 $\lambda \in (0.793, 1]$ 时, $V_\lambda(\tilde{a}) > V_\lambda(\tilde{c}) > V_\lambda(\tilde{b})$, 因此, $\tilde{a} >_{\mathrm{IFN}} \tilde{c} >_{\mathrm{IFN}} \tilde{b}$. 可以看出, 不同的 $\lambda \in [0,1]$ 取值, 得到的第 II 类三角直觉模糊数的排序不同.

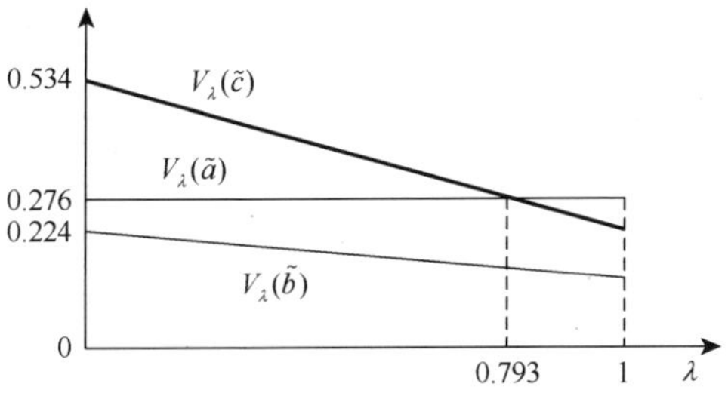

图 2.9　第 II 类三角直觉模糊数 $\tilde{a},\tilde{b},\tilde{c}$ 的值指标

(2) 采用比率排序方法.

根据式(2.60)和式(2.61)，第 II 类三角直觉模糊数 $\tilde{a},\tilde{b}$ 和 $\tilde{c}$ 关于隶属度和非隶属度的值分别计算如下

$$V_\mu(\tilde{a})=0.4596,\quad V_\upsilon(\tilde{a})=0.4596$$

$$V_\mu(\tilde{b})=0.3588,\quad V_\upsilon(\tilde{b})=0.4485$$

$$V_\mu(\tilde{c})=0.4170,\quad V_\upsilon(\tilde{c})=0.6672$$

根据式(2.74)，可计算得到第 II 类三角直觉模糊数 $\tilde{a},\tilde{b}$ 和 $\tilde{c}$ 的值指标为

$$V_\lambda(\tilde{a})=0.4596$$

$$V_\lambda(\tilde{b})=0.4485-0.0897\lambda$$

$$V_\lambda(\tilde{c})=0.6672-0.2502\lambda$$

类似地，根据式(2.64)和式(2.65)，第 II 类三角直觉模糊数 $\tilde{a},\tilde{b}$ 和 $\tilde{c}$ 关于隶属度和非隶属度的模糊度分别计算如下

$$A_\mu(\tilde{a})=0.0636,\quad A_\upsilon(\tilde{a})=0.0636$$

$$A_\mu(\tilde{b})=0.0308,\quad A_\upsilon(\tilde{b})=0.0385$$

$$A_\mu(\tilde{c})=0.0505,\quad A_\upsilon(\tilde{c})=0.0808$$

根据式(2.75)，可计算得到第 II 类三角直觉模糊数 $\tilde{a},\tilde{b}$ 和 $\tilde{c}$ 的模糊度指标为

$$A_\lambda(\tilde{a})=0.0636,$$

$$A_\lambda(\tilde{b})=0.0385-0.0077\lambda,$$

$$A_\lambda(\tilde{c})=0.0808-0.0303\lambda$$

根据式(2.78)，可得第 II 类三角直觉模糊数 $\tilde{a},\tilde{b}$ 和 $\tilde{c}$ 的比率为

$$R(\tilde{a},\lambda)=\frac{0.4596}{1+0.0636}=0.4321$$

$$R(\tilde{b},\lambda)=\frac{0.4485-0.0897\lambda}{1.0385-0.0077\lambda}$$

$$R(\tilde{c},\lambda)=\frac{0.6672-0.2502\lambda}{1.0808-0.0303\lambda}$$

比较 $R(\tilde{a},\lambda)$ 与 $R(\tilde{b},\lambda)$，当 $\lambda\in[0,1]$ 时，$\tilde{a}>_{\text{IFN}}\tilde{b}$.

比较 $R(\tilde{b},\lambda)$ 与 $R(\tilde{c},\lambda)$，当 $\lambda\in[0,1]$ 时，$\tilde{c}>_{\text{IFN}}\tilde{b}$.

比较 $R(\tilde{a},\lambda)$ 与 $R(\tilde{c},\lambda)$，当 $\lambda\in[0,0.8442]$ 时，$\tilde{c}>_{\text{IFN}}\tilde{a}$；当 $\lambda\in(0.8442,1]$ 时，$\tilde{a}>_{\text{IFN}}\tilde{c}$.

因此，当 $\lambda\in[0,0.8442]$ 时，可得排序结果为 $\tilde{c}>_{\text{IFN}}\tilde{a}>_{\text{IFN}}\tilde{b}$；当 $\lambda\in(0.8442,1]$ 时，$\tilde{a}>_{\text{IFN}}\tilde{c}>_{\text{IFN}}\tilde{b}$.

(3)采用折中率排序方法.

根据式(2.81)，计算第Ⅱ类三角直觉模糊数 $\tilde{a},\tilde{b}$ 和 $\tilde{c}$ 的折中值如下

$$\xi(\tilde{a},\lambda,\varepsilon)=0.344-0.0288\varepsilon$$

$$\xi(\tilde{b},\lambda,\varepsilon)=0.846-0.5551\varepsilon+0.154\lambda-0.4449\lambda\varepsilon$$

$$\xi(\tilde{c},\lambda,\varepsilon)=1.6-0.6\varepsilon+0.606\lambda-1.4173\lambda\varepsilon$$

为了同时考虑三角直觉模糊数的值指标和模糊度指标，取 $\varepsilon=1/2$，对于给定的 $\lambda\in[0,1]$，第Ⅱ类三角直觉模糊数 $\tilde{a},\tilde{b}$ 和 $\tilde{c}$ 的排序结果如表 2.1 所示.

表 2.1　第Ⅱ类三角直觉模糊数 $\tilde{a},\tilde{b}$ 和 $\tilde{c}$ 的排序结果

λ	ε	$\xi(\tilde{a})$	$\xi(\tilde{b})$	$\xi(\tilde{c})$	排序结果
0.1	0.5	0.3296	0.5616	1.2897	$\tilde{c}>\tilde{b}>\tilde{a}$
0.2	0.5	0.3296	0.5547	1.2795	$\tilde{c}>\tilde{b}>\tilde{a}$
0.3	0.5	0.3296	0.5479	1.2692	$\tilde{c}>\tilde{b}>\tilde{a}$
0.4	0.5	0.3296	0.5411	1.2589	$\tilde{c}>\tilde{b}>\tilde{a}$
0.5	0.5	0.3296	0.5342	1.2487	$\tilde{c}>\tilde{b}>\tilde{a}$
0.6	0.5	0.3296	0.5274	1.2384	$\tilde{c}>\tilde{b}>\tilde{a}$
0.7	0.5	0.3296	0.5205	1.2282	$\tilde{c}>\tilde{b}>\tilde{a}$
0.8	0.5	0.3296	0.5137	1.2179	$\tilde{c}>\tilde{b}>\tilde{a}$
0.9	0.5	0.3296	0.5068	1.2076	$\tilde{c}>\tilde{b}>\tilde{a}$
1	0.5	0.3296	0.5000	1.1974	$\tilde{c}>\tilde{b}>\tilde{a}$

2.3.3　直觉模糊数的高度排序方法

1. 第Ⅰ类直觉模糊数的加权高度排序方法

1993 年，库宾尔(Choobineh)[34]利用模糊数的高度与模糊数左右扩展高度差这两者之间的差异程度定义了一个指标值，并根据这个指标值的大小对模糊数进

行排序. 本小节将库宾尔提出的模糊数的高度排序方法推广至直觉模糊数, 提出直觉模糊数的加权高度排序方法. 直觉模糊数的加权高度排序方法突出的特点是考虑了决策者的风险态度.

定义 2.32　设 $\tilde{a}=\langle(\underline{a}_1,a_{1l},a_{1r},\overline{a}_1),(\underline{a}_2,a_{2l},a_{2r},\overline{a}_2)\rangle$ 是第 I 类直觉模糊数. 它关于隶属度的左、右扩展值分别为

$$S_{f_l}(\tilde{a})=\int_0^1(f_l^{-1}(\alpha)-m_1)\mathrm{d}\alpha \tag{2.83}$$

和

$$S_{f_r}(\tilde{a})=\int_0^1(m_2-f_r^{-1}(\alpha))\mathrm{d}\alpha \tag{2.84}$$

其中, m_1 和 m_2 是选取的两个实数, 满足条件 $m_1\leqslant\underline{a}_2$ 和 $m_2\geqslant\overline{a}_2$, 代表决策者对待风险的态度.

记

$$H_\mu(\tilde{a})=\frac{1}{2}\left[1-\frac{S_{f_r}(\tilde{a})-S_{f_l}(\tilde{a})}{m_2-m_1}\right] \tag{2.85}$$

为第 I 类直觉模糊数 $\tilde{a}$ 关于隶属度的高度指标值.

类似地, 第 I 类直觉模糊数 $\tilde{a}$ 关于非隶属度的左、右扩展值分别为

$$S_{g_l}(\tilde{a})=\int_0^1(g_l^{-1}(\beta)-m_1)\mathrm{d}\beta \tag{2.86}$$

和

$$S_{g_r}(\tilde{a})=\int_0^1(m_2-g_r^{-1}(\beta))\mathrm{d}\beta \tag{2.87}$$

记

$$H_\upsilon(\tilde{a})=\frac{1}{2}\left[1-\frac{S_{g_r}(\tilde{a})-S_{g_l}(\tilde{a})}{m_2-m_1}\right] \tag{2.88}$$

为第 I 类直觉模糊数 $\tilde{a}$ 关于非隶属度的高度指标值.

显然, $H_\mu(\tilde{a})\in[0,1]$, $H_\upsilon(\tilde{a})\in[0,1]$. 对第 I 类直觉模糊数 $\tilde{a}$ 关于隶属度和非隶属度的高度指标值做出如下几何解释. 假设 $S_{f_l}(\tilde{a})$ 和 $S_{f_r}(\tilde{a})$ 都是以 (m_2-m_1) 为底边长的矩形面积, 则这两个矩形的宽分别为

$$H_{f_l}(\tilde{a})=\frac{S_{f_l}(\tilde{a})}{m_2-m_1}$$

和

$$H_{f_r}(\tilde{a})=\frac{S_{f_r}(\tilde{a})}{m_2-m_1}$$

$H_{f_l}(\tilde{a})$ 和 $H_{f_r}(\tilde{a})$ 分别称为第 I 类直觉模糊数 $\tilde{a}$ 关于隶属度的左、右扩展高，而 $H_{f_r}(\tilde{a})-H_{f_l}(\tilde{a})$ 称为 $\tilde{a}$ 的扩展高度差. 于是，式(2.85)可改写为

$$H_\mu(\tilde{a})=\frac{1}{2}[1-(H_{f_r}(\tilde{a})-H_{f_l}(\tilde{a}))]$$

即 $H_\mu(\tilde{a})$ 是第 I 类直觉模糊数 $\tilde{a}$ 关于隶属度的高度与扩展高度差的差值的一半.

同理，式(2.88)可改写为

$$H_\upsilon(\tilde{a})=\frac{1}{2}[1-(H_{g_r}(\tilde{a})-H_{g_l}(\tilde{a}))]$$

即 $H_\upsilon(\tilde{a})$ 是第 I 类直觉模糊数 $\tilde{a}$ 关于非隶属度的高度与扩展高度差的差值的一半.

令

$$H_\lambda(\tilde{a})=\lambda H_\mu(\tilde{a})+(1-\lambda)H_\upsilon(\tilde{a}) \tag{2.89}$$

其中，$\lambda\in[0,1]$ 是权重，称 $H_\lambda(\tilde{a})$ 为第 I 类直觉模糊数 $\tilde{a}$ 的加权高度指标值.

简单分析可知，对 m_1 和 m_2 的选择体现了决策者对待风险的态度. 若 m_1 固定不变而减小 $m_2(m_2\geqslant\overline{a}_2)$，则决策者的风险厌恶增加，这体现为 $H_\mu(\tilde{a})$ 和 $H_\upsilon(\tilde{a})$ 均减小；若 m_2 固定不变而减小 $m_1(m_1\leqslant\underline{a}_2)$，则决策者的风险追求增加，这体现为 $H_\mu(\tilde{a})$ 和 $H_\upsilon(\tilde{a})$ 均增大. 进一步分析可知，$H_\mu(\tilde{a})$ 和 $H_\upsilon(\tilde{a})$ 对 $\tilde{a}$ 的形状比较敏感，即分辨能力强.

根据式(2.83)—(2.88)计算可得，第 I 类梯形直觉模糊数

$$\tilde{a}=\langle(\underline{a}_1,a_{1l},a_{1r},\overline{a}_1),(\underline{a}_2,a_{2l},a_{2r},\overline{a}_2)\rangle$$

关于隶属度和非隶属度的高度指标值 $H_\mu(\tilde{a})$ 和 $H_\upsilon(\tilde{a})$ 分别为

$$H_\mu(\tilde{a})=\frac{(\underline{a}_1+a_{1l}+a_{2r}+\overline{a}_1)-4m_1}{4(m_2-m_1)}$$

$$H_\upsilon(\tilde{a})=\frac{(\underline{a}_2+a_{2l}+a_{2r}+\overline{a}_2)-4m_1}{4(m_2-m_1)}$$

因此，第 I 类梯形直觉模糊数 $\tilde{a}$ 的加权高度指标值为

$$H_\lambda(\tilde{a})=\lambda\frac{(\underline{a}_1+a_{1l}+a_{1r}+\overline{a}_1)-4m_1}{4(m_2-m_1)}+(1-\lambda)\frac{(\underline{a}_2+a_{2l}+a_{2r}+\overline{a}_2)-4m_1}{4(m_2-m_1)} \tag{2.90}$$

类似地，第 I 类三角直觉模糊数 $\tilde{a}=\langle(\underline{a}_1,a,\overline{a}_1),(\underline{a}_2,a,\overline{a}_2)\rangle$ 的加权高度指标值为

$$H_\lambda(\tilde{a})=\lambda\frac{(\underline{a}_1+2a+\overline{a}_1)-4m_1}{4(m_2-m_1)}+(1-\lambda)\frac{(\underline{a}_2+2a+\overline{a}_2)-4m_1}{4(m_2-m_1)} \tag{2.91}$$

定义 2.33 设

$\tilde{a}=\langle(\underline{a}_1,a_{1l},a_{1r},\overline{a}_1),(\underline{a}_2,a_{2l},a_{2r},\overline{a}_2)\rangle$ 和 $\tilde{b}=\langle(\underline{b}_1,b_{1l},b_{1r},\overline{b}_1),(\underline{b}_2,b_{2l},b_{2r},\overline{b}_2)\rangle$

是两个第 I 类直觉模糊数，$H_{\lambda}(\tilde{a})$ 和 $H_{\lambda}(\tilde{b})$ 分别为其加权高度指标值.

(1) 若 $H_{\lambda}(\tilde{a})<H_{\lambda}(\tilde{b})$，则 $\tilde{a}<_{\mathrm{IFN}}\tilde{b}$;

(2) 若 $H_{\lambda}(\tilde{a})>H_{\lambda}(\tilde{b})$，则 $\tilde{a}>_{\mathrm{IFN}}\tilde{b}$;

(3) 若 $H_{\lambda}(\tilde{a})=H_{\lambda}(\tilde{b})$，则 $\tilde{a}=_{\mathrm{IFN}}\tilde{b}$.

不难看出，第 I 类直觉模糊数 $\tilde{a}$ 的加权高度指标值 $H_{\lambda}(\tilde{a})$ 和加权均值面积 $S_{\lambda}(\tilde{a})$ 都与 $\tilde{a}$ 的面积有关. 因此，下面讨论两者之间的关系. 记

$$Y_{\lambda}(\tilde{a})=\frac{S_{\lambda}(\tilde{a})}{n_0}=\lambda Y_{\mu}(\tilde{a})+(1-\lambda)Y_{\upsilon}(\tilde{a}) \tag{2.92}$$

其中，$Y_{\mu}(\tilde{a})=\dfrac{S_{\mu}(\tilde{a})}{n_0}$，$Y_{\upsilon}(\tilde{a})=\dfrac{S_{\upsilon}(\tilde{a})}{n_0}$，$n_0$ 是常数因子使得 $Y_{\lambda}(\tilde{a})\in[0,1]$.

定理 2.9 设

$\tilde{a}=\langle(\underline{a}_1,a_{1l},a_{1r},\overline{a}_1),(\underline{a}_2,a_{2l},a_{2r},\overline{a}_2)\rangle$ 和 $\tilde{b}=\langle(\underline{b}_1,b_{1l},b_{1r},\overline{b}_1),(\underline{b}_2,b_{2l},b_{2r},\overline{b}_2)\rangle$

是两个第 I 类直觉模糊数，有

(1) 若 $Y_{\lambda}(\tilde{a})\geqslant Y_{\lambda}(\tilde{b})$，则 $H_{\lambda}(\tilde{a})-H_{\lambda}(\tilde{b})\geqslant Y_{\lambda}(\tilde{a})-Y_{\lambda}(\tilde{b})$.

(2) 若 $Y_{\lambda}(\tilde{a})\leqslant Y_{\lambda}(\tilde{b})$，则 $H_{\lambda}(\tilde{b})-H_{\lambda}(\tilde{a})\geqslant Y_{\lambda}(\tilde{b})-Y_{\lambda}(\tilde{a})$.

证明　不失一般性，可以假设第 I 类直觉模糊数 $\tilde{a}$ 和 $\tilde{b}$ 没有重叠，如图 2.10 所示.

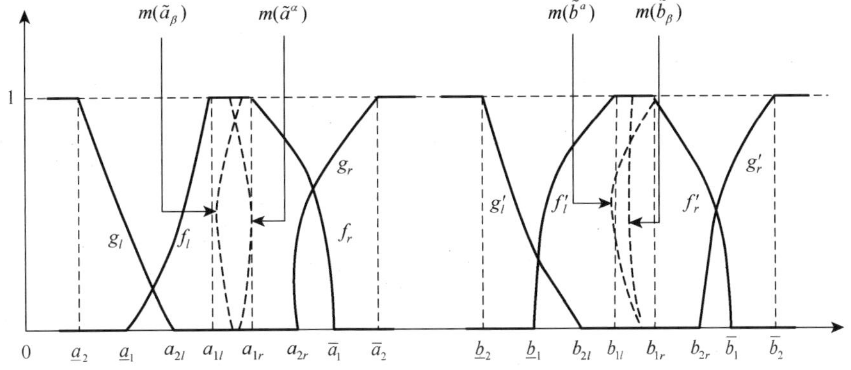

图 2.10　两个第 I 类直觉模糊数

根据定义 2.22，第 I 类直觉模糊数 $\tilde{a}$ 和 $\tilde{b}$ 的加权均值面积分别为

$$\begin{aligned}S_{\lambda}(\tilde{a})&=\lambda\int_0^1 m(\tilde{a}^{\alpha})\mathrm{d}\alpha+(1-\lambda)\int_0^1 m(\tilde{a}_{\beta})\mathrm{d}\beta\\&=n_0[\lambda Y_{\mu}(\tilde{a})+(1-\lambda)Y_{\upsilon}(\tilde{a})]\\&=n_0Y_{\lambda}(\tilde{a})\end{aligned}$$

和

$$\begin{aligned}S_\lambda(\tilde{b})&=\lambda\int_0^1 m(\tilde{b}^\alpha)\mathrm{d}\alpha+(1-\lambda)\int_0^1 m(\tilde{b}_\beta)\mathrm{d}\beta\\&=n_0[\lambda Y_\mu(\tilde{b})+(1-\lambda)Y_\upsilon(\tilde{b})]\\&=n_0Y_\lambda(\tilde{b})\end{aligned}$$

其中，$n_0\geqslant b^*=\max\{\overline{a}_2,\overline{b}_2\}$.

从图 2.10 容易观察到

$$\int_0^1(m(\tilde{a}^\alpha)-f_l^{-1}(\alpha))\mathrm{d}\alpha=\int_0^1(f_r^{-1}(\alpha)-m(\tilde{a}^\alpha))\mathrm{d}\alpha$$
$$\int_0^1(m(\tilde{a}_\beta)-g_l^{-1}(\beta))\mathrm{d}\beta=\int_0^1(g_r^{-1}(\beta)-m(\tilde{a}_\beta))\mathrm{d}\beta$$
$$\int_0^1(m(\tilde{b}^\alpha)-f_l'^{-1}(\alpha))\mathrm{d}\alpha=\int_0^1(f_r'^{-1}(\alpha)-m(\tilde{b}^\alpha))\mathrm{d}\alpha$$
$$\int_0^1(m(\tilde{b}_\beta)-g_l'^{-1}(\beta))\mathrm{d}\beta=\int_0^1(g_r'^{-1}(\beta)-m(\tilde{b}_\beta))\mathrm{d}\beta$$

$Y_\lambda(\tilde{a})$ 和 $Y_\lambda(\tilde{b})$ 的差值可以写为

$$\begin{aligned}&n_0\lambda(Y_\mu(\tilde{a})-Y_\mu(\tilde{b}))+n_0(1-\lambda)(Y_\upsilon(\tilde{a})-Y_\upsilon(\tilde{b}))\\=&\lambda[a^*+S_{f_l}(\tilde{a})+(b^*-n_0Y_\mu(\tilde{a})-S_{f_r}(\tilde{a}))\\&-a^*-S_{f_l'}(\tilde{b})-(b^*-n_0Y_\mu(\tilde{b})-S_{f_r'}(\tilde{b}))]\\&+(1-\lambda)[a^*+S_{g_l}(\tilde{a})+(b^*-n_0Y_\upsilon(\tilde{a})-S_{g_r}(\tilde{a}))\\&-a^*-S_{g_l'}(\tilde{b})-(b^*-n_0Y_\upsilon(\tilde{b})-S_{g_r'}(\tilde{b}))]\\=&\lambda[S_{f_l}(\tilde{a})-n_0Y_\mu(\tilde{a})-S_{f_r}(\tilde{a})-S_{f_l'}(\tilde{b})+n_0Y_\mu(\tilde{b})+S_{f_r'}(\tilde{b})]\\&+(1-\lambda)[S_{g_l}(\tilde{a})-n_0Y_\upsilon(\tilde{a})-S_{g_r}(\tilde{a})-S_{g_l'}(\tilde{b})+n_0Y_\upsilon(\tilde{b})+S_{g_r'}(\tilde{b})]\end{aligned}\tag{2.93}$$

其中，$b^*=\max\{\overline{a}_2,\overline{b}_2\}=\overline{b}_2$，$a^*=\min\{\underline{a}_2,\underline{b}_2\}=\underline{a}_2$.

由式(2.93)移项整理可得

$$\begin{aligned}&\lambda[S_{f_l}(\tilde{a})-S_{f_r}(\tilde{a})+S_{f_r'}(\tilde{b})-S_{f_l'}(\tilde{b})]+(1-\lambda)[S_{g_l}(\tilde{a})-S_{g_r}(\tilde{a})+S_{g_r'}(\tilde{b})-S_{g_l'}(\tilde{b})]\\=&2\lambda n_0(Y_\mu(\tilde{a})-Y_\mu(\tilde{b}))+2(1-\lambda)n_0(Y_\upsilon(\tilde{a})-Y_\upsilon(\tilde{b}))\end{aligned}\tag{2.94}$$

根据所提出的高度指标值，即式(2.85)和式(2.88)，可得

$$\begin{aligned}H_\lambda(\tilde{a})-H_\lambda(\tilde{b})&=\lambda(H_\mu(\tilde{a})-H_\mu(\tilde{b}))+(1-\lambda)(H_\upsilon(\tilde{a})-H_\upsilon(\tilde{b}))\\&=\frac{\lambda}{2}\left[1-\frac{S_{f_r}(\tilde{a})-S_{f_l}(\tilde{a})}{b^*-a^*}-1+\frac{S_{f_r'}(\tilde{b})-S_{f_l'}(\tilde{b})}{b^*-a^*}\right]\\&\quad+\frac{1-\lambda}{2}\left[1-\frac{S_{g_r}(\tilde{a})-S_{g_l}(\tilde{a})}{b^*-a^*}-1+\frac{S_{g_r'}(\tilde{b})-S_{g_l'}(\tilde{b})}{b^*-a^*}\right]\end{aligned}\tag{2.95}$$

根据式(2.94)和式(2.95)，可得

$$H_{\lambda}(\tilde{a})-H_{\lambda}(\tilde{b})=\lambda(H_{\mu}(\tilde{a})-H_{\mu}(\tilde{b}))+(1-\lambda)(H_{\upsilon}(\tilde{a})-H_{\upsilon}(\tilde{b}))$$

$$=\frac{n_0}{b^*-a^*}[\lambda(Y_{\mu}(\tilde{a})-Y_{\mu}(\tilde{b}))+(1-\lambda)(Y_{\upsilon}(\tilde{a})-Y_{\upsilon}(\tilde{b}))] \quad (2.96)$$

又由于 $n_0 \geqslant b^* > a^* \geqslant 0, n_0/(b^*-a^*) \geqslant 1$, 可知

若 $Y_{\lambda}(\tilde{a}) \geqslant Y_{\lambda}(\tilde{b})$, 即 $\lambda Y_{\mu}(\tilde{a})+(1-\lambda)Y_{\upsilon}(\tilde{a}) \geqslant \lambda Y_{\mu}(\tilde{b})+(1-\lambda)Y_{\upsilon}(\tilde{b})$, 则

$$H_{\lambda}(\tilde{a})-H_{\lambda}(\tilde{b}) \geqslant Y_{\lambda}(\tilde{a})-Y_{\lambda}(\tilde{b})$$

若 $Y_{\lambda}(\tilde{a}) \leqslant Y_{\lambda}(\tilde{b})$, 即 $\lambda Y_{\mu}(\tilde{a})+(1-\lambda)Y_{\upsilon}(\tilde{a}) \leqslant \lambda Y_{\mu}(\tilde{b})+(1-\lambda)Y_{\upsilon}(\tilde{b})$, 则

$$H_{\lambda}(\tilde{b})-H_{\lambda}(\tilde{a}) \geqslant Y_{\lambda}(\tilde{b})-Y_{\lambda}(\tilde{a})$$

定理 2.9 得证.

定理 2.9 说明, 加权高度排序方法的分辨能力不低于加权均值面积方法.

推论 2.1　若 $Y_{\lambda}(\tilde{a})=Y_{\lambda}(\tilde{b})$, 则 $H_{\lambda}(\tilde{b}) \geqslant H_{\lambda}(\tilde{a})$.

推论 2.1 表示, 决策者在加权高度排序方法中对风险的追求程度高于加权均值面积排序方法.

推论 2.2　若 $a^*=0$ 和 $b^*=n_0$, 则 $H_{\lambda}(\tilde{a})=Y_{\lambda}(\tilde{a})$ 和 $H_{\lambda}(\tilde{b})=Y_{\lambda}(\tilde{b})$.

证明　由式(2.96), 若令 $a^*=0$ 和 $b^*=m_0$, 则有

$$H_{\lambda}(\tilde{a})-H_{\lambda}(\tilde{b})=\lambda(Y_{\mu}(\tilde{a})-Y_{\mu}(\tilde{b}))+(1-\lambda)(Y_{\upsilon}(\tilde{a})-Y_{\upsilon}(\tilde{b}))$$

即 $H_{\lambda}(\tilde{a})=Y_{\lambda}(\tilde{a}), H_{\lambda}(\tilde{b})=Y_{\lambda}(\tilde{b})$.

推论 2.2 说明, 当选取 $a^*=0$ 和 $b^*=m_0$ 时, 加权高度指标值 $H_{\lambda}(\tilde{a})$ 与加权均值面积排序法中的高度 $Y_{\lambda}(\tilde{a})$ 一致.

2. 第Ⅱ类直觉模糊数的加权高度排序方法

定义 2.34　第Ⅱ类直觉模糊数 $\tilde{a}=\langle(\underline{a},a_1,a_2,\overline{a});w_{\tilde{a}},u_{\tilde{a}}\rangle$ 关于隶属度和非隶属度的高度分别为 $w_{\tilde{a}}=\max\{\mu_{\tilde{a}}(x)\}$ 和 $1-u_{\tilde{a}}=1-\min\{\upsilon_{\tilde{a}}(x)\}$, 其中隶属函数 $\mu_{\tilde{a}}(x)$ 和非隶属函数 $\upsilon_{\tilde{a}}(x)$ 不要求具有正规性和凸性.

定义 2.35　设 $\tilde{a}=\langle(\underline{a},a_1,a_2,\overline{a});w_{\tilde{a}},u_{\tilde{a}}\rangle$ 是第Ⅱ类直觉模糊数. 它关于隶属度的左、右扩展值分别为

$$S_{f_l}(\tilde{a})=\int_0^{w_{\tilde{a}}}(f_l^{-1}(\alpha)-m_1)\mathrm{d}\alpha \quad (2.97)$$

和

$$S_{f_r}(\tilde{a})=\int_0^{w_{\tilde{a}}}(m_2-f_r^{-1}(\alpha))\mathrm{d}\alpha \quad (2.98)$$

其中, m_1 和 m_2 是选取的两个实数, 满足条件 $m_1 \leqslant \underline{a}$ 和 $m_2 \geqslant \overline{a}$, 代表决策者对待风险的态度.

记

$$H_{\mu}(\tilde{a})=\frac{1}{2}\left[w_{\tilde{a}}-\frac{S_{f_r}(\tilde{a})-S_{f_l}(\tilde{a})}{m_2-m_1}\right] \tag{2.99}$$

为第Ⅱ类直觉模糊数 $\tilde{a}$ 关于隶属度的高度指标值.

类似地, 第Ⅱ类直觉模糊数 $\tilde{a}$ 关于非隶属度的左、右扩展值分别为

$$S_{g_l}(\tilde{a})=\int_{u_{\tilde{a}}}^{1}(g_l^{-1}(\beta)-m_1)\mathrm{d}\beta \tag{2.100}$$

和

$$S_{g_r}(\tilde{a})=\int_{u_{\tilde{a}}}^{1}(m_2-g_r^{-1}(\beta))\mathrm{d}\beta \tag{2.101}$$

记

$$H_{\upsilon}(\tilde{a})=\frac{1}{2}\left[(1-u_{\tilde{a}})-\frac{(S_{g_r}(\tilde{a})-S_{g_l}(\tilde{a}))}{m_2-m_1}\right] \tag{2.102}$$

为第Ⅱ类直觉模糊数 $\tilde{a}$ 关于非隶属度的高度指标值.

显然, $H_{\mu}(\tilde{a})\in[0,1],H_{\upsilon}(\tilde{a})\in[0,1]$. 对第Ⅱ类直觉模糊数 $\tilde{a}$ 关于隶属度和非隶属度的高度指标值做出几何解释. 假设 $S_{f_l}(\tilde{a})$ 和 $S_{f_r}(\tilde{a})$ 都是以 (m_2-m_1) 为底边长的矩形面积, 则这两个矩形的宽分别为

$$H_{f_l}(\tilde{a})=\frac{S_{f_l}(\tilde{a})}{m_2-m_1}$$

和

$$H_{f_r}(\tilde{a})=\frac{S_{f_r}(\tilde{a})}{m_2-m_1}$$

$H_{f_l}(\tilde{a})$ 和 $H_{f_r}(\tilde{a})$ 分别称为第Ⅱ类直觉模糊数 $\tilde{a}$ 关于隶属度的左、右扩展高, 而称 $H_r(\tilde{a})-H_{f_l}(\tilde{a})$ 为 $\tilde{a}$ 的扩展高度差.

于是, 式(2.99)可改写为

$$H_{\mu}(\tilde{a})=\frac{1}{2}[w_{\tilde{a}}-(H_{f_r}(\tilde{a})-H_{f_l}(\tilde{a}))]$$

即 $H_{\mu}(\tilde{a})$ 是第Ⅱ类直觉模糊数 $\tilde{a}$ 关于隶属度的高度与扩展高度差的差值的一半.

同理, 式(2.102)可改写为

$$H_{\upsilon}(\tilde{a})=\frac{1}{2}[(1-u_{\tilde{a}})-(H_{g_r}(\tilde{a})-H_{g_l}(\tilde{a}))]$$

即 $H_{\upsilon}(\tilde{a})$ 是第Ⅱ类直觉模糊数 $\tilde{a}$ 关于非隶属度的高度与扩展高度差的差值的一半.

式(2.99)和式(2.102)适用于“越大越好”的情况, 而对“越小越好”的情况, 应将式(2.99)和式(2.102)改写为

$$H_{\mu}(\tilde{a})=\frac{1}{2}[w_{\tilde{a}}-(H_{f_l}(\tilde{a})-H_{f_r}(\tilde{a}))]$$

和

$$H_{\upsilon}(\tilde{a})=\frac{1}{2}[(1-u_{\tilde{a}})-(H_{g_r}(\tilde{a})-H_{g_l}(\tilde{a}))]$$

令

$$H_{\lambda}(\tilde{a})=\lambda H_{\mu}(\tilde{a})+(1-\lambda)H_{\upsilon}(\tilde{a}) \tag{2.103}$$

其中，$\lambda\in[0,1]$ 是权重，称 $H_{\lambda}(\tilde{a})$ 为第Ⅱ类直觉模糊数 $\tilde{a}$ 的加权高度指标值.

简单分析可知，对 m_1 和 m_2 的选择体现了决策者对待风险的态度. 若 m_1 固定不变而减小 $m_2(m_2\geqslant\overline{a})$，则决策者的风险厌恶增加，这体现为 $H_{\mu}(\tilde{a})$ 和 $H_{\upsilon}(\tilde{a})$ 均减小；若 m_2 固定不变而减小 $m_1(m_1\leqslant\underline{a})$，则决策者的风险追求增加，这体现为 $H_{\mu}(\tilde{a})$ 和 $H_{\upsilon}(\tilde{a})$ 均增大.

特殊地，若第Ⅱ类直觉模糊数 $\tilde{a}$ 是对称的，且选取 $m_1=\underline{a}-\varDelta$, $m_2=\overline{a}+\varDelta$，其中 $\varDelta\geqslant 0$，则有

$$H_{\mu}(\tilde{a})=\frac{w_{\tilde{a}}}{2}$$

和

$$H_{\upsilon}(\tilde{a})=\frac{1-u_{\tilde{a}}}{2}$$

根据式(2.97)—(2.102)计算可得，第Ⅱ类梯形直觉模糊数 $\tilde{a}=\langle(\underline{a},a_1,a_2,\overline{a});w_{\tilde{a}},u_{\tilde{a}}\rangle$ 关于隶属度和非隶属度的高度指标值 $H_{\mu}(\tilde{a})$ 和 $H_{\upsilon}(\tilde{a})$ 分别为

$$H_{\mu}(\tilde{a})=\frac{(\underline{a}+a_1+a_2+\overline{a})-4m_1}{4(m_2-m_1)}w_{\tilde{a}}$$

$$H_{\upsilon}(\tilde{a})=\frac{(\underline{a}+a_1+a_2+\overline{a})-4m_1}{4(m_2-m_1)}(1-u_{\tilde{a}})$$

因此，第Ⅱ类梯形直觉模糊数 $\tilde{a}$ 的加权高度指标值为

$$H_{\lambda}(\tilde{a})=\frac{(\underline{a}+a_1+a_2+\overline{a})-4m_1}{4(m_2-m_1)}[\lambda w_{\tilde{a}}+(1-\lambda)(1-u_{\tilde{a}})] \tag{2.104}$$

特殊地，第Ⅱ类三角形直觉模糊数 $\tilde{a}=\langle(\underline{a},a,\overline{a});w_{\tilde{a}},u_{\tilde{a}}\rangle$ 的加权高度指标值为

$$H_{\lambda}(\tilde{a})=\frac{(\underline{a}+2a+\overline{a})-4m_1}{4(m_2-m_1)}[\lambda w_{\tilde{a}}+(1-\lambda)(1-u_{\tilde{a}})] \tag{2.105}$$

定义 2.36　设 $\tilde{a}=\langle(\underline{a},a_1,a_2,\overline{a});w_{\tilde{a}},u_{\tilde{a}}\rangle$ 和 $\tilde{b}=\langle(\underline{b},b_1,b_2,\overline{b});w_{\tilde{b}},u_{\tilde{b}}\rangle$ 是两个第Ⅱ类直觉模糊数，$H_{\lambda}(\tilde{a})$ 和 $H_{\lambda}(\tilde{b})$ 分别为其加权高度指标值，

(1) 若 $H_{\lambda}(\tilde{a})>H_{\lambda}(\tilde{b})$，则 $\tilde{a}>_{\text{IFN}}\tilde{b}$；

(2) 若 $H_\lambda(\tilde{a})<H_\lambda(\tilde{b})$, 则 $\tilde{a}<_{\text{IFN}}\tilde{b}$;

(3) 若 $H_\lambda(\tilde{a})=H_\lambda(\tilde{b})$, 则 $\tilde{a}=_{\text{IFN}}\tilde{b}$.

类似于定理 2.9, 第II类直觉模糊数的加权高度 $H_\lambda(\tilde{a})$ 和加权均值面积 $S_\lambda(\tilde{a})$ 也都与 $\tilde{a}$ 的面积有关. 下面讨论二者之间的关系. 记

$$Y_\lambda(\tilde{a})=\frac{S_\lambda(\tilde{a})}{m_0}=\lambda Y_\mu(\tilde{a})+(1-\lambda)Y_\upsilon(\tilde{a}) \tag{2.106}$$

其中, $Y_\mu(\tilde{a})=\dfrac{S_\mu(\tilde{a})}{m_0}$, $Y_\upsilon(\tilde{a})=\dfrac{S_\upsilon(\tilde{a})}{m_0}$, m_0 是常数因子使得 $Y_\lambda(\tilde{a})\in[0,1]$.

定理 2.10 设 $\tilde{a}=\langle(\underline{a},a_1,a_2,\overline{a});w_{\tilde{a}},u_{\tilde{a}}\rangle$ 和 $\tilde{b}=\langle(\underline{b},b_1,b_2,\overline{b});w_{\tilde{b}},u_{\tilde{b}}\rangle$ 是任意两个第II类直觉模糊数. 当 $w_{\tilde{a}}\geqslant w_{\tilde{b}}$, $u_{\tilde{a}}\leqslant u_{\tilde{b}}$ 时, 有

(1) 若 $Y_\lambda(\tilde{a})\geqslant Y_\lambda(\tilde{b})$, 则

$$H_\lambda(\tilde{a})-H_\lambda(\tilde{b})\geqslant Y_\lambda(\tilde{a})-Y_\lambda(\tilde{b})-\frac{a^*}{b^*-a^*}[\lambda(w_{\tilde{a}}-w_{\tilde{b}})+(1-\lambda)(u_{\tilde{b}}-u_{\tilde{a}})]$$

(2) 若 $Y_\lambda(\tilde{a})\leqslant Y_\lambda(\tilde{b})$, 则

$$H_\lambda(\tilde{b})-H_\lambda(\tilde{a})\geqslant Y_\lambda(\tilde{b})-Y_\lambda(\tilde{a})+\frac{a^*}{b^*-a^*}[\lambda(w_{\tilde{a}}-w_{\tilde{b}})+(1-\lambda)(u_{\tilde{b}}-u_{\tilde{a}})]$$

其中, $\lambda\in[0,1]$, $b^*=\max\{\overline{a},\overline{b}\}$, $a^*=\min\{\underline{a},\underline{b}\}$.

证明 不失一般性, 可以假设第II类直觉模糊数 $\tilde{a}$ 和 $\tilde{b}$ 没有重叠, 如图 2.11 所示.

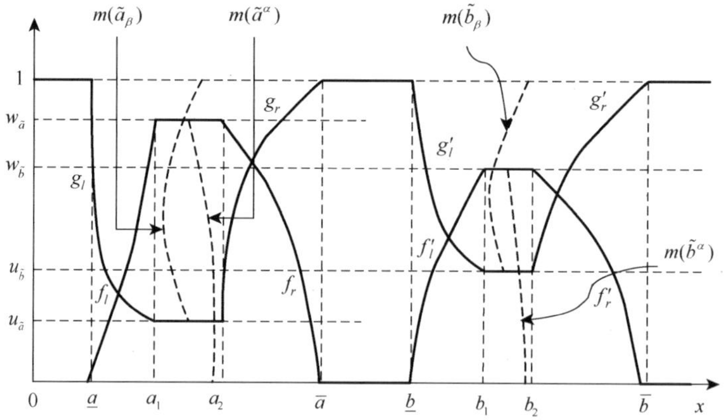

图 2.11 两个第II类直觉模糊数

根据式 (2.46)—(2.48), 第II类直觉模糊数 $\tilde{a}$ 和 $\tilde{b}$ 的加权均值面积分别为

$$S_\lambda(\tilde{a})=\lambda\int_0^{w_{\tilde{a}}}m(\tilde{a}^\alpha)\mathrm{d}\alpha+(1-\lambda)\int_{u_{\tilde{a}}}^1 m(\tilde{a}_\beta)\mathrm{d}\beta=m_0[\lambda Y_\mu(\tilde{a})+(1-\lambda)Y_\upsilon(\tilde{a})]=m_0Y_\lambda(\tilde{a})$$

和

$$S_\lambda(\tilde{b})=\lambda\int_0^{w_{\tilde{b}}} m(\tilde{b}^\alpha)\mathrm{d}\alpha+(1-\lambda)\int_{u_{\tilde{b}}}^1 m(\tilde{b}_\beta)\mathrm{d}\beta=m_0[\lambda Y_\mu(\tilde{b})+(1-\lambda)Y_\upsilon(\tilde{b})]=m_0Y_\lambda(\tilde{b})$$

其中，$m_0\geqslant b^*=\max\{\overline{a},\overline{b}\}$.

从图 2.11 容易观察到

$$\begin{aligned}
&\int_0^{w_{\tilde{a}}}(m(\tilde{a}^\alpha)-f_l^{-1}(\alpha))\mathrm{d}\alpha=\int_0^{w_{\tilde{a}}}(f_r^{-1}(\alpha)-m(\tilde{a}^\alpha))\mathrm{d}\alpha\\
&\int_{u_{\tilde{a}}}^1(m(\tilde{a}_\beta)-g_l^{-1}(\beta))\mathrm{d}\beta=\int_{u_{\tilde{a}}}^1(g_r^{-1}(\beta)-m(\tilde{a}_\beta))\mathrm{d}\beta\\
&\int_0^{w_{\tilde{b}}}(m(\tilde{b}^\alpha)-f_l'^{-1}(\alpha))\mathrm{d}\alpha=\int_0^{w_{\tilde{b}}}(f_r'^{-1}(\alpha)-m(\tilde{b}^\alpha))\mathrm{d}\alpha\\
&\int_{u_{\tilde{b}}}^1(m(\tilde{b}_\beta)-g_l'^{-1}(\beta))\mathrm{d}\beta=\int_{u_{\tilde{b}}}^1(g_r'^{-1}(\beta)-m(\tilde{b}_\beta))\mathrm{d}\beta
\end{aligned}$$

$Y_\lambda(\tilde{a})$ 和 $Y_\lambda(\tilde{b})$ 的差值可以写为

$$\begin{aligned}
&m_0\lambda(Y_\mu(\tilde{a})-Y_\mu(\tilde{b}))+m_0(1-\lambda)(Y_\upsilon(\tilde{a})-Y_\upsilon(\tilde{b}))\\
&=\lambda[a^*w_{\tilde{a}}+S_{f_l}(\tilde{a})+(w_{\tilde{a}}b^*-m_0Y_\mu(\tilde{a})-S_{f_r}(\tilde{a}))-a^*w_{\tilde{b}}-S_{f_l'}(\tilde{b})-(w_{\tilde{b}}b^*-m_0Y_\mu(\tilde{b})-S_{f_r'}(\tilde{b}))]\\
&\quad+(1-\lambda)[a^*(1-u_{\tilde{a}})+S_{g_l}(\tilde{a})+((1-u_{\tilde{a}})b^*-m_0Y_\upsilon(\tilde{a})-S_{g_r}(\tilde{a}))\\
&\quad-a^*(1-u_{\tilde{b}})-S_{g_l'}(\tilde{b})-((1-u_{\tilde{b}})b^*-m_0Y_\upsilon(\tilde{b})-S_{g_r'}(\tilde{b}))]
\end{aligned}\tag{2.107}$$

其中，$b^*=\max\{\overline{a},\overline{b}\}=\overline{b}$，$a^*=\min\{\underline{a},\underline{b}\}=\underline{a}$.

由式(2.107)可得

$$\begin{aligned}
&\lambda[S_{f_l}(\tilde{a})-S_{f_r}(\tilde{a})+S_{f_r'}(\tilde{b})-S_{f_l'}(\tilde{b})]+(1-\lambda)[S_{g_l}(\tilde{a})-S_{g_r}(\tilde{a})+S_{g_r'}(\tilde{b})-S_{g_l'}(\tilde{b})]\\
&=\lambda[2m_0(Y_\mu(\tilde{a})-Y_\mu(\tilde{b}))-(w_{\tilde{a}}-w_{\tilde{b}})(a^*+b^*)]\\
&\quad+(1-\lambda)[2m_0(Y_\upsilon(\tilde{a})-Y_\upsilon(\tilde{b}))-(u_{\tilde{a}}-u_{\tilde{b}})(a^*+b^*)]
\end{aligned}\tag{2.108}$$

根据式(2.103)，有

$$\begin{aligned}
&H_\lambda(\tilde{a})-H_\lambda(\tilde{b})=\lambda(H_\mu(\tilde{a})-H_\mu(\tilde{b}))+(1-\lambda)(H_\upsilon(\tilde{a})-H_\upsilon(\tilde{b}))\\
&=\frac{\lambda}{2}\left[w_{\tilde{a}}-\frac{S_{f_r}(\tilde{a})-S_{f_l}(\tilde{a})}{b^*-a^*}-w_{\tilde{b}}+\frac{S_{f_r'}(\tilde{b})-S_{f_l'}(\tilde{b})}{b^*-a^*}\right]\\
&\quad+\frac{(1-\lambda)}{2}\left[(1-u_{\tilde{a}})-\frac{S_{g_r}(\tilde{a})-S_{g_l}(\tilde{a})}{b^*-a^*}-(1-u_{\tilde{b}})+\frac{S_{g_r'}(\tilde{b})-S_{g_l'}(\tilde{b})}{b^*-a^*}\right]
\end{aligned}\tag{2.109}$$

根据式(2.108)和式(2.109)可得

$$H_\lambda(\tilde{a})-H_\lambda(\tilde{b})=\lambda(H_\mu(\tilde{a})-H_\mu(\tilde{b}))+(1-\lambda)(H_\upsilon(\tilde{a})-H_\upsilon(\tilde{b}))$$
$$=\lambda\left[\frac{m_0}{b^*-a^*}(Y_\mu(\tilde{a})-Y_\mu(\tilde{b}))-\frac{a^*}{b^*-a^*}(w_{\tilde{a}}-w_{\tilde{b}})\right]$$
$$+(1-\lambda)\left[\frac{m_0}{b^*-a^*}(Y_\upsilon(\tilde{a})-Y_\upsilon(\tilde{b}))-\frac{a^*}{b^*-a^*}(u_{\tilde{b}}-u_{\tilde{a}})\right] \tag{2.110}$$

又由于 $m_0 \geqslant b^* > a^* \geqslant 0$, $m_0/(b^*-a^*)\geqslant 1$,

(1) 若 $Y_\lambda(\tilde{a})\geqslant Y_\lambda(\tilde{b})$, 即 $\lambda Y_\mu(\tilde{a})+(1-\lambda)Y_\upsilon(\tilde{a})\geqslant \lambda Y_\mu(\tilde{b})+(1-\lambda)Y_\upsilon(\tilde{b})$, 则

$$\lambda(H_\mu(\tilde{a})-H_\mu(\tilde{b}))+(1-\lambda)(H_\upsilon(\tilde{a})-H_\upsilon(\tilde{b}))$$
$$\geqslant \lambda(Y_\mu(\tilde{a})-Y_\mu(\tilde{b}))+(1-\lambda)(Y_\upsilon(\tilde{a})-Y_\upsilon(\tilde{b}))$$
$$-\frac{a^*}{b^*-a^*}[\lambda(w_{\tilde{a}}-w_{\tilde{b}})+(1-\lambda)(u_{\tilde{b}}-u_{\tilde{a}})]$$

即

$$H_\lambda(\tilde{a})-H_\lambda(\tilde{b})\geqslant Y_\lambda(\tilde{a})-Y_\lambda(\tilde{b})-\frac{a^*}{b^*-a^*}[\lambda(w_{\tilde{a}}-w_{\tilde{b}})+(1-\lambda)(u_{\tilde{b}}-u_{\tilde{a}})]$$

(2) 若 $Y_\lambda(\tilde{a})\leqslant Y_\lambda(\tilde{b})$, 即 $\lambda Y_\mu(\tilde{a})+(1-\lambda)Y_\upsilon(\tilde{a})\leqslant \lambda Y_\mu(\tilde{b})+(1-\lambda)Y_\upsilon(\tilde{b})$, 则

$$\lambda(H_\mu(\tilde{b})-H_\mu(\tilde{a}))+(1-\lambda)(H_\upsilon(\tilde{b})-H_\upsilon(\tilde{a}))$$
$$\geqslant \lambda(Y_\mu(\tilde{b})-Y_\mu(\tilde{a}))+(1-\lambda)(Y_\upsilon(\tilde{b})-Y_\upsilon(\tilde{a}))$$
$$+\frac{a^*}{b^*-a^*}[\lambda(w_{\tilde{a}}-w_{\tilde{b}})+(1-\lambda)(u_{\tilde{b}}-u_{\tilde{a}})]$$

即

$$H_\lambda(\tilde{b})-H_\lambda(\tilde{a})\geqslant Y_\lambda(\tilde{b})-Y_\lambda(\tilde{a})-\frac{a^*}{b^*-a^*}[\lambda(w_{\tilde{a}}-w_{\tilde{b}})+(1-\lambda)(u_{\tilde{b}}-u_{\tilde{a}})]$$

定理 2.10 得证.

推论 2.3　若 $w_{\tilde{a}}=w_{\tilde{b}}, u_{\tilde{a}}=u_{\tilde{b}}$, 则

$$H_\lambda(\tilde{a})-H_\lambda(\tilde{b})\geqslant Y_\lambda(\tilde{a})-Y_\lambda(\tilde{b})\geqslant 0 \quad 或 \quad H_\lambda(\tilde{b})-H_\lambda(\tilde{a})\geqslant Y_\lambda(\tilde{b})-Y_\lambda(\tilde{a})\geqslant 0$$

推论 2.3 说明, 加权高度排序方法的分辨能力不低于加权均值面积排序方法.

推论 2.4　若 $Y_\lambda(\tilde{a})=Y_\lambda(\tilde{b})$, $w_{\tilde{a}}\geqslant w_{\tilde{b}}$ 和 $u_{\tilde{a}}\leqslant u_{\tilde{b}}$, 则 $H_\lambda(\tilde{b})\geqslant H_\lambda(\tilde{a})$.

推论 2.4 表示, 决策者在加权高度排序法中对风险的追求程度高于加权均值面积排序法.

推论 2.5　若 $a^*=0$ 和 $b^*=m_0$, 则 $H_\lambda(\tilde{a})=Y_\lambda(\tilde{a})$ 和 $H_\lambda(\tilde{b})=Y_\lambda(\tilde{b})$.

推论 2.5 说明, 当选取 $a^*=0$ 和 $b^*=m_0$ 时, 加权高度指标值 $H_\lambda(\tilde{a})$ 与加权均值面积排序法中的高度 $Y_\lambda(\tilde{a})$ 一致.

例 2.4　设 $\tilde{a}=\langle(-6,2,2);0.7,0.1\rangle$, $\tilde{b}=\langle(-8,2,4);0.5,0.3\rangle$ 和 $\tilde{c}=\langle(-2,0,2);0.7,0.2\rangle$ 是三个第Ⅱ类三角直觉模糊数, 试比较其大小.

解　根据第Ⅱ类三角直觉模糊数的均值面积排序方法，即式(2.48)，对任意的 $\lambda\in[0,1]$，计算可得 $\tilde{a},\tilde{b}$ 和 $\tilde{c}$ 的加权均值面积为 $S_\lambda(\tilde{a})=S_\lambda(\tilde{b})=S_\lambda(\tilde{c})=0$，因此得到 $\tilde{a}=_{\rm IFN}\tilde{b}=_{\rm IFN}\tilde{c}$. 因此，根据第Ⅱ类三角形直觉模糊数的加权均值面积排序方法不能得到 $\tilde{a},\tilde{b}$ 和 $\tilde{c}$ 的排序.

然而，根据加权高度排序法，令 $m_1=-6$, $m_2=2$，由式(2.105)计算可得 $\tilde{a},\tilde{b}$ 和 $\tilde{c}$ 的高度指标值分别为

$$H_\lambda(\tilde{a})=0.675-0.15\lambda$$

$$H_\lambda(\tilde{b})=0.525-0.15\lambda$$

$$H_\lambda(\tilde{c})=0.6-0.075\lambda$$

显然，对任意的 $\lambda\in[0,1]$，有 $H_\lambda(\tilde{a})>H_\lambda(\tilde{b}),H_\lambda(\tilde{c})>H_\lambda(\tilde{b})$.

因此，有 $\tilde{a}>_{\rm IFN}\tilde{b},\tilde{c}>_{\rm IFN}\tilde{b}$.

下面讨论直觉模糊数 $\tilde{a}$ 与 $\tilde{c}$ 的大小关系.

令 $H_\lambda(\tilde{a})=H_\lambda(\tilde{c})$，得 $\lambda=1$，因此当 $\lambda=1$ 时 $\tilde{a}=_{\rm IFN}\tilde{c}$.

当 $\lambda\in[0,1)$ 时，则有 $H_\lambda(\tilde{a})>H_\lambda(\tilde{c})$，故 $\tilde{a}>_{\rm IFN}\tilde{c}$.

由上可以看出，根据加权高度排序，可以得到第Ⅱ类三角直觉模糊数 $\tilde{a},\tilde{b}$ 和 $\tilde{c}$ 的排序关系.

例 2.5　设 $\tilde{a}=\langle(0.2,0.3,0.5);0.8,0.1\rangle$，$\tilde{b}=\langle(0.15,0.35,0.6);0.6,0.2\rangle$ 和 $\tilde{c}=\langle(0.1,0.4,0.6);0.5,0.3\rangle$ 是三个第Ⅱ类三角直觉模糊数，试比较其大小.

解　(1) 如果取 $m_1=0$, $m_2=1$. 本小节提出的第Ⅱ类三角直觉模糊数的加权高度指标值，即式(2.105)退化为第Ⅱ类三角直觉模糊数的加权均值面积指标值公式，这说明加权均值面积排序方法只是加权高度排序法的一种特殊情况.

由式(2.105)计算可得，$\tilde{a},\tilde{b}$ 和 $\tilde{c}$ 的加权高度指标值分别为

$$H_\lambda(\tilde{a})=S_\lambda(\tilde{a})=0.2925-0.0325\lambda$$

$$H_\lambda(\tilde{b})=S_\lambda(\tilde{b})=0.29-0.0725\lambda$$

$$H_\lambda(\tilde{c})=S_\lambda(\tilde{c})=0.2625-0.075\lambda$$

简单计算，可得对任意的 $\lambda\in[0,1]$, $H_\lambda(\tilde{a})>H_\lambda(\tilde{b})>H_\lambda(\tilde{c})$，因此，$\tilde{a}>_{\rm IFN}\tilde{b}>_{\rm IFN}\tilde{c}$

(2) 如果取 $m_1=0.1$, $m_2=0.6$. 根据式(2.105)计算可得，$\tilde{a},\tilde{b}$ 和 $\tilde{c}$ 的加权高度指标值分别为

$$H_\lambda(\tilde{a})=0.405-0.045\lambda$$

$$H_\lambda(\tilde{b})=0.42-0.105\lambda$$

$$H_\lambda(\tilde{c})=0.385-0.11\lambda$$

令 $H_\lambda(\tilde{a})=H_\lambda(\tilde{b})$，即 $0.405-0.045\lambda=0.42-0.105\lambda$，解得 $\lambda=0.25$. 因此，当 $\lambda\in[0,0.25)$ 时，有 $H_\lambda(\tilde{a})<H_\lambda(\tilde{b})$，得到 $\tilde{a}<_{\rm IFN}\tilde{b}$；当 $\lambda\in(0.25,1]$ 时，有 $\tilde{a}>_{\rm IFN}\tilde{b}$.

类似地，令 $H_\lambda(\tilde{b})=H_\lambda(\tilde{c})$，即 $0.42-0.105\lambda=0.385-0.11\lambda$，解得 $\lambda=-7$. 因此，对任意的 $\lambda\in[0,1]$，有 $H_\lambda(\tilde{b})>H_\lambda(\tilde{c})$，得到 $\tilde{b}>_{\rm IFN}\tilde{c}$.

类似地，令 $H_\lambda(\tilde{a})=H_\lambda(\tilde{c})$，即 $0.405-0.045\lambda=0.385-0.11\lambda$，解得 $\lambda\approx-0.308$. 因此，对任意的 $\lambda\in[0,1]$，有 $H_\lambda(\tilde{a})>H_\lambda(\tilde{c})$，得到 $\tilde{a}>_{\rm IFN}\tilde{c}$.

因此，根据第Ⅱ类三角直觉模糊数的加权高度排序法得到：当 $\lambda\in[0,0.25)$ 时，有 $\tilde{b}>_{\rm IFN}\tilde{a}>_{\rm IFN}\tilde{c}$；当 $\lambda\in[0.25,1]$ 时，有 $\tilde{a}>_{\rm IFN}\tilde{b}>_{\rm IFN}\tilde{c}$.

例 2.5 说明，当选取不同的代表决策者对待风险态度的参数 m_1 和 m_2 值时，可以得到直觉模糊数的不同排序，因此参数 m_1 和 m_2 的引入是非常有必要的. 另外，例 2.5 也说明了，加权高度排序法比加权均值面积排序法有更强的分辨能力. 这与定理 2.10 的结论是一致的.

2.4　三角直觉模糊数排序方法的合理性检验

尽管目前研究者提出了几种直觉模糊数的排序方法，但由于每个排序指标都是从不同的侧面来描述直觉模糊数的状态，从而具有一定的片面性，尚无一种为大家普遍接受的方法. Wang 和 Kerre[35]根据模糊量的数学含义及决策的实际问题要求，提出了评价模糊数排序方法合理性的 7 条公理化标准，以此来衡量模糊数排序方法.

设 Θ 是待排序的模糊集的集合，M 表示模糊集排序方法，$A,B\in\Theta$，用 M 方法对两者进行排序，如果 A 优于 B，则记为 $A\succ B$；如果 A 和 B 无差异，则记为 $A\sim B$；如果 A 不比 B 差，则记为 $A\succeq B$. 假设当用 M 排序方法对模糊集进行排序时，$A\succ B$, $B\succ A$, $A\sim B$ 至少有一个成立.

模糊集排序方法合理性公理如下.

公理 2.1　排序关系的自反性：对任意的 $A\in\Theta$, $A\succeq A$.

公理 2.2　排序关系的等价性：对任意的 $A,B\in\Theta$，若 $A\succeq B$ 且 $B\succeq A$，则有 $A\sim B$.

公理 2.3　排序关系的传递性：对任意的 $A,B,C\in\Theta$，若 $A\succeq B$ 且 $B\succeq C$，则有 $A\succeq C$.

公理 2.4　不相交模糊数的性质：对任意的 $A,B\in\Theta$，若

$$\inf\{\mathrm{supp}(A)\}\geqslant\sup\{\mathrm{supp}(B)\}$$

则有 $A\succeq B$.

公理 2.4′　对任意的 $A,B\in\Theta$，若 $\inf\{\mathrm{supp}(A)\}>\sup\{\mathrm{supp}(B)\}$，则有 $A\succ B$.

公理 2.5　不相关模糊数的独立性：Θ 和 Ψ 是两个待评价的模糊数的集合，对任意的 $A,B\in\Theta\cap\Psi$，$A\succeq B$ 在 Θ 上成立，当且仅当 $A\succeq B$ 在 Ψ 上成立.

公理 2.6　对加法的相容性：设 $A,B,A+C,B+C\in\Theta$，若 $A\succeq B$，则有 $A+C\succeq B+C$.

公理 2.6′　设 $A,B,A+C,B+C\in\Theta$，若 $A\succ B$，$C\neq\varnothing$，则有 $A+C\succ B+C$.

公理 2.7　对乘法的相容性，设 $A,B,AC,BC\in\Theta$，C 为非负模糊数，若 $A\succeq B$，则有 $AC\succeq BC$.

下面证明直觉模糊数 $\tilde{a}$ 的 λ 加权均值面积 $S_\lambda(\tilde{a})$、值指标 $V_\lambda(\tilde{a})$ 和加权高度指标值 $H_\lambda(\tilde{a})$ 满足上述合理性公理 2.1—公理 2.6. 显然，$S_\lambda(\tilde{a})$, $V_\lambda(\tilde{a})$ 和 $H_\lambda(\tilde{a})$ 满足公理 2.1—公理 2.3. 由于 $S_\lambda(\tilde{a})$, $V_\lambda(\tilde{a})$ 和 $H_\lambda(\tilde{a})$ 是将直觉模糊数的排序转化为实数之间的比较，因此，对任意的直觉模糊数 $\tilde{a},\tilde{b}\in\tilde{\Theta}\cap\tilde{\Psi}$，其中，$\tilde{\Theta}$ 和 $\tilde{\Psi}$ 是两个待评价的直觉模糊数的集合，$S_\lambda(\tilde{a})$, $V_\lambda(\tilde{a})$ 和 $H_\lambda(\tilde{a})$ 对直觉模糊数 $\tilde{a},\tilde{b}\in\tilde{\Theta}$ 的排序结果与对 $\tilde{a},\tilde{b}\in\tilde{\Psi}$ 的排序结果相同，因此 $S_\lambda(\tilde{a})$, $V_\lambda(\tilde{a})$ 和 $H_\lambda(\tilde{a})$ 满足公理 2.5.

下面只需证明直觉模糊数的 $S_\lambda(\tilde{a})$, $V_\lambda(\tilde{a})$ 和 $H_\lambda(\tilde{a})$ 满足公理 2.4′ 和公理 2.6′.

定理 2.11　设

$$\tilde{a}=\langle(\underline{a}_1,a_{1l},a_{1r},\overline{a}_1),(\underline{a}_2,a_{2l},a_{2r},\overline{a}_2)\rangle,\quad \tilde{b}=\langle(\underline{b}_1,b_{1l},b_{1r},\overline{b}_1),(\underline{b}_2,b_{2l},b_{2r},\overline{b}_2)\rangle$$

为两个第 I 类直觉模糊数. 若 $\underline{a}_1>\overline{b}_1$ 且 $\underline{a}_2>\overline{b}_2$，则 $\tilde{a}>_{\text{IFN}}\tilde{b}$.

证明　由式(2.46)得

$$S_\mu(\tilde{a})=\int_0^1 m(\tilde{a}^\alpha)\mathrm{d}\alpha\geqslant\int_0^1\underline{a}_1\mathrm{d}\alpha=\underline{a}_1$$

$$S_\mu(\tilde{b})=\int_0^1 m(\tilde{b}^\alpha)\mathrm{d}\alpha\leqslant\int_0^1\overline{b}_1\mathrm{d}\alpha=\overline{b}_1$$

由于 $\underline{a}_1>\overline{b}_1$，所以 $S_\mu(\tilde{a})>S_\mu(\tilde{b})$.

类似地，由式(2.47)得

$$S_\upsilon(\tilde{a})=\int_0^1 m(\tilde{a}_\beta)\mathrm{d}\beta\geqslant\int_0^1\underline{a}_2\mathrm{d}\beta=\underline{a}_2$$

$$S_\upsilon(\tilde{b})=\int_0^1 m(\tilde{b}_\beta)\mathrm{d}\beta\leqslant\int_0^1\overline{b}_2\mathrm{d}\beta=\overline{b}_2$$

由于 $\underline{a}_2>\overline{b}_2$，所以 $S_\upsilon(\tilde{a})>S_\upsilon(\tilde{b})$. 因此，

$$\lambda S_\mu(\tilde{a})+(1-\lambda)S_\upsilon(\tilde{a})>\lambda S_\mu(\tilde{b})+(1-\lambda)S_\upsilon(\tilde{b})$$

即 $S_\lambda(\tilde{a})>S_\lambda(\tilde{b})$，则 $\tilde{a}>_{\text{IFN}}\tilde{b}$.

定理 2.12　设 $\tilde{a}=\langle(\underline{a},a_1,a_2,\overline{a});w_{\tilde{a}},u_{\tilde{a}}\rangle$ 和 $\tilde{b}=\langle(\underline{b},b_1,b_2,\overline{b});w_{\tilde{b}},u_{\tilde{b}}\rangle$ 为两个第 II 类直觉模糊数，且 $w_{\tilde{a}}=w_{\tilde{b}}$, $u_{\tilde{a}}=u_{\tilde{b}}$. 若 $\underline{a}>\overline{b}$，则 $\tilde{a}>_{\text{IFN}}\tilde{b}$.

证明　由式(2.46)得

$$S_\mu(\tilde{a})=\int_0^{w_{\tilde{a}}} m(\tilde{a}^\alpha)\mathrm{d}\alpha\geqslant\int_0^{w_{\tilde{a}}}\underline{a}\mathrm{d}\alpha=\underline{a}w_{\tilde{a}}$$

$$S_\mu(\tilde{b})=\int_0^{w_{\tilde{b}}} m(\tilde{b}^\alpha)\mathrm{d}\alpha\leqslant\int_0^{w_{\tilde{b}}}\overline{b}\mathrm{d}\alpha=\overline{b}w_{\tilde{b}}$$

由于 $\underline{a}>\overline{b}$, $w_{\tilde{a}}=w_{\tilde{b}}$，所以 $S_\mu(\tilde{a})>S_\mu(\tilde{b})$.

类似地，由式(2.47)得

$$S_\upsilon(\tilde{a})=\int_{u_{\tilde{a}}}^{1} m(\tilde{a}_\beta)\mathrm{d}\beta \geqslant \int_{u_{\tilde{a}}}^{1} \underline{a}\mathrm{d}\beta=\underline{a}(1-u_{\tilde{a}})$$

$$S_\upsilon(\tilde{b})=\int_{u_{\tilde{b}}}^{1} m(\tilde{b}_\beta)\mathrm{d}\beta \leqslant \int_{u_{\tilde{b}}}^{1} \overline{b}\mathrm{d}\beta=\overline{b}(1-u_{\tilde{b}})$$

由于 $\underline{a}>\overline{b}$, 所以 $u_{\tilde{a}}=u_{\tilde{b}}$, 由定义2.23得, $S_\upsilon(\tilde{a})>S_\upsilon(\tilde{b})$, 所以 $S_\lambda(\tilde{a})>S_\lambda(\tilde{b})$, 即, $\tilde{a}>_{\mathrm{IFN}}\tilde{b}$.

定理 2.11 和定理 2.12 说明了, 直觉模糊数 $\tilde{a}$ 的 λ 加权均值面积 $S_\lambda(\tilde{a})$ 满足公理 2.4′.

定理 2.13　设

$$\tilde{a}=\langle(\underline{a}_1,a_{1l},a_{1r},\overline{a}_1),(\underline{a}_2,a_{2l},a_{2r},\overline{a}_2)\rangle$$

$$\tilde{b}=\langle(\underline{b}_1,b_{1l},b_{1r},\overline{b}_1),(\underline{b}_2,b_{2l},b_{2r},\overline{b}_2)\rangle$$

$$\tilde{c}=\langle(\underline{c}_1,c_{1l},c_{1r},\overline{c}_1),(\underline{c}_2,c_{2l},c_{2r},\overline{c}_2)\rangle$$

为三个第 I 类直觉模糊数. 若 $\tilde{a}>_{\mathrm{IFN}}\tilde{b}$, 则 $\tilde{a}+\tilde{c}>_{\mathrm{IFN}}\tilde{b}+\tilde{c}$.

证明　由式(2.46)得

$$S_\mu(\tilde{a}+\tilde{c})=\int_0^1(m(\tilde{a}^\alpha)+m(\tilde{c}^\alpha))\mathrm{d}\alpha=\int_0^1 m(\tilde{a}^\alpha)\mathrm{d}\alpha+\int_0^1 m(\tilde{c}^\alpha)\mathrm{d}\alpha$$

$$S_\mu(\tilde{b}+\tilde{c})=\int_0^1(m(\tilde{b}^\alpha)+m(\tilde{c}^\alpha))\mathrm{d}\alpha=\int_0^1 m(\tilde{b}^\alpha)\mathrm{d}\alpha+\int_0^1 m(\tilde{c}^\alpha)\mathrm{d}\alpha$$

由 $\tilde{a}>_{\mathrm{IFN}}\tilde{b}$, 则

$$\int_0^1 m(\tilde{a}^\alpha)\mathrm{d}\alpha>\int_0^1 m(\tilde{b}^\alpha)\mathrm{d}\alpha$$

所以, $S_\mu(\tilde{a}+\tilde{c})>S_\mu(\tilde{b}+\tilde{c})$.

类似地, 由式(2.47)得

$$S_\upsilon(\tilde{a}+\tilde{c})=\int_0^1(m(\tilde{a}_\beta)+m(\tilde{c}_\beta))\mathrm{d}\beta=\int_0^1 m(\tilde{a}_\beta)\mathrm{d}\beta+\int_0^1 m(\tilde{c}_\beta)\mathrm{d}\beta$$

$$S_\upsilon(\tilde{b}+\tilde{c})=\int_0^1(m(\tilde{b}_\beta)+m(\tilde{c}_\beta))\mathrm{d}\beta=\int_0^1 m(\tilde{b}_\beta)\mathrm{d}\beta+\int_0^1 m(\tilde{c}_\beta)\mathrm{d}\beta$$

由 $\tilde{a}>_{\mathrm{IFN}}\tilde{b}$, 则

$$\int_0^1 m(\tilde{a}_\beta)\mathrm{d}\beta>\int_0^1 m(\tilde{b}_\beta)\mathrm{d}\beta$$

所以, $S_\upsilon(\tilde{a}+\tilde{c})>S_\upsilon(\tilde{b}+\tilde{c})$.

由定义 2.23 得

$$S_\lambda(\tilde{a}+\tilde{c})>S_\lambda(\tilde{b}+\tilde{c})$$

即 $\tilde{a}+\tilde{c}>_{\mathrm{IFN}}\tilde{b}+\tilde{c}$.

定理2.14　设 $\tilde{a}=\langle(\underline{a},a_1,a_2,\overline{a});w_{\tilde{a}},u_{\tilde{a}}\rangle$, $\tilde{b}=\langle(\underline{b},b_1,b_2,\overline{b});w_{\tilde{b}},u_{\tilde{b}}\rangle$ 和 $\tilde{c}=\langle(\underline{c},c_1,c_2,\overline{c});w_{\tilde{c}},u_{\tilde{c}}\rangle$ 为三个第 II 类直觉模糊数, 且 $w_{\tilde{a}}=w_{\tilde{b}}$, $u_{\tilde{a}}=u_{\tilde{b}}$. 若 $\tilde{a}>_{\mathrm{IFN}}\tilde{b}$, 则 $\tilde{a}+\tilde{c}>_{\mathrm{IFN}}\tilde{b}+\tilde{c}$.

证明　由式(2.46)得

$$S_\mu(\tilde{a}+\tilde{c})=\int_0^{\min\{w_{\tilde{a}},w_{\tilde{c}}\}}(m(\tilde{a}^\alpha)+m(\tilde{c}^\alpha))\mathrm{d}\alpha$$
$$=\int_0^{\min\{w_{\tilde{a}},w_{\tilde{c}}\}}m(\tilde{a}^\alpha)\mathrm{d}\alpha+\int_0^{\min\{w_{\tilde{a}},w_{\tilde{c}}\}}m(\tilde{c}^\alpha)\mathrm{d}\alpha$$

和

$$S_\mu(\tilde{b}+\tilde{c})=\int_0^{\min\{w_{\tilde{b}},w_{\tilde{c}}\}}(m(\tilde{b}^\alpha)+m(\tilde{c}^\alpha))\mathrm{d}\alpha$$
$$=\int_0^{\min\{w_{\tilde{b}},w_{\tilde{c}}\}}m(\tilde{b}^\alpha)\mathrm{d}\alpha+\int_0^{\min\{w_{\tilde{a}},w_{\tilde{c}}\}}m(\tilde{c}^\alpha)\mathrm{d}\alpha$$

由 $\tilde{a}>_{\mathrm{IFN}}\tilde{b}$ 且 $w_{\tilde{a}}=w_{\tilde{b}}$，则

$$\int_0^{\min\{w_{\tilde{a}},w_{\tilde{c}}\}}m(\tilde{a}^\alpha)\mathrm{d}\alpha>\int_0^{\min\{w_{\tilde{b}},w_{\tilde{c}}\}}m(\tilde{b}^\alpha)\mathrm{d}\alpha$$

所以，$S_\mu(\tilde{a}+\tilde{c})>S_\mu(\tilde{b}+\tilde{c})$.

类似地，由式(2.47)得

$$S_\upsilon(\tilde{a}+\tilde{c})=\int_{\max\{u_{\tilde{a}},u_{\tilde{c}}\}}^1(m(\tilde{a}_\beta)+m(\tilde{c}_\beta))\mathrm{d}\beta$$
$$=\int_{\max\{u_{\tilde{a}},u_{\tilde{c}}\}}^1 m(\tilde{a}_\beta)\mathrm{d}\beta+\int_{\max\{u_{\tilde{a}},u_{\tilde{c}}\}}^1 m(\tilde{c}_\beta)\mathrm{d}\beta$$

和

$$S_\upsilon(\tilde{b}+\tilde{c})=\int_{\max\{u_{\tilde{b}},u_{\tilde{c}}\}}^1(m(\tilde{b}_\beta)+m(\tilde{c}_\beta))\mathrm{d}\beta$$
$$=\int_{\max\{u_{\tilde{b}},u_{\tilde{c}}\}}^1 m(\tilde{b}_\beta)\mathrm{d}\beta+\int_{\max\{u_{\tilde{b}},u_{\tilde{c}}\}}^1 m(\tilde{c}_\beta)\mathrm{d}\beta$$

由 $\tilde{a}>_{\mathrm{IFN}}\tilde{b}$ 且 $u_{\tilde{a}}=u_{\tilde{b}}$，则

$$\int_{\max\{u_{\tilde{a}},u_{\tilde{c}}\}}^1 m(\tilde{a}_\beta)\mathrm{d}\beta>\int_{\max\{u_{\tilde{b}},u_{\tilde{c}}\}}^1 m(\tilde{b}_\beta)\mathrm{d}\beta$$

所以，$S_\upsilon(\tilde{a}+\tilde{c})>S_\upsilon(\tilde{b}+\tilde{c})$.

由式(2.53)可得

$$S_\lambda(\tilde{a}+\tilde{c})>S_\lambda(\tilde{b}+\tilde{c})$$

即 $\tilde{a}+\tilde{c}>_{\mathrm{IFN}}\tilde{b}+\tilde{c}$.

定理 2.13 和定理 2.14 说明了，直觉模糊数 $\tilde{a}$ 的 λ 加权均值面积 $S_\lambda(\tilde{a})$ 满足公理 2.6′.

定理 2.15　设 $\tilde{a}=\langle(\underline{a},a_1,a_2,\overline{a});w_{\tilde{a}},u_{\tilde{a}}\rangle$ 和 $\tilde{b}=\langle(\underline{b},b_1,b_2,\overline{b});w_{\tilde{b}},u_{\tilde{b}}\rangle$ 为两个第 II 类直觉模糊数，且 $w_{\tilde{a}}=w_{\tilde{b}}$，$u_{\tilde{a}}=u_{\tilde{b}}$．若 $\underline{a}>\overline{b}$，则 $\tilde{a}>_{\mathrm{IFN}}\tilde{b}$.

证明　由式(2.54)得

$$V_\mu(\tilde{a})=\int_0^{w_{\tilde{a}}}(L^\alpha(\tilde{a})+R^\alpha(\tilde{a}))\alpha\mathrm{d}\alpha\geqslant\int_0^{w_{\tilde{a}}}2\underline{a}\alpha\mathrm{d}\alpha=\underline{a}w_{\tilde{a}}^2$$

和

$$V_\mu(\tilde{b})=\int_0^{w_{\tilde{b}}}(L^\alpha(\tilde{b})+R^\alpha(\tilde{b}))\alpha\mathrm{d}\alpha\leqslant\int_0^{w_{\tilde{b}}}2\overline{b}\alpha\mathrm{d}\alpha=\overline{b}w_{\tilde{b}}^2$$

又因为 $\underline{a}>\overline{b}$ 且 $w_{\tilde{a}}=w_{\tilde{b}}$，于是可得 $V_\mu(\tilde{a})>V_\mu(\tilde{b})$.

类似地，由式(2.55)得

$$V_\upsilon(\tilde{a})=\int_{u_{\tilde{a}}}^1(L_\beta(\tilde{a})+R_\beta(\tilde{a}))(1-\beta)\mathrm{d}\beta\geqslant\int_{u_{\tilde{a}}}^1 2\underline{a}(1-\beta)\mathrm{d}\beta=\underline{a}(1-u_{\tilde{a}})^2$$

和

$$V_\upsilon(\tilde{b})=\int_{u_{\tilde{b}}}^1(L_\beta(\tilde{b})+R_\beta(\tilde{b}))(1-\beta)\mathrm{d}\beta\leqslant\int_{u_{\tilde{b}}}^1 2\overline{b}(1-\beta)\mathrm{d}\beta=\overline{b}(1-u_{\tilde{b}})^2$$

由 $\underline{a}>\overline{b}$ 且 $u_{\tilde{a}}=u_{\tilde{b}}$，则 $V_\upsilon(\tilde{a})>V_\upsilon(\tilde{b})$. 因此,

$$\lambda V_\mu(\tilde{a})+(1-\lambda)V_\upsilon(\tilde{a})>\lambda V_\mu(\tilde{b})+(1-\lambda)V_\upsilon(\tilde{b})$$

即 $V_\lambda(\tilde{a})>V_\lambda(\tilde{b})$，则 $\tilde{a}>_{\mathrm{IFN}}\tilde{b}$.

定理2.16 设 $\tilde{a}=\langle(\underline{a},a_1,a_2,\overline{a});w_{\tilde{a}},u_{\tilde{a}}\rangle$，$\tilde{b}=\langle(\underline{b},b_1,b_2,\overline{b});w_{\tilde{b}},u_{\tilde{b}}\rangle$ 和 $\tilde{c}=\langle(\underline{c},c_1,c_2,\overline{c});w_{\tilde{c}},u_{\tilde{c}}\rangle$ 为三个第Ⅱ类直觉模糊数，且 $w_{\tilde{a}}=w_{\tilde{b}}=w_{\tilde{c}}$，$u_{\tilde{a}}=u_{\tilde{b}}=u_{\tilde{c}}$. 若 $\tilde{a}>_{\mathrm{IFN}}\tilde{b}$，则 $\tilde{a}+\tilde{c}>_{\mathrm{IFN}}\tilde{b}+\tilde{c}$.

证明 根据定理 2.1 可得

$$V_\mu(\tilde{a}+\tilde{c})=V_\mu(\tilde{a})+V_\mu(\tilde{c})$$
$$V_\mu(\tilde{b}+\tilde{c})=V_\mu(\tilde{b})+V_\mu(\tilde{c})$$

根据定理 2.2，可得

$$V_\upsilon(\tilde{a}+\tilde{c})=V_\upsilon(\tilde{a})+V_\upsilon(\tilde{c})$$
$$V_\upsilon(\tilde{b}+\tilde{c})=V_\upsilon(\tilde{b})+V_\upsilon(\tilde{c})$$

根据定理 2.5，可得

$$V_\lambda(\tilde{a}+\tilde{c})=V_\lambda(\tilde{a})+V_\lambda(\tilde{c}) \tag{2.111}$$
$$V_\lambda(\tilde{b}+\tilde{c})=V_\lambda(\tilde{b})+V_\lambda(\tilde{c}) \tag{2.112}$$

由 $\tilde{a}>_{\mathrm{IFN}}\tilde{b}$，则 $V_\lambda(\tilde{a})\geqslant V_\lambda(\tilde{b})$. 下面分情况讨论:

(1) 若 $V_\lambda(\tilde{a})>V_\lambda(\tilde{b})$，则由式(2.111)和式(2.112)可得 $V_\lambda(\tilde{a}+\tilde{c})>V_\lambda(\tilde{b}+\tilde{c})$，因此，$\tilde{a}+\tilde{c}>\tilde{b}+\tilde{c}$.

(2) 若 $V_\lambda(\tilde{a})=V_\lambda(\tilde{b})$，由 $\tilde{a}>_{\mathrm{IFN}}\tilde{b}$，则 $A_\lambda(\tilde{a})<A_\lambda(\tilde{b})$. 由定理 2.3 可得

$$A_\mu(\tilde{a}+\tilde{c})=A_\mu(\tilde{a})+A_\mu(\tilde{c})$$
$$A_\mu(\tilde{b}+\tilde{c})=A_\mu(\tilde{b})+A_\mu(\tilde{c})$$

由定理 2.4 可得

$$A_\upsilon(\tilde{a}+\tilde{c})=A_\upsilon(\tilde{a})+A_\upsilon(\tilde{c})$$
$$A_\upsilon(\tilde{b}+\tilde{c})=A_\upsilon(\tilde{b})+A_\upsilon(\tilde{c})$$

由定理 2.7 可得

$$A_\lambda(\tilde{a}+\tilde{c})=A_\lambda(\tilde{a})+A_\lambda(\tilde{c})$$

$$A_\lambda(\tilde{b}+\tilde{c})=A_\lambda(\tilde{b})+A_\lambda(\tilde{c})$$

由 $A_\lambda(\tilde{a})<A_\lambda(\tilde{b})$，则 $A_\lambda(\tilde{a}+\tilde{c})<A_\lambda(\tilde{b}+\tilde{c})$，因此，$\tilde{a}+\tilde{c}>_{\text{IFN}}\tilde{b}+\tilde{c}$.

定理 2.15 和定理 2.16 说明，第 II 类直觉模糊数 $\tilde{a}$ 的值指标 $V_\lambda(\tilde{a})$ 满足公理 2.4′ 和公理 2.6′. 类似可以证明，第 I 类直觉模糊数 $\tilde{a}$ 的值指标 $V_\lambda(\tilde{a})$ 满足公理 2.4′ 和公理 2.6′.

定理 2.17　设 $\tilde{a}=\langle(\underline{a}_1,a_{1l},a_{1r},\overline{a}_1),(\underline{a}_2,a_{2l},a_{2r},\overline{a}_2)\rangle$ 和 $\tilde{b}=\langle(\underline{b}_1,b_{1l},b_{1r},\overline{b}_1),(\underline{b}_2,b_{2l},b_{2r},\overline{b}_2)\rangle$ 为两个第 I 类直觉模糊数. 取 $m_1\leqslant\min\{\underline{a}_2,\underline{b}_2\}$，$m_2\geqslant\max\{\overline{a}_2,\overline{b}_2\}$，若 $\underline{a}_1>\overline{b}_1$ 且 $\underline{a}_2>\overline{b}_2$，则 $\tilde{a}>_{\text{IFN}}\tilde{b}$.

证明　由式(2.83)—(2.85)和第 I 类直觉模糊数的 α 截集定义(即式(2.28))可得

$$H_\mu(\tilde{a})=\frac{\int_0^1[L^\alpha(\tilde{a})+R^\alpha(\tilde{a})]\mathrm{d}\alpha-2m_1}{2(m_2-m_1)}\geqslant\frac{\int_0^1 2\underline{a}_1\mathrm{d}\alpha-2m_1}{2(m_2-m_1)}=\frac{\underline{a}_1-m_1}{m_2-m_1}$$

和

$$H_\mu(\tilde{b})=\frac{\int_0^1[L^\alpha(\tilde{b})+R^\alpha(\tilde{b})]\mathrm{d}\alpha-2m_1}{2(m_2-m_1)}\leqslant\frac{\int_0^1 2\overline{b}_1\mathrm{d}\alpha-2m_1}{2(m_2-m_1)}=\frac{\overline{b}_1-m_1}{m_2-m_1}$$

由于 $\underline{a}_1>\overline{b}_1$，故 $H_\mu(\tilde{a})>H_\mu(\tilde{b})$.

类似地，由式(2.86)—(2.88)和第 I 类直觉模糊数的 β 截集定义(即式(2.30))可得

$$H_\upsilon(\tilde{a})=\frac{\int_0^1[L_\beta(\tilde{a})+R_\beta(\tilde{a})]\mathrm{d}\beta-2m_1}{2(m_2-m_1)}\geqslant\frac{\int_0^1 2\underline{a}_2\mathrm{d}\beta-2m_1}{2(m_2-m_1)}=\frac{\underline{a}_2-m_1}{m_2-m_1}$$

和

$$H_\upsilon(\tilde{b})=\frac{\int_0^1[L_\beta(\tilde{b})+R_\beta(\tilde{b})]\mathrm{d}\beta-2m_1}{2(m_2-m_1)}\leqslant\frac{\int_0^1 2\overline{b}_2\mathrm{d}\beta-2m_1}{2(m_2-m_1)}=\frac{\overline{b}_2-m_1}{m_2-m_1}$$

由于 $\underline{a}_2>\overline{b}_2$，故 $H_\upsilon(\tilde{a})>H_\upsilon(\tilde{b})$. 因此，

$$\lambda H_\mu(\tilde{a})+(1-\lambda)H_\upsilon(\tilde{a})>\lambda H_\mu(\tilde{b})+(1-\lambda)H_\upsilon(\tilde{b})$$

即 $H_\lambda(\tilde{a})>H_\lambda(\tilde{b})$，则 $\tilde{a}>_{\text{IFN}}\tilde{b}$.

定理 2.18　设 $\tilde{a}=\langle(\underline{a},a_1,a_2,\overline{a});w_{\tilde{a}},u_{\tilde{a}}\rangle$ 和 $\tilde{b}=\langle(\underline{b},b_1,b_2,\overline{b});w_{\tilde{b}^r},u_{\tilde{b}}\rangle$ 为两个第 II 类直觉模糊数，且 $w_{\tilde{a}}=w_{\tilde{b}}$，$u_{\tilde{a}}=u_{\tilde{b}}$. 取 $m_1\leqslant\min\{\underline{a},\underline{b}\}$，$m_2\geqslant\max\{\overline{a},\overline{b}\}$，若 $\underline{a}>\overline{b}$，则 $\tilde{a}>_{\text{IFN}}\tilde{b}$.

证明　由式(2.97)—(2.99)和第 II 类直觉模糊数的 α 截集定义(即式(2.36))可得

$$H_\mu(\tilde{a})=\frac{\int_0^{w_{\tilde{a}}}[L^\alpha(\tilde{a})+R^\alpha(\tilde{a})]\mathrm{d}\alpha-2m_1w_{\tilde{a}}}{2(m_2-m_1)}\geqslant\frac{\int_0^{w_{\tilde{a}}}2\underline{a}\alpha\mathrm{d}\alpha-2m_1w_{\tilde{a}}}{2(m_2-m_1)}=\frac{\underline{a}w_{\tilde{a}}^2-2m_1w_{\tilde{a}}}{2(m_2-m_1)}$$

和

$$H_\mu(\tilde{b})=\frac{\int_0^{w_{\tilde{b}}}[L^\alpha(\tilde{b})+R^\alpha(\tilde{b})]\mathrm{d}\alpha-2m_1w_{\tilde{b}}}{2(m_2-m_1)}\leqslant\frac{\int_0^{w_{\tilde{b}}}2\overline{b}\alpha\mathrm{d}\alpha-2m_1w_{\tilde{b}}}{2(m_2-m_1)}=\frac{\overline{b}w_{\tilde{b}}^2-2m_1w_{\tilde{b}}}{2(m_2-m_1)}$$

由于 $\underline{a}>\overline{b}$，且 $w_{\tilde{a}}=w_{\tilde{b}}$，故 $H_\mu(\tilde{a})>H_\mu(\tilde{b})$.

类似地，由式(2.100)—(2.102)和第Ⅱ类直觉模糊数的 β 截集定义(即式(2.38))，可得

$$\begin{aligned}H_\upsilon(\tilde{a})&=\frac{\int_{u_{\tilde{a}}}^1[L_\beta(\tilde{a})+R_\beta(\tilde{a})]\mathrm{d}\beta-2m_1(1-u_{\tilde{a}})}{2(m_2-m_1)}\\&\geqslant\frac{\int_{u_{\tilde{a}}}^1 2\underline{a}(1-\beta)\mathrm{d}\beta-2m_1(1-u_{\tilde{a}})}{2(m_2-m_1)}\\&=\frac{\underline{a}(1-u_{\tilde{a}})^2-2m_1(1-u_{\tilde{a}})}{2(m_2-m_1)}\end{aligned}$$

和

$$\begin{aligned}H_\upsilon(\tilde{b})&=\frac{\int_{u_{\tilde{b}}}^1[L_\beta(\tilde{b})+R_\beta(\tilde{b})]\mathrm{d}\beta-2m_1(1-u_{\tilde{b}})}{2(m_2-m_1)}\\&\leqslant\frac{\int_{u_{\tilde{b}}}^1 2\overline{b}(1-\beta)\mathrm{d}\beta-2m_1(1-u_{\tilde{b}})}{2(m_2-m_1)}\\&=\frac{\overline{b}(1-u_{\tilde{b}})^2-2m_1(1-u_{\tilde{b}})}{2(m_2-m_1)}\end{aligned}$$

由于 $\underline{a}>\overline{b}$，且 $u_{\tilde{a}}=u_{\tilde{b}}$，故 $H_\upsilon(\tilde{a})>H_\upsilon(\tilde{b})$. 因此，

$$\lambda H_\mu(\tilde{a})+(1-\lambda)H_\upsilon(\tilde{a})>\lambda H_\mu(\tilde{b})+(1-\lambda)H_\upsilon(\tilde{b})$$

即 $H_\lambda(\tilde{a})>H_\lambda(\tilde{b})$，则 $\tilde{a}>_{\mathrm{IFN}}\tilde{b}$.

定理2.17和定理2.18说明了，直觉模糊数 $\tilde{a}$ 的加权高度指标值 $H_\lambda(\tilde{a})$ 满足公理2.4′.

定理 2.19　设

$$\tilde{a}=\langle(\underline{a}_1,a_{1l},a_{1r},\overline{a}_1),(\underline{a}_2,a_{2l},a_{2r},\overline{a}_2)\rangle,\quad \tilde{b}=\langle(\underline{b}_1,b_{1l},b_{1r},\overline{b}_1),(\underline{b}_2,b_{2l},b_{2r},\overline{b}_2)\rangle$$

$$\tilde{c}=\langle(\underline{c}_1,c_{1l},c_{1r},\overline{c}_1),(\underline{c}_2,c_{2l},c_{2r},\overline{c}_2)\rangle$$

为三个第Ⅰ类直觉模糊数. 取 $m_1\leqslant\min\{\underline{a}_2,\underline{b}_2,\underline{c}_2\}$，$m_2\geqslant\max\{\overline{a}_2,\overline{b}_2,\overline{c}_2\}$，若 $\tilde{a}>_{\mathrm{IFN}}\tilde{b}$，则 $\tilde{a}+\tilde{c}>_{\mathrm{IFN}}\tilde{b}+\tilde{c}$.

证明　由式(2.83)—(2.85)和第Ⅰ类直觉模糊数的 α 截集定义(即式(2.28))，可得

$$H_\mu(\tilde{a}+\tilde{c})=\frac{\int_0^1[L^\alpha(\tilde{a})+L^\alpha(\tilde{c})+R^\alpha(\tilde{a})+R^\alpha(\tilde{c})]\mathrm{d}\alpha-2m_1}{2(m_2-m_1)}$$
$$=\frac{\int_0^1[L^\alpha(\tilde{a})+R^\alpha(\tilde{a})]\mathrm{d}\alpha+\int_0^1[L^\alpha(\tilde{c})+R^\alpha(\tilde{c})]\mathrm{d}\alpha-2m_1}{2(m_2-m_1)}$$
$$=H_\mu(\tilde{a})+H_\mu(\tilde{c})+\frac{2m_1}{2(m_2-m_1)}$$
$$\geqslant H_\mu(\tilde{a})+H_\mu(\tilde{c})$$

由式(2.86)—(2.88)和第 I 类直觉模糊数的 β 截集定义(即式(2.30))，可得

$$H_\upsilon(\tilde{a}+\tilde{c})=\frac{\int_0^1[L_\beta(\tilde{a})+L_\beta(\tilde{c})+R_\beta(\tilde{a})+R_\beta(\tilde{c})]\mathrm{d}\beta-2m_1}{2(m_2-m_1)}$$
$$=\frac{\int_0^1[L_\beta(\tilde{a})+R_\beta(\tilde{a})]\mathrm{d}\beta+\int_0^1[L_\beta(\tilde{c})+R_\beta(\tilde{c})]\mathrm{d}\beta-2m_1}{2(m_2-m_1)}$$
$$=H_\upsilon(\tilde{a})+H_\upsilon(\tilde{c})+\frac{2m_1}{2(m_2-m_1)}$$
$$\geqslant H_\upsilon(\tilde{a})+H_\upsilon(\tilde{c})$$

又由式(2.89)，有

$$H_\lambda(\tilde{a}+\tilde{c})=H_\lambda(\tilde{a})+H_\lambda(\tilde{c})+\frac{2m_1}{2(m_2-m_1)}$$

和

$$H_\lambda(\tilde{b}+\tilde{c})=H_\lambda(\tilde{b})+H_\lambda(\tilde{c})+\frac{2m_1}{2(m_2-m_1)}$$

由 $\tilde{a}>_{\mathrm{IFN}}\tilde{b}$，得 $H_\lambda(\tilde{a})>H_\lambda(\tilde{b})$. 故 $H_\lambda(\tilde{a}+\tilde{c})>H_\lambda(\tilde{b}+\tilde{c})$，则 $\tilde{a}+\tilde{c}>_{\mathrm{IFN}}\tilde{b}+\tilde{c}$.

定理 2.20　设

$$\tilde{a}=\langle(\underline{a},a_1,a_2,\overline{a});w_{\tilde{a}},u_{\tilde{a}}\rangle,\quad \tilde{b}=\langle(\underline{b},b_1,b_2,\overline{b});w_{\tilde{b}},u_{\tilde{b}}\rangle,\quad \tilde{c}=\langle(\underline{c},c_1,c_2,\overline{c});w_{\tilde{c}},u_{\tilde{c}}\rangle$$

为三个第 II 类直觉模糊数，且 $w_{\tilde{a}}=w_{\tilde{b}}$，$u_{\tilde{a}}=u_{\tilde{b}}$. 取 $m_1\leqslant\min\{\underline{a},\underline{b},\underline{c}\},m_2\geqslant\max\{\overline{a},\overline{b},\overline{c}\}$，若 $\tilde{a}>_{\mathrm{IFN}}\tilde{b}$，则 $\tilde{a}+\tilde{c}>_{\mathrm{IFN}}\tilde{b}+\tilde{c}$.

证明　由式(2.97)—(2.99)和第 II 类直觉模糊数的 α 截集定义(即式(2.36))，可得

$$H_\mu(\tilde{a}+\tilde{c})=\frac{\int_0^{\min\{w_{\tilde{a}},w_{\tilde{c}}\}}[L^\alpha(\tilde{a})+L^\alpha(\tilde{c})+R^\alpha(\tilde{a})+R^\alpha(\tilde{c})]\mathrm{d}\alpha-2m_1\times\min\{w_{\tilde{a}},w_{\tilde{c}}\}}{2(m_2-m_1)}$$
$$=\frac{\int_0^{\min\{w_{\tilde{a}},w_{\tilde{c}}\}}[L^\alpha(\tilde{a})+R^\alpha(\tilde{a})]\mathrm{d}\alpha+\int_0^{\min\{w_{\tilde{a}},w_{\tilde{c}}\}}[L^\alpha(\tilde{c})+R^\alpha(\tilde{c})]\mathrm{d}\alpha-2m_1\times\min\{w_{\tilde{a}},w_{\tilde{c}}\}}{2(m_2-m_1)}$$

和

$$H_{\mu}(\tilde{b}+\tilde{c})=\frac{\int_0^{\min\{w_{\tilde{b}},w_{\tilde{c}}\}}[L^{\alpha}(\tilde{b})+L^{\alpha}(\tilde{c})+R^{\alpha}(\tilde{b})+R^{\alpha}(\tilde{c})]\mathrm{d}\alpha-2m_1\times\min\{w_{\tilde{b}},w_{\tilde{c}}\}}{2(m_2-m_1)}$$

$$=\frac{\int_0^{\min\{w_{\tilde{b}},w_{\tilde{c}}\}}[L^{\alpha}(\tilde{b})+R^{\alpha}(\tilde{b})]\mathrm{d}\alpha+\int_0^{\min\{w_{\tilde{b}},w_{\tilde{c}}\}}[L^{\alpha}(\tilde{c})+R^{\alpha}(\tilde{c})]\mathrm{d}\alpha-2m_1\times\min\{w_{\tilde{b}},w_{\tilde{c}}\}}{2(m_2-m_1)}$$

由 $\tilde{a}>_{\mathrm{IFN}}\tilde{b}$ 且 $w_{\tilde{a}}=w_{\tilde{b}}$，可得

$$\int_0^{\min\{w_{\tilde{a}},w_{\tilde{c}}\}}(L^{\alpha}(\tilde{a})+R^{\alpha}(\tilde{a}))\mathrm{d}\alpha>\int_0^{\min\{w_{\tilde{b}},w_{\tilde{c}}\}}(L^{\alpha}(\tilde{b})+R^{\alpha}(\tilde{b}))\mathrm{d}\alpha$$

因此，$H_{\mu}(\tilde{a}+\tilde{c})>H_{\mu}(\tilde{b}+\tilde{c})$.

类似地，由式(2.100)—(2.102)和第Ⅱ类直觉模糊数的 β 截集(即式(2.38))，可得

$$H_{\upsilon}(\tilde{a}+\tilde{c})=\frac{\int_{\max\{u_{\tilde{a}},u_{\tilde{c}}\}}^1[L_{\beta}(\tilde{a})+L_{\beta}(\tilde{c})+R_{\beta}(\tilde{a})+R_{\beta}(\tilde{c})]\mathrm{d}\beta-2m_1\times(1-\max\{u_{\tilde{a}},u_{\tilde{c}}\})}{2(m_2-m_1)}$$

$$=\frac{\int_{\max\{u_{\tilde{a}},u_{\tilde{c}}\}}^1[L_{\beta}(\tilde{a})+R_{\beta}(\tilde{a})]\mathrm{d}\beta+\int_{\max\{u_{\tilde{a}},u_{\tilde{c}}\}}^1[L_{\beta}(\tilde{c})+R_{\beta}(\tilde{c})]\mathrm{d}\beta-2m_1\times(1-\max\{u_{\tilde{a}},u_{\tilde{c}}\})}{2(m_2-m_1)}$$

和

$$H_{\upsilon}(\tilde{b}+\tilde{c})=\frac{\int_{\max\{u_{\tilde{b}},u_{\tilde{c}}\}}^1[L_{\beta}(\tilde{b})+L_{\beta}(\tilde{c})+R_{\beta}(\tilde{b})+R_{\beta}(\tilde{c})]\mathrm{d}\beta-2m_1\times(1-\max\{u_{\tilde{b}},u_{\tilde{c}}\})}{2(m_2-m_1)}$$

$$=\frac{\int_{\max\{u_{\tilde{b}},u_{\tilde{c}}\}}^1[L_{\beta}(\tilde{b})+R_{\beta}(\tilde{b})]\mathrm{d}\beta+\int_{\max\{u_{\tilde{b}},u_{\tilde{c}}\}}^1[L_{\beta}(\tilde{c})+R_{\beta}(\tilde{c})]\mathrm{d}\beta-2m_1\times(1-\max\{u_{\tilde{b}},u_{\tilde{c}}\})}{2(m_2-m_1)}$$

由 $\tilde{a}>_{\mathrm{IFN}}\tilde{b}$ 且 $u_{\tilde{a}}=u_{\tilde{b}}$，可得

$$\int_{\max\{u_{\tilde{a}},u_{\tilde{c}}\}}^1(L_{\beta}(\tilde{a})+R_{\beta}(\tilde{a}))\mathrm{d}\beta>\int_{\max\{u_{\tilde{b}},u_{\tilde{c}}\}}^1(L_{\beta}(\tilde{b})+R_{\beta}(\tilde{b}))\mathrm{d}\beta$$

因此，$H_{\upsilon}(\tilde{a}+\tilde{c})>H_{\upsilon}(\tilde{b}+\tilde{c})$，则有

$$\lambda H_{\mu}(\tilde{a}+\tilde{c})+(1-\lambda)H_{\upsilon}(\tilde{a}+\tilde{c})>\lambda H_{\mu}(\tilde{b}+\tilde{c})+(1-\lambda)H_{\upsilon}(\tilde{b}+\tilde{c})$$

即，$H_{\lambda}(\tilde{a}+\tilde{c})>H_{\lambda}(\tilde{b}+\tilde{c})$. 因此，$\tilde{a}+\tilde{c}>_{\mathrm{IFN}}\tilde{b}+\tilde{c}$.

定理 2.19 和定理 2.20 说明，直觉模糊数 $\tilde{a}$ 的加权高度指标值 $H_{\lambda}(\tilde{a})$ 满足公理 2.6′.

第 3 章　二人非合作博弈的基本理论

博弈论是研究多个决策主体的行为发生相互作用时的决策活动及其均衡问题的学科. 1944 年, 冯 · 诺伊曼和奥斯卡 · 莫根施特恩发表了对博弈论建立具有里程碑意义的著作《博弈论与经济行为》，标志着博弈论的研究开始系统化和公理化, 并引起了数学、经济学、管理科学、系统工程等领域研究工作者的浓厚兴趣和广泛研究, 从此博弈论发展成为运筹学的一个分支. 博弈论根据是否可以达成具有约束力的协议, 分为合作博弈和非合作博弈. 合作博弈研究人们达成合作时如何分配合作得到的收益, 即收益分配问题. 而非合作博弈是研究人们在利益相互影响的局势中如何做决策使自己的收益最大, 即策略选择问题. 这两类博弈引起了数学和经济学等相关领域学者的浓厚兴趣, 并且得到了深入研究, 已经取得了丰富的研究成果. 本书主要研究直觉模糊非合作博弈理论, 为此下面将主要阐述二人有限非合作博弈的一些基本概念、理论与方法.

二人有限非合作博弈分为: 二人零和博弈和二人非零和博弈. 后面部分内容为了简化表述, 常将两类非合作博弈简称为零和博弈和非零和博弈. 不做特殊说明本书研究的非合作博弈均指二人的.

3.1　二人零和博弈的基本理论

3.1.1　二人零和博弈的基本概念

二人零和博弈是一种最基本、最简单的非合作博弈. 满足下列三个条件的非合作博弈称为二人零和博弈:

(1) 局中人集 $N=\{1,2\}$, 即只有两个局中人, 分别记为局中人 p_1 和局中人 p_2.

(2) 局中人 p_1 有有限个策略组成的策略集 $S_1=\{\alpha_1,\alpha_2,\cdots,\alpha_m\}$, 局中人 p_2 有有限个策略组成的策略集 $S_2=\{\beta_1,\beta_2,\cdots,\beta_n\}$. 任取 $\alpha_i\in S_1(i=1,2,\cdots,m)$, 任取 $\beta_j\in S_2$ $(j=1,2,\cdots,n)$, 则 (α_i,β_j) 构成一个策略组合或局势.

(3) 一个策略组合 (α_i,β_j), 局中人 p_1 的期望支付为 $p_1(\alpha_i,\beta_j)$, 局中人 p_2 的期望支付为 $p_2(\alpha_i,\beta_j)$, 且满足 $p_1(\alpha_i,\beta_j)+p_2(\alpha_i,\beta_j)=0(i=1,2,\cdots,m;j=1,2,\cdots,n)$.

设局中人 p_1 的支付矩阵为

$$
\boldsymbol{F}=(a_{ij})_{m\times n}=\begin{array}{c} \\ \alpha_1 \\ \alpha_2 \\ \vdots \\ \alpha_m \end{array}\begin{array}{c} \begin{array}{cccc} \beta_1 & \beta_2 & \cdots & \beta_n \end{array} \\ \begin{pmatrix} a_{11} & a_{12} & \cdots & a_{1n} \\ a_{21} & a_{22} & \cdots & a_{2n} \\ \vdots & \vdots & & \vdots \\ a_{m1} & a_{m2} & \cdots & a_{mn} \end{pmatrix} \end{array}
$$

其中 $a_{ij}(i=1,2,\cdots,m;j=1,2,\cdots,n)$ 是实数. 支付矩阵 $\boldsymbol{F}$ 的第 i 行分别与局中人 p_1 的策略 α_i 相对应, 支付矩阵 $\boldsymbol{F}$ 的第 j 列分别与局中人 p_2 的策略 β_j 相对应. 令 $a_{ij}=p_1(\alpha_i,\beta_j)(i=1,2,\cdots,m;j=1,2,\cdots,n)$, 所以支付矩阵 $\boldsymbol{F}$ 完全代表了局中人 p_1 的支付值. 由于 $p_1(\alpha_i,\beta_j)=-p_2(\alpha_i,\beta_j)$, 则支付矩阵 $-\boldsymbol{F}$ 完全代表了局中人 p_2 的支付值. 若已知 $\boldsymbol{F}$, 自然就知道了 $-\boldsymbol{F}$, 当支付矩阵 $\boldsymbol{F}$ 给定后, 则 $\boldsymbol{F}$ 完全反映了一个二人零和博弈. 因此, 二人零和博弈又称为矩阵博弈 $\boldsymbol{F}$.

在二人零和博弈 $\boldsymbol{F}$ 中, a_{ij} 表示局中人 p_1 的收益. 假设局中人 p_1 希望支付值 a_{ij} 越大越好; 同时 a_{ij} 表示局中人 p_2 的付出(局中人 p_2 的收益为 $-a_{ij}$), 局中人 p_2 则希望付出的 a_{ij} 越小越好.

由于局中人之间的利益是根本对立的, 因此对于理智的局中人而言, 往往遵循“从最坏处着想, 从最好处入手”的决策原则. 如果局中人 p_1 采用他的第 i 个策略, 则他至少可以得到支付值

$$
\min_{1\leqslant j\leqslant n}\{a_{ij}\}
$$

由于局中人 p_1 希望所得到的越大越好, 因此他可以选择策略 i 使上式为最大. 这就是说局中人 p_1 可以选择 i, 使他得到的支付不少于

$$
v_1=\max_{1\leqslant i\leqslant m}\min_{1\leqslant j\leqslant n}\{a_{ij}\} \tag{3.1}
$$

v_1 称为局中人 p_1 最小的赢得值.

同样, 如果局中人 p_2 采用他的第 j 个策略, 由于局中人 p_1 希望得到的支付值越大越好, 则局中人 p_2 至多失去

$$
\max_{1\leqslant i\leqslant m}\{a_{ij}\}
$$

由于局中人 p_2 希望支付值越小越好, 因此, 他可以选择 j 使上式为最小. 这就是说, 局中人 p_2 可以选择 j, 保证他失去的不大于

$$
v_2=\min_{1\leqslant j\leqslant n}\max_{1\leqslant i\leqslant m}\{a_{ij}\} \tag{3.2}
$$

v_2 称为局中人 p_2 最大的损失值.

定理 3.1[36] 在二人零和博弈 $\boldsymbol{F}=(a_{ij})_{m\times n}$ 中, 则

$$
v_1=\max_{1\leqslant i\leqslant m}\min_{1\leqslant j\leqslant n}\{a_{ij}\}\leqslant\min_{1\leqslant j\leqslant n}\max_{1\leqslant i\leqslant m}\{a_{ij}\}=v_2 \tag{3.3}
$$

定理 3.1 说明, 局中人 p_1 赢得的支付值不会大于局中人 p_2 的损失值.

若有策略局势 $(\alpha_{i^*},\beta_{j^*})$ 使得

$$a_{ij^*} \leqslant a_{i^*j^*} \leqslant a_{i^*j} \quad (i=1,2,\cdots,m; j=1,2,\cdots,n)$$

成立, 则称 $(\alpha_{i^*},\beta_{j^*})$ 是二人零和博弈 $\boldsymbol{F}$ 的鞍点(或纯策略纳什均衡点), 并称 α_{i^*} 与 β_{j^*} 分别是局中人 p_1 和 p_2 的最优纯策略, $v^* = a_{i^*j^*}$ 称为博弈值.

定理 3.2[36]　二人零和博弈 $\boldsymbol{F}$ 中, 纯策略纳什均衡点存在的充分必要条件为

$$a_{i^*j^*} = \max_{1\leqslant i\leqslant m}\min_{1\leqslant j\leqslant n}\{a_{ij}\} = \min_{1\leqslant j\leqslant n}\max_{1\leqslant i\leqslant m}\{a_{ij}\} \tag{3.4}$$

然而, 令人遗憾的是, 大多数二人零和博弈都不存在纯策略纳什均衡点. 因此, 需要考虑混合策略意义下的最优策略问题.

假定局中人 p_1 和 p_2 分别以概率 $x_i(i=1,2,\cdots,m)$ 和 $y_j(j=1,2,\cdots,n)$ 选取纯策略 $\alpha_i \in S_1$ 和 $\beta_j \in S_2$, 记 $\boldsymbol{x}=(x_1,x_2,\cdots,x_m)^{\mathrm{T}}$, $\boldsymbol{y}=(y_1,y_2,\cdots,y_n)^{\mathrm{T}}$, 称 $\boldsymbol{x}$ 和 $\boldsymbol{y}$ 分别为 p_1 和 p_2 的混合策略. 称

$$X=\left\{\boldsymbol{x}\in\mathbf{R}^m \,\middle|\, \sum_{i=1}^{m}x_i=1, x_i\geqslant 0, i=1,2,\cdots,m\right\} \tag{3.5}$$

和

$$Y=\left\{\boldsymbol{y}\in\mathbf{R}^n \,\middle|\, \sum_{j=1}^{n}y_j=1, y_j\geqslant 0, j=1,2,\cdots,n\right\} \tag{3.6}$$

分别为局中人 p_1 和 p_2 的混合策略空间. 显然, 纯策略是混合策略的特殊情况.

在混合策略 $(\boldsymbol{x},\boldsymbol{y})$ $(\boldsymbol{x}\in X,\boldsymbol{y}\in Y)$ 下, 局中人 p_1 的期望支付值为

$$E(\boldsymbol{x},\boldsymbol{y}) = \boldsymbol{x}^{\mathrm{T}}\boldsymbol{F}\boldsymbol{y} = \sum_{i=1}^{m}\sum_{j=1}^{n}x_i a_{ij} y_j$$

将混合策略局势下二人零和博弈记作 $\Gamma=(p_1,X;p_2,Y;E)$, 在混合策略 $(\boldsymbol{x},\boldsymbol{y})$ $(\boldsymbol{x}\in X,\boldsymbol{y}\in Y)$ 下, 局中人 p_1 的最小赢得值为

$$v=\max_{\boldsymbol{x}\in X}\min_{\boldsymbol{y}\in Y}\{E(\boldsymbol{x},\boldsymbol{y})\}$$

局中人 p_2 的最大损失值为

$$w=\min_{\boldsymbol{y}\in Y}\max_{\boldsymbol{x}\in X}\{E(\boldsymbol{x},\boldsymbol{y})\}$$

定义 3.1　在二人零和博弈 $\Gamma=(p_1,X;p_2,Y;E)$ 中, 若有局势 $(\boldsymbol{x}^*,\boldsymbol{y}^*)$ $(\boldsymbol{x}^*\in X, \boldsymbol{y}^*\in Y)$ 使得对任意 $\boldsymbol{x}\in X$ 与 $\boldsymbol{y}\in Y$, 都有

$$E(\boldsymbol{x},\boldsymbol{y}^*)\leqslant E(\boldsymbol{x}^*,\boldsymbol{y}^*)\leqslant E(\boldsymbol{x}^*,\boldsymbol{y}) \tag{3.7}$$

则称 $(\boldsymbol{x}^*,\boldsymbol{y}^*)$ 是二人零和博弈 $\Gamma=(p_1,X;p_2,Y;E)$ 的混合策略纳什均衡点, 也称为二人零和博弈的混合策略鞍点.

策梅洛最先猜测所有二人零和博弈都存在混合策略纳什均衡点, 但未曾给出具体的证明. 直到 1928 年, 冯・诺伊曼采用数学方法给出了一个严格的证明, 其证明的结论就是我们现在所说的极大极小定理. 这个定理是二人零和博弈的奠基石.

定理 3.3[36]（极大极小定理） 对任意二人零和博弈 $\Gamma=(p_1,X;p_2,Y;E)$，都有

$$\max_{\boldsymbol{x}\in X}\min_{\boldsymbol{y}\in Y}\{E(\boldsymbol{x},\boldsymbol{y})\}=\min_{\boldsymbol{y}\in Y}\max_{\boldsymbol{x}\in X}\{E(\boldsymbol{x},\boldsymbol{y})\}=E(\boldsymbol{x}^*,\boldsymbol{y}^*) \tag{3.8}$$

定理 3.4[36] 在二人零和博弈 Γ 中，若 $S_1=\{\alpha_1,\alpha_2,\cdots,\alpha_m\}$，$S_2=\{\beta_1,\beta_2,\cdots,\beta_n\}$，局中人 p_1 的收益函数为 $A=(a_{ij})_{m\times n}$，则有

$$\max_{\boldsymbol{x}\in X}\min_{\boldsymbol{y}\in Y}\left\{\sum_{i=1}^{m}\sum_{j=1}^{n}x_i a_{ij} y_j\right\}=\max_{\boldsymbol{x}\in X}\min_{1\leqslant j\leqslant n}\left\{\sum_{i=1}^{m}a_{ij}x_i\right\} \tag{3.9}$$

和

$$\min_{\boldsymbol{y}\in Y}\max_{\boldsymbol{x}\in X}\left\{\sum_{i=1}^{m}\sum_{j=1}^{n}x_i a_{ij} y_j\right\}=\min_{\boldsymbol{y}\in Y}\max_{1\leqslant i\leqslant m}\left\{\sum_{i=1}^{m}a_{ij}y_j\right\} \tag{3.10}$$

定理 3.4 的作用使得式(3.8)的集合 Y 或 X 从在无限集上选择转化到在有限集上选择，从而减少了求解难度与计算量. 为了证明定理 3.4，我们给出如下引理.

引理 3.1[36] (1) 设有一个 n 维数组 $(c_1,c_2,\cdots,c_n)$，并设 $\boldsymbol{y}\in Y$，则

$$\min_{\boldsymbol{y}\in Y}\left\{\sum_{j=1}^{n}c_j y_j\right\}=\min_{1\leqslant j\leqslant n}\{c_j\} \tag{3.11}$$

(2) 设有一个 m 维数组 $(d_1,d_2,\cdots,d_m)$，并设 $\boldsymbol{x}\in X$，则

$$\max_{\boldsymbol{x}\in X}\left\{\sum_{i=1}^{m}d_i x_i\right\}=\max_{1\leqslant i\leqslant m}\{d_i\} \tag{3.12}$$

根据引理 3.1，即利用式(3.11)和式(3.12)，可得

$$\max_{\boldsymbol{x}\in X}\left\{\min_{\boldsymbol{y}\in Y}\left\{\sum_{j=1}^{n}\left(\sum_{i=1}^{m}a_{ij}x_i\right)\right\}y_j\right\}=\max_{\boldsymbol{x}\in X}\left\{\min_{1\leqslant j\leqslant n}\left\{\sum_{i=1}^{m}a_{ij}x_i\right\}\right\} \tag{3.13}$$

和

$$\min_{\boldsymbol{y}\in Y}\left\{\max_{\boldsymbol{x}\in X}\left\{\sum_{i=1}^{m}\left(\sum_{j=1}^{n}a_{ij}y_j\right)\right\}x_i\right\}=\min_{\boldsymbol{y}\in Y}\max_{1\leqslant i\leqslant m}\left\{\sum_{i=1}^{m}a_{ij}y_j\right\} \tag{3.14}$$

即定理 3.4 得证.

定理 3.5 在二人零和博弈 $\Gamma=(p_1,X;p_2,Y;E)$ 中，设 $(\boldsymbol{x}^*,\boldsymbol{y}^*)$ 和 $(\boldsymbol{x}^0,\boldsymbol{y}^0)$ 分别都是纳什均衡点，则

$$E(\boldsymbol{x}^*,\boldsymbol{y}^*)=E(\boldsymbol{x}^0,\boldsymbol{y}^0)$$

证明 由于 $(\boldsymbol{x}^*,\boldsymbol{y}^*)$ 和 $(\boldsymbol{x}^0,\boldsymbol{y}^0)$ 分别都是二人零和博弈 Γ 的纳什均衡点，由定义 3.1 得

$$E(\boldsymbol{x},\boldsymbol{y}^*)\leqslant E(\boldsymbol{x}^*,\boldsymbol{y}^*)\leqslant E(\boldsymbol{x}^*,\boldsymbol{y}),\quad \boldsymbol{x}\in X,\quad \boldsymbol{y}\in Y \tag{3.15}$$

和

$$E(\boldsymbol{x},\boldsymbol{y}^0)\leqslant E(\boldsymbol{x}^0,\boldsymbol{y}^0)\leqslant E(\boldsymbol{x}^0,\boldsymbol{y}),\quad \boldsymbol{x}\in X,\quad \boldsymbol{y}\in Y \tag{3.16}$$

所以

$$E(\boldsymbol{x}^*,\boldsymbol{y}^*)\leqslant E(\boldsymbol{x}^*,\boldsymbol{y}^0)\leqslant E(\boldsymbol{x}^0,\boldsymbol{y}^0)\leqslant E(\boldsymbol{x}^0,\boldsymbol{y}^*)\leqslant E(\boldsymbol{x}^*,\boldsymbol{y}^*) \tag{3.17}$$

由式(3.17)知，$E(\boldsymbol{x}^*,\boldsymbol{y}^*)=E(\boldsymbol{x}^0,\boldsymbol{y}^0)$.

3.1.2　二人零和博弈的求解模型

运筹学专家丹齐格发现线性规划的单纯形法后不久，于 1951 年与库恩、塔克等指出，求解二人零和博弈 $\Gamma=(p_1,X;p_2,Y;E)$ 等价于求解一对互为对偶的线性规划问题[36].

局中人 p_1 和 p_2 的最优策略 $\boldsymbol{x}^*,\boldsymbol{y}^*$ 及博弈值 v^* 是下面一对线性规划的最优解，即

$$\max\{v\}$$
$$\text{s.t.}\begin{cases}\sum_{j=1}^{n}a_{ij}x_j \geqslant v & (j=1,2,\cdots,n)\\ x_1+x_2+\cdots+x_n=1 \\ x_i\geqslant 0 & (i=1,2,\cdots,m)\end{cases} \tag{3.18}$$

和

$$\min\{w\}$$
$$\text{s.t.}\begin{cases}\sum_{j=1}^{n}a_{ij}y_j \leqslant w & (i=1,2,\cdots,m)\\ y_1+y_2+\cdots+y_n=1 \\ y_j\geqslant 0 & (j=1,2,\cdots,n)\end{cases} \tag{3.19}$$

不妨假定 $v>0$，令

$$x_i'=\frac{x_i}{v}\quad (i=1,2,\cdots,m) \tag{3.20}$$

$$y_j'=\frac{y_j}{w}\quad (j=1,2,\cdots,n) \tag{3.21}$$

则

$$\sum_{i=1}^{m}x_i'=\sum_{i=1}^{m}\frac{x_i}{v}=\frac{1}{v}$$
$$\sum_{j=1}^{n}y_j'=\sum_{j=1}^{n}\frac{y_j}{w}=\frac{1}{w}$$

于是，式(3.18)和式(3.19)分别等价于下面两个线性规划，即

$$\max\left\{\sum_{i=1}^{m}x_i'\right\}$$
$$\text{s.t.}\begin{cases}\sum_{i=1}^{m}a_{ij}x_i' \geqslant 1 & (j=1,2,\cdots,n)\\ x_i'\geqslant 0 & (i=1,2,\cdots,m)\end{cases} \tag{3.22}$$

和

$$\min\left\{\sum_{j=1}^{n} y'_j\right\}$$
$$\text{s.t.}\begin{cases}\sum_{i=1}^{m} a_{ij} y'_j \leqslant 1 & (i=1,2,\cdots,m)\\ y'_j \geqslant 0 & (j=1,2,\cdots,n)\end{cases} \tag{3.23}$$

显然，式(3.22)和式(3.23)是一对互为对偶的线性规划. 因此，只要求出其中任一线性规划的最优解，就可得到另一线性规划的最优解. 利用式(3.20)和式(3.21)，即可得二人零和博弈 $\Gamma=(p_1,X;p_2,Y;E)$ 的解.

3.2　二人非零和博弈的基本理论

3.2.1　二人非零和博弈的基本概念

在博弈 $G=(N,\{S_i\},\{p_i\})$ 中，若满足

(1) 只有两个局中人，即 $N=\{1,2\}$；

(2) 策略集有限，即 $S_1=\{\alpha_1,\alpha_2,\cdots,\alpha_m\},S_2=\{\beta_1,\beta_2,\cdots,\beta_n\}$，

则称该博弈为二人非零和博弈.

对任意策略组合 (α_i,β_j)，记支付函数 $p_1(\alpha_i,\beta_j)=a_{ij},p_2(\alpha_i,\beta_j)=b_{ij}$，将两个局中人的支付值分别记为矩阵 $\boldsymbol{A}$ 和矩阵 $\boldsymbol{B}$，即

$$\boldsymbol{A}=(a_{ij})_{m\times n}=\begin{pmatrix} a_{11} & a_{12} & \cdots & a_{1n}\\ a_{21} & a_{22} & \cdots & a_{2n}\\ \vdots & \vdots & & \vdots\\ a_{m1} & a_{m2} & \cdots & a_{mn}\end{pmatrix}$$

和

$$\boldsymbol{B}=(b_{ij})_{m\times n}=\begin{pmatrix} b_{11} & b_{12} & \cdots & b_{1n}\\ b_{21} & b_{22} & \cdots & b_{2n}\\ \vdots & \vdots & & \vdots\\ b_{m1} & b_{m2} & \cdots & b_{mn}\end{pmatrix}$$

二人非零和博弈又称为双矩阵博弈,

其支付矩阵常记为

$$(a_{ij},b_{ij})_{m\times n}=\begin{pmatrix}(a_{11},b_{11}) & (a_{12},b_{12}) & \cdots & (a_{1n},b_{1n})\\(a_{21},b_{21}) & (a_{22},b_{22}) & \cdots & (a_{2n},b_{2n})\\\vdots & \vdots & & \vdots\\(a_{m1},b_{m1}) & (a_{m2},b_{m2}) & \cdots & (a_{mn},b_{mn})\end{pmatrix}$$

定义 3.2　若有某一纯策略局势 $(\alpha_{i^*},\beta_{j^*})$，使得

$$a_{ij^*}\leqslant a_{i^*j^*}\quad (i=1,2,\cdots,m)$$

和

$$b_{ij^*}\leqslant b_{i^*j^*}\quad (j=1,2,\cdots,n)$$

则称 $(\alpha_{i^*},\beta_{j^*})$ 为二人非零和博弈的纯策略纳什均衡点.

由于一些二人非零和博弈纯策略纳什均衡点不一定存在，下面给出二人非零和博弈混合策略纳什均衡解的定义.

定义 3.3[37](纳什均衡解)　若存在 $(\boldsymbol{x}^*,\boldsymbol{y}^*)\in X\times Y$ 满足

(1) $\boldsymbol{x}^{\mathrm{T}}\boldsymbol{A}\boldsymbol{y}^*\leqslant\boldsymbol{x}^{*\mathrm{T}}\boldsymbol{A}\boldsymbol{y}^*,\boldsymbol{x}\in X$;

(2) $\boldsymbol{x}^{*\mathrm{T}}\boldsymbol{B}\boldsymbol{y}\leqslant\boldsymbol{x}^{*\mathrm{T}}\boldsymbol{B}\boldsymbol{y}^*,\boldsymbol{y}\in Y$,

则称 $(\boldsymbol{x}^*,\boldsymbol{y}^*)\in X\times Y$ 为二人非零和博弈的混合策略纳什均衡点，$\boldsymbol{x}^*$ 和 $\boldsymbol{y}^*$ 分别为局中人 p_1 和 p_2 的最优策略，$u^*=\boldsymbol{x}^{*\mathrm{T}}\boldsymbol{A}\boldsymbol{y}^*$ 和 $v^*=\boldsymbol{x}^{*\mathrm{T}}\boldsymbol{B}\boldsymbol{y}^*$ 分别为局中人 p_1 和 p_2 的博弈值，$(\boldsymbol{x}^*,\boldsymbol{y}^*,u^*,v^*)$ 为二人非零和博弈的纳什均衡解.

3.2.2　二人非零和博弈的求解模型

根据定义 3.1，下面建立一种求解二人非零和博弈的纳什均衡解的计算方法. 这种计算方法的基本思想是将二人非零和博弈问题转化成双线性规划来求解.

定理 3.6[37]　局势 $(\boldsymbol{x}^*,\boldsymbol{y}^*)$ 为二人非零和博弈 $(\boldsymbol{A},\boldsymbol{B})$ 的混合策略纳什均衡点的充要条件是 $(\boldsymbol{x}^*,\boldsymbol{y}^*,u^*,v^*)$ 为双线性规划

$$\max\{\boldsymbol{x}^{\mathrm{T}}\boldsymbol{A}\boldsymbol{y}+\boldsymbol{x}^{\mathrm{T}}\boldsymbol{B}\boldsymbol{y}+u+v\}$$

$$\begin{cases}\boldsymbol{A}\boldsymbol{y}\leqslant -u\boldsymbol{e}_m\\ \boldsymbol{B}^{\mathrm{T}}\boldsymbol{x}\leqslant -v\boldsymbol{e}_n\\ \boldsymbol{x}^{\mathrm{T}}\boldsymbol{e}_m=1\\ \boldsymbol{y}^{\mathrm{T}}\boldsymbol{e}_n=1\\ \boldsymbol{x}\geqslant\boldsymbol{0}\\ \boldsymbol{y}\geqslant\boldsymbol{0}\end{cases}\tag{3.24}$$

的最优解，其中 $\boldsymbol{e}_m$ 是 m 维单位向量，$\boldsymbol{e}_n$ 是 n 维单位向量.

证明　由双线性规划(3.24)的约束条件可得

$$\boldsymbol{x}^{\mathrm{T}}\boldsymbol{A}\boldsymbol{y}+\boldsymbol{x}^{\mathrm{T}}\boldsymbol{B}\boldsymbol{y}+u+v\leqslant 0 \tag{3.25}$$

这表示双线性规划(3.24)的目标函数是非正的，即最大值为 0.

设局势$(\boldsymbol{x}^*,\boldsymbol{y}^*)$为二人非零和博弈$(\boldsymbol{A},\boldsymbol{B})$的混合策略纳什均衡点，即

$$\begin{cases}u^*=-\boldsymbol{x}^{*\mathrm{T}}\boldsymbol{A}\boldsymbol{y}^*\\ v^*=-\boldsymbol{x}^{*\mathrm{T}}\boldsymbol{B}\boldsymbol{y}^*\end{cases} \tag{3.26}$$

则由定义 3.3 易知，$(\boldsymbol{x}^{*\mathrm{T}},\boldsymbol{y}^{*\mathrm{T}},u^*,v^*)$是双线性规划(3.24)的可行解，且

$$\boldsymbol{x}^{*\mathrm{T}}\boldsymbol{A}\boldsymbol{y}^*+\boldsymbol{x}^{*\mathrm{T}}\boldsymbol{B}\boldsymbol{y}^*+u^*+v^*=0 \tag{3.27}$$

利用式(3.25)可知，$(\boldsymbol{x}^{*\mathrm{T}},\boldsymbol{y}^{*\mathrm{T}},u^*,v^*)$是双线性规划(3.24)的最优解.

反过来，设$(\boldsymbol{x}^{*\mathrm{T}},\boldsymbol{y}^{*\mathrm{T}},u^*,v^*)$是双线性规划(3.24)的最优解. 由式(3.25)可知

$$\boldsymbol{x}^{*\mathrm{T}}\boldsymbol{A}\boldsymbol{y}^*+\boldsymbol{x}^{*\mathrm{T}}\boldsymbol{B}\boldsymbol{y}^*+u^*+v^*=0 \tag{3.28}$$

设$\boldsymbol{x}\in X$与$\boldsymbol{y}\in Y$分别是p_1，p_2的策略，则$\boldsymbol{x}^{\mathrm{T}}\boldsymbol{e}_m=1,\boldsymbol{y}^{\mathrm{T}}\boldsymbol{e}_n=1$且

$$\boldsymbol{x}^{\mathrm{T}}\boldsymbol{A}\boldsymbol{y}^*\leqslant -u^* \tag{3.29}$$

和

$$\boldsymbol{x}^{\mathrm{T}}\boldsymbol{B}\boldsymbol{y}^*\leqslant -v^* \tag{3.30}$$

特别地，可得

$$\boldsymbol{x}^{*\mathrm{T}}\boldsymbol{A}\boldsymbol{y}^*\leqslant -u^*$$

和

$$\boldsymbol{x}^{*\mathrm{T}}\boldsymbol{B}\boldsymbol{y}^*\leqslant -v^*$$

由式(3.28)可得

$$\boldsymbol{x}^{*\mathrm{T}}\boldsymbol{A}\boldsymbol{y}^*=-u^*$$

和

$$\boldsymbol{x}^{*\mathrm{T}}\boldsymbol{B}\boldsymbol{y}^*=-v^*$$

再根据式(3.29)和式(3.30)，可得

$$\boldsymbol{x}^{\mathrm{T}}\boldsymbol{A}\boldsymbol{y}^*\leqslant \boldsymbol{x}^{*\mathrm{T}}\boldsymbol{A}\boldsymbol{y}^*$$

和

$$\boldsymbol{x}^{\mathrm{T}}\boldsymbol{B}\boldsymbol{y}^*\leqslant \boldsymbol{x}^{*\mathrm{T}}\boldsymbol{B}\boldsymbol{y}^*$$

由定义 3.3 可知，局势$(\boldsymbol{x}^*,\boldsymbol{y}^*)$是二人非零和博弈$(\boldsymbol{A},\boldsymbol{B})$的混合策略均衡点.

显然，若$\boldsymbol{B}=-\boldsymbol{A}$，则二人非零和博弈的纳什均衡解就是二人零和博弈的纳什均衡解. 利用上述定理 3.6 同样也可以求解二人零和博弈的纳什均衡解.

第 4 章　目标为直觉模糊集的二人零和博弈

由于实际博弈所涉及的信息、知识及局中人的主观意识等复杂因素的存在，在博弈过程中，局中人很难精确估计博弈目标. 因此，局中人对博弈目标的认知具有不确定性. Nishizaki 和 Sakawa[38]，以及 Bector 等[39]分别研究了用模糊集表示局中人对博弈目标的不确定性. 模糊集只能表示局中人在选定某一局势下达到预定目标的程度，而局中人在某些情况下往往也会关心达不到预定目标的程度. 另一方面，由于局中人认知上的不确定性，局中人对博弈目标的达到程度也会存在一定的犹豫度. 模糊集不能表示局中人的这种犹豫程度. 而直觉模糊集用隶属度和非隶属度可以表示局中人在选定策略时达到预定目标的程度和没有达到预定目标的程度及能否达到预定目标的犹豫程度，这样给局中人选择策略提供了更多的信息. 本章阐述目标为直觉模糊集的二人零和博弈理论模型与求解方法.

4.1　直觉模糊优化与直觉模糊不等式

4.1.1　直觉模糊优化

拓展 Bellman 和 Zadeh 的工作，Angelov 研究了直觉模糊优化模型[40]. 设 X 是任意集合，$G_i(i=1,2,\cdots,r)$ 是 r 个目标集，$C_j(j=1,2,\cdots,m)$ 是 m 个约束集.

设 $D=(G_1\cap G_2\cap\cdots\cap G_r)\cap(C_1\cap C_2\cap\cdots\cap C_m)$ 是直觉模糊集，记为

$$D=\{\langle x,\mu_D(x),\upsilon_D(x)\rangle \mid x\in X\}$$

其中，$\mu_D(x)=\min\limits_{\substack{1\leqslant i\leqslant r\\ 1\leqslant j\leqslant m}}\{\mu_{G_i}(x),\mu_{C_j}(x)\}$，$\upsilon_D(x)=\max\limits_{\substack{1\leqslant i\leqslant r\\ 1\leqslant j\leqslant m}}\{\upsilon_{G_i}(x),\upsilon_{C_j}(x)\}$.

根据 1.4 节提出的直觉模糊集的比较方法，对于直觉模糊优化模型，目的是使直觉模糊目标和约束条件的满意程度最大化而拒绝程度最小化. 用 ξ 和 η 分别代表最小满意度和最大拒绝度. Angelov 将直觉模糊优化问题转化为下面的数学规划问题[40].

$$\max\{\xi-\eta\}$$

$$\text{s.t.}\begin{cases}\mu_{G_i}(x)\geqslant\xi & (i=1,2,\cdots,r)\\ v_{G_i}(x)\leqslant\eta & (i=1,2,\cdots,r)\\ \mu_{C_j}(x)\geqslant\xi & (j=1,2,\cdots,m)\\ v_{C_j}(x)\leqslant\eta & (j=1,2,\cdots,m)\\ \xi\geqslant\eta\geqslant 0,\quad \xi+\eta\leqslant 1\end{cases}$$

4.1.2　直觉模糊不等式

假设 $p,q(0<p<q)$ 是预先就知道的决策者的容忍度. 这样, 直觉模糊不等关系“$x\succeq_{p,q}a$”可理解为“以 p 和 q 的容忍度接受 x 不小于 a”, 可通过下面的隶属函数和非隶属函数表示

$$\mu(x)=\begin{cases}1 & (x\geqslant a)\\ 1-(a-x)/p & (a-p\leqslant x<a)\\ 0 & (x<a-p)\end{cases}$$

和

$$\upsilon(x)=\begin{cases}1 & (x\leqslant a-p)\\ 1-(x-a+p)/q & (a-p<x\leqslant a-p+q)\\ 0 & (x>a-p+q)\end{cases}$$

其中, 在区间 $[a-p+q,a]$ 上, 非隶属度为 0, 但隶属度并不等于 1, 如图 4.1 所示.

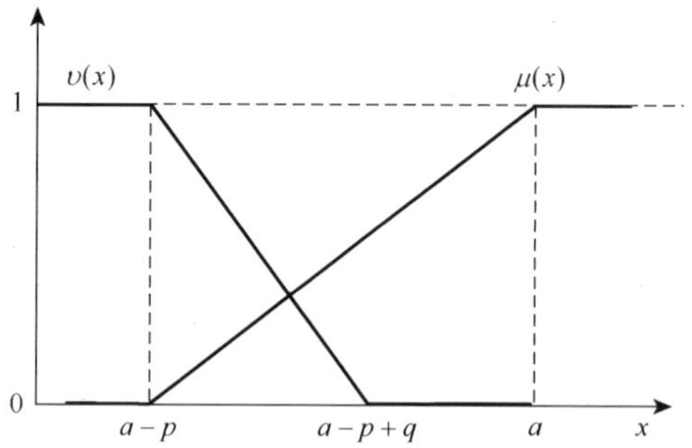

图 4.1　$x\succeq_{p,q}a$ 的隶属函数和非隶属函数

根据 4.1.1 小节的直觉模糊优化方法可知, 直觉模糊不等关系“$x\succeq_{p,q}a$”等价于

$$\xi \leqslant 1-(a-x)/p$$

和

$$\eta \geqslant 1+(a-p-x)/q$$

即

$$x \geqslant a-p(1-\xi)$$

和

$$x \geqslant (a-p)+q(1-\eta)$$

其中，ξ 和 η 分别代表最小满意度和最大拒绝度，满足 $0 \leqslant \xi \leqslant 1$ 和 $0 \leqslant \eta \leqslant 1$.

类似地，直觉模糊不等关系“$x \preceq_{r,s} a$”可理解为“以 r 和 s 的容忍度接受 x 不大于 a”，可通过下面隶属函数和非隶属函数来表示

$$\mu(x)=\begin{cases}1 & (x \leqslant a)\\ 1+(a-x)/r & (a<x \leqslant a+r)\\ 0 & (x>a+r)\end{cases}$$

和

$$\upsilon(x)=\begin{cases}1 & (x>a+r)\\ 1-(a+r-x)/s & (a+r-s<x \leqslant a+r)\\ 0 & (x<a+r-s)\end{cases}$$

其中，在区间 $[a,a+r-s]$ 上，隶属度为 0，但非隶属度并不等于 1，如图 4.2 所示.

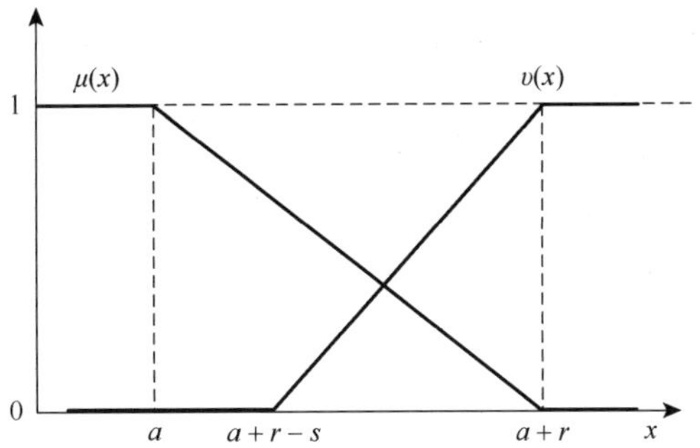

图 4.2　$x \preceq_{r,s} a$ 的隶属函数和非隶属函数

根据 4.1.1 小节的直觉模糊优化方法，直觉模糊不等关系“$x \preceq_{r,s} a$”等价于

$$\xi \leqslant 1+(a-x)/r$$

和

$$\eta \geqslant 1-(a+r-x)/s$$

即

$$x \leqslant a+r(1-\xi)$$

和

$$x \leqslant (a+r)-s(1-\eta)$$

定理 4.1　设 $\alpha \geqslant 0$, $\beta \geqslant 0$ 和 $\alpha+\beta=1$. 若 $x_1 \succeq_{p,q} a$, $x_2 \succeq_{p,q} a$, 则有

$$\alpha x_1+\beta x_2 \succeq_{p,q} a$$

证明　$x_1 \succeq_{p,q} a$ 和 $x_2 \succeq_{p,q} a$ 分别等价为

$$x_1 \geqslant a-(1-\xi)p, \quad x_1 \geqslant a-p+q(1-\eta)$$

和

$$x_2 \geqslant a-(1-\xi)p, \quad x_2 \geqslant a-p+q(1-\eta)$$

则

$$\alpha x_1+\beta x_2 \geqslant (\alpha+\beta)a-(\alpha+\beta)(1-\xi)p$$

和

$$\alpha x_1+\beta x_2 \geqslant (\alpha+\beta)(a-p)+(\alpha+\beta)(1-\eta)q$$

由于 $\alpha+\beta=1$, 上述等式等价为

$$\alpha x_1+\beta x_2 \geqslant a-(1-\xi)p$$

和

$$\alpha x_1+\beta x_2 \geqslant (a-p)+(1-\eta)q$$

因此, $\alpha x_1+\beta x_2 \succeq_{p,q} a$.

4.1.3　直觉模糊线性规划及对偶规划

设 $\mathbf{R}^n$ 为 n 维欧氏空间, $\mathbf{R}_+^n$ 为非负 n 维欧氏空间. $\boldsymbol{c} \in \mathbf{R}^n$, $\boldsymbol{b} \in \mathbf{R}^m$, $\boldsymbol{A} \in \mathbf{R}^{m\times n}$, 求解下面关于 $\boldsymbol{x} \in \mathbf{R}^n$ 的原问题

$$\max\{Z_0\}$$
$$\text{s.t.}\begin{cases} \boldsymbol{c}^{\mathrm{T}}\boldsymbol{x} \geqslant_{\mathrm{IFS}} Z_0 \\ \boldsymbol{A}\boldsymbol{x} \leqslant_{\mathrm{IFS}} \boldsymbol{b} \\ \boldsymbol{x} \geqslant \mathbf{0} \end{cases} \tag{4.1}$$

其关于 $\boldsymbol{w} \in \mathbf{R}^m$ 的对偶问题如下

$$\min\{W_0\}$$
$$\text{s.t.}\begin{cases} \boldsymbol{b}^{\mathrm{T}}\boldsymbol{w} \leqslant_{\mathrm{IFS}} W_0 \\ \boldsymbol{A}^{\mathrm{T}}\boldsymbol{w} \geqslant_{\mathrm{IFS}} \boldsymbol{c} \\ \boldsymbol{w} \geqslant \mathbf{0} \end{cases} \tag{4.2}$$

其中 Z_0, W_0 表示决策者的期望目标值.

拓展 Angelov 的工作, Aggarwal 等将求解上述互为对偶的直觉模糊线性规划转化为求解下面精确的线性规划[41]

$$\max\{\alpha-\beta\}$$

$$\text{s.t.}\begin{cases}(1-\alpha)p_0+\boldsymbol{c}^{\mathrm{T}}\boldsymbol{x}-Z_0\geqslant 0\\(1-\alpha)p_i-\boldsymbol{A}_i\boldsymbol{x}+b_i\geqslant 0\quad(i=1,2,\cdots,m)\\(1-\beta)q_0-\boldsymbol{c}^{\mathrm{T}}\boldsymbol{x}+(Z_0-p_0)\leqslant 0\\(1-\beta)q_i-\boldsymbol{A}_i\boldsymbol{x}-(b_i+p_i)\leqslant 0\quad(i=1,2,\cdots,m)\\0\leqslant\beta\leqslant\alpha,\alpha+\beta\leqslant 1\\\boldsymbol{x}\geqslant\boldsymbol{0}\end{cases}\tag{4.3}$$

其中，$p_i,q_i(0<q_i<p_i,i=0,1,\cdots,m)$ 分别表示接受和拒绝的容忍度，α、β 表示最小的接受程度和最大的拒绝程度.

和

$$\max\{\delta-\eta\}$$

$$\text{s.t.}\begin{cases}(1-\delta)s_0-\boldsymbol{b}^{\mathrm{T}}\boldsymbol{w}+W_0\geqslant 0\\(1-\delta)s_j+\boldsymbol{A}_j^{\mathrm{T}}\boldsymbol{w}-c_j\geqslant 0\quad(j=1,2,\cdots,n)\\(1-\eta)t_0+\boldsymbol{b}^{\mathrm{T}}\boldsymbol{w}-(W_0+s_0)\leqslant 0\\(1-\eta)t_j-\boldsymbol{A}_j^{\mathrm{T}}\boldsymbol{w}+(c_j-s_j)\leqslant 0\quad(j=1,2,\cdots,n)\\0\leqslant\eta\leqslant\delta,\eta+\delta\leqslant 1\\\boldsymbol{w}\geqslant\boldsymbol{0}\end{cases}\tag{4.4}$$

其中，$s_j,t_j(0<t_j<s_j,j=0,1,\cdots,n)$ 分别表示接受和拒绝的容忍度，δ 和 η 分别表示最小的接受程度和最大的拒绝程度.

定理 4.2[41]　设 $(\boldsymbol{x},\alpha,\beta)$ 和 $(\boldsymbol{w},\delta,\eta)$ 分别是式(4.3)和式(4.4)的可行解，则有

$$(\alpha-1)\boldsymbol{p}^{\mathrm{T}}\boldsymbol{w}+(\delta-1)\boldsymbol{s}^{\mathrm{T}}\boldsymbol{x}\leqslant\boldsymbol{b}^{\mathrm{T}}\boldsymbol{w}-\boldsymbol{c}^{\mathrm{T}}\boldsymbol{x}$$

与

$$(\beta-1)\boldsymbol{q}^{\mathrm{T}}\boldsymbol{w}+(\eta-1)\boldsymbol{t}^{\mathrm{T}}\boldsymbol{x}\geqslant(\boldsymbol{c}-\boldsymbol{s})^{\mathrm{T}}\boldsymbol{x}-(\boldsymbol{b}+\boldsymbol{p})^{\mathrm{T}}\boldsymbol{w}$$

其中，$\boldsymbol{p}=(p_1,p_2,\cdots,p_m)^{\mathrm{T}}$，$\boldsymbol{q}=(q_1,q_2,\cdots,q_m)^{\mathrm{T}}$，$\boldsymbol{s}=(s_1,s_2,\cdots,s_n)^{\mathrm{T}}$，$\boldsymbol{t}=(t_1,t_2,\cdots,t_n)^{\mathrm{T}}$.

定理 4.2 的证明可参考文献[41].

4.2　目标为直觉模糊集的二人零和博弈的求解模型

4.2.1　Aggarwal 的直觉模糊目标零和博弈模型

假设局中人 p_1 和 p_2 对各自的期望支付各有一个目标值，分别记为 U_0 和 V_0. 局中人都希望各自的期望支付值接近目标值甚至超越目标值. Aggarwal 等用直觉模糊集刻画局中人 p_1 和 p_2 的期望支付值和目标值之间的关系，研究了目标为直

觉模糊集的二人零和博弈(简称直觉模糊目标二人零和博弈)，将直觉模糊目标二人零和博弈定义为如下的多元数组[39]

$$\mathrm{IFG}=(X,Y,\boldsymbol{F},U_0,\geqslant_{\mathrm{IFN}},V_0,\leqslant_{\mathrm{IFN}})$$

Aggarwal 等给出了直觉模糊目标二人零和博弈解的定义如下[41].

定义 4.1　若存在 $(\boldsymbol{x}^*,\boldsymbol{y}^*)(\boldsymbol{x}^*\in X,\boldsymbol{y}^*\in Y)$ 使得

$$\boldsymbol{x}^{*\mathrm{T}}\boldsymbol{F}\boldsymbol{y}\geqslant_{\mathrm{IFN}}U_0\quad(\boldsymbol{y}\in Y)$$

和

$$\boldsymbol{x}^{\mathrm{T}}\boldsymbol{F}\boldsymbol{y}^*\leqslant_{\mathrm{IFN}}V_0\quad(\boldsymbol{x}\in X)$$

则称 $(\boldsymbol{x}^*,\boldsymbol{y}^*)$ 为直觉模糊目标二人零和博弈的解.

令 p_0 和 q_0 分别表示局中人 p_1 接受和拒绝期望值 U_0 的误差. 类似地，令 s_0 和 t_0 分别表示局中人 p_2 接受和拒绝期望值 V_0 的误差. Aggarwal 等将求解直觉模糊目标二人零和博弈的解等价为求解下面的问题[41].

$$\text{求 }\boldsymbol{x}\in X\text{ 满足}\sum_{i=1}^{m}a_{ij}x_i\geqslant_{\mathrm{IFN}}U_0\quad(i=1,2,\cdots,m)\tag{4.5}$$

$$\text{求 }\boldsymbol{y}\in Y\text{ 满足}\sum_{j=1}^{n}a_{ij}y_j\leqslant_{\mathrm{IFN}}V_0\quad(j=1,2,\cdots,n)\tag{4.6}$$

假设局中人 p_1 和 p_2 都是风险厌恶型的，即假设 $U_0-p_0<U_0-p_0+q_0<U_0$，$V_0<V_0+s_0-t_0<V_0+s_0$，也即，$0<q_0<p_0$，$0<t_0<s_0$.

令 α 和 β 分别表示式(4.5)对约束的最小的接受程度和最大的拒绝程度. 令 δ 和 η 分别表示式(4.6)对约束的最小的接受程度和最大的拒绝程度，则式(4.5)和式(4.6)分别等价为下面两个线性规划问题

$$\max\{\alpha-\beta\}$$
$$\text{s.t.}\begin{cases}(1-\alpha)p_0+\boldsymbol{A}_{\cdot j}^{\mathrm{T}}\boldsymbol{x}-U_0\geqslant 0\quad(j=1,2,\cdots,n)\\(1-\beta)q_0-\boldsymbol{A}_{\cdot j}^{\mathrm{T}}\boldsymbol{x}+(U_0-p_0)\leqslant 0\quad(j=1,2,\cdots,n)\\\boldsymbol{x}\geqslant\boldsymbol{0},\sum_{i=1}^{m}x_i=1\\0\leqslant\beta\leqslant\alpha,\alpha+\beta\leqslant 1\end{cases}\tag{4.7}$$

和

$$\max\{\delta-\eta\}$$
$$\text{s.t.}\begin{cases}(1-\delta)s_0-\boldsymbol{A}_{i\cdot}\boldsymbol{y}+V_0\geqslant 0\quad(i=1,2,\cdots,m)\\(1-\eta)t_0+\boldsymbol{A}_{i\cdot}\boldsymbol{y}-(V_0+s_0)\leqslant 0\quad(i=1,2,\cdots,m)\\\boldsymbol{y}\geqslant\boldsymbol{0},\sum_{j=1}^{n}y_j=1\\0\leqslant\eta\leqslant\delta,\eta+\delta\leqslant 1\end{cases}\tag{4.8}$$

Aggarwal 等将求直觉模糊目标二人零和博弈的解转化为求解上述两个线性规划问题，即式(4.7)和式(4.8)[41]. 若$(\bar{\boldsymbol{x}},\bar{\alpha},\bar{\beta})$是式(4.7)的最优解，则$\bar{\boldsymbol{x}}$称为局中人$p_1$的最优策略，$\bar{\alpha}$为局中人$p_1$关于期望值$U_0$的接受程度，$\bar{\beta}$为局中人$p_1$关于期望值$U_0$的拒绝程度. 式(4.8)的最优解$(\bar{\boldsymbol{y}},\bar{\delta},\bar{\eta})$可类似地解释.

特殊地，当$p_0=q_0$，$s_0=t_0$，$\beta=1-\alpha$，$\eta=1-\delta$时，直觉模糊目标二人零和博弈退化为 Bector 研究的目标为模糊集的二人零和博弈[39].

4.2.2　Nan 与 Li 的直觉模糊目标零和博弈模型

在 Aggarwal 等[41]的模型中，假设每个局中人对期望支付只有一个目标值. 然而，在实际博弈中，局中人期望支付不仅有一个目标值，还会有一个拒绝值. Nan 与 Li 进一步研究了直觉模糊目标零和博弈[42]. 假设每个局中人既有对期望支付值的目标值，也有对期望支付值的拒绝值. 设X,Y如式(3.5)和式(3.6)的定义所示，v_a表示局中人p_1对目标的期望值，$p_a\geqslant 0$是对应的误差；v_r表示局中人p_1对目标的拒绝值，$p_r\geqslant 0$是对应的误差. 类似地，ω_a表示局中人p_2对目标的期望值，$q_a\geqslant 0$是对应的误差；ω_r表示局中人p_2对目标的拒绝值，$q_r\geqslant 0$是对应的误差. 直觉模糊目标二人零和博弈定义为如下的多元数组

$$\mathrm{IFG}=(X,Y,\boldsymbol{F},v_a,p_a,v_r,p_r,\omega_a,q_a,\omega_r,q_r)$$

由于局中人认知上的不确定性，我们假设每个局中人都有一个直觉模糊目标，定义如下.

定义 4.2　设$D=\{\boldsymbol{x}^{\mathrm{T}}\boldsymbol{F}\boldsymbol{y}\,|\,(\boldsymbol{x},\boldsymbol{y})\in X\times Y\}\subseteq\mathbf{R}$，局中人$p_1$关于支付值的目标是$D$上的一个直觉模糊集$A=\{\langle\boldsymbol{x}^{\mathrm{T}}\boldsymbol{F}\boldsymbol{y},\mu_A(\boldsymbol{x}^{\mathrm{T}}\boldsymbol{F}\boldsymbol{y}),\upsilon_A(\boldsymbol{x}^{\mathrm{T}}\boldsymbol{F}\boldsymbol{y})\rangle\,|\,\boldsymbol{x}^{\mathrm{T}}\boldsymbol{F}\boldsymbol{y}\in D\}$，其中

$$\mu_A:D\to[0,1]$$
$$\boldsymbol{x}^{\mathrm{T}}\boldsymbol{F}\boldsymbol{y}\in D\mapsto\mu_A(\boldsymbol{x}^{\mathrm{T}}\boldsymbol{F}\boldsymbol{y})\in[0,1]$$

和

$$\upsilon_A:D\to[0,1]$$
$$\boldsymbol{x}^{\mathrm{T}}\boldsymbol{F}\boldsymbol{y}\in D\mapsto\upsilon_A(\boldsymbol{x}^{\mathrm{T}}\boldsymbol{F}\boldsymbol{y})\in[0,1]$$

且满足

$$0\leqslant\mu_A(\boldsymbol{x}^{\mathrm{T}}\boldsymbol{F}\boldsymbol{y})+\upsilon_A(\boldsymbol{x}^{\mathrm{T}}\boldsymbol{F}\boldsymbol{y})\leqslant 1$$

定义 4.3　设$D=\{\boldsymbol{x}^{\mathrm{T}}\boldsymbol{F}\boldsymbol{y}\,|\,(\boldsymbol{x},\boldsymbol{y})\in X\times Y\}\subseteq\mathbf{R}$，局中人$p_2$关于支付值的目标是$D$上的一个直觉模糊集$B=\{\langle\boldsymbol{x}^{\mathrm{T}}\boldsymbol{F}\boldsymbol{y},\mu_B(\boldsymbol{x}^{\mathrm{T}}\boldsymbol{F}\boldsymbol{y}),\upsilon_B(\boldsymbol{x}^{\mathrm{T}}\boldsymbol{F}\boldsymbol{y})\rangle\,|\,\boldsymbol{x}^{\mathrm{T}}\boldsymbol{F}\boldsymbol{y}\in D\}$，其中

$$\mu_B:D\to[0,1]$$
$$\boldsymbol{x}^{\mathrm{T}}\boldsymbol{F}\boldsymbol{y}\in D\mapsto\mu_B(\boldsymbol{x}^{\mathrm{T}}\boldsymbol{F}\boldsymbol{y})\in[0,1]$$

和

$$\upsilon_B : D \to [0,1]$$

$$\boldsymbol{x}^{\mathrm{T}}\boldsymbol{F}\boldsymbol{y} \in D \mapsto \upsilon_B(\boldsymbol{x}^{\mathrm{T}}\boldsymbol{F}\boldsymbol{y}) \in [0,1]$$

且满足

$$0 \leqslant \mu_B(\boldsymbol{x}^{\mathrm{T}}\boldsymbol{F}\boldsymbol{y}) + \upsilon_B(\boldsymbol{x}^{\mathrm{T}}\boldsymbol{F}\boldsymbol{y}) \leqslant 1$$

局中人 p_1 直觉模糊目标的隶属度 $\mu_A(\boldsymbol{x}^{\mathrm{T}}\boldsymbol{F}\boldsymbol{y})$ 解释为期望支付值达到局中人 p_1 期望值的程度，非隶属度 $\upsilon_A(\boldsymbol{x}^{\mathrm{T}}\boldsymbol{F}\boldsymbol{y})$ 解释为期望支付值达到局中人 p_1 拒绝值的程度. 直觉模糊目标其实就是通过隶属度 $\mu_A(\boldsymbol{x}^{\mathrm{T}}\boldsymbol{F}\boldsymbol{y})$ 和非隶属度 $\upsilon_A(\boldsymbol{x}^{\mathrm{T}}\boldsymbol{F}\boldsymbol{y})$ 将期望支付值映射到[0,1]区间，通过直觉模糊集来表示支付值的接受程度和拒绝程度. 因此，隶属度 $\mu_A(\boldsymbol{x}^{\mathrm{T}}\boldsymbol{F}\boldsymbol{y})$ 和非隶属度 $\upsilon_A(\boldsymbol{x}^{\mathrm{T}}\boldsymbol{F}\boldsymbol{y})$ 可以解释为局中人 p_1 对支付值的接受程度和拒绝程度. 局中人 p_2 直觉模糊目标可类似地解释.

假设局中人 p_1 希望最大化达到期望值的程度和最小化达到拒绝值的程度，即局中人 p_1 希望其直觉模糊目标最大. 局中人 p_2 则选择策略使局中人 p_1 的直觉模糊目标最小. 也就是说，局中人 p_1 遵循最大-最小原则. 局中人 p_2 可做类似的解释.

设当局中人 p_1 和 p_2 分别选择混合策略 $\boldsymbol{x}$ 和 $\boldsymbol{y}$ 时，局中人 p_1 的直觉模糊目标的隶属函数为 $\mu_A(\boldsymbol{x}^{\mathrm{T}}\boldsymbol{F}\boldsymbol{y})$，非隶属函数为 $\upsilon_A(\boldsymbol{x}^{\mathrm{T}}\boldsymbol{F}\boldsymbol{y})$，则局中人 p_1 和 p_2 分别选择混合策略使得式(4.9)成立.

$$\begin{cases} \max\limits_{\boldsymbol{x}\in X}\min\limits_{\boldsymbol{y}\in Y}\{\mu_A(\boldsymbol{x}^{\mathrm{T}}\boldsymbol{F}\boldsymbol{y})\} \\ \min\limits_{\boldsymbol{x}\in X}\max\limits_{\boldsymbol{y}\in Y}\{\upsilon_A(\boldsymbol{x}^{\mathrm{T}}\boldsymbol{F}\boldsymbol{y})\} \end{cases} \tag{4.9}$$

使式(4.9)成立的混合策略 $\boldsymbol{x}^*$ 为局中人 p_1 关于直觉模糊目标二人零和博弈的最大-最小策略.

类似地，局中人 p_2 关于直觉模糊目标二人零和博弈的最小-最大策略是使得式(4.10)成立的最优解.

$$\begin{cases} \max\limits_{\boldsymbol{y}\in Y}\min\limits_{\boldsymbol{x}\in X}\{\mu_B(\boldsymbol{x}^{\mathrm{T}}\boldsymbol{F}\boldsymbol{y})\} \\ \min\limits_{\boldsymbol{y}\in Y}\max\limits_{\boldsymbol{x}\in X}\{\upsilon_B(\boldsymbol{x}^{\mathrm{T}}\boldsymbol{F}\boldsymbol{y})\} \end{cases} \tag{4.10}$$

假设隶属函数 $\mu_A(\boldsymbol{x}^{\mathrm{T}}\boldsymbol{F}\boldsymbol{y})$ 和非隶属函数 $\upsilon_A(\boldsymbol{x}^{\mathrm{T}}\boldsymbol{F}\boldsymbol{y})$ 为线性形式

$$\mu_A(\boldsymbol{x}^{\mathrm{T}}\boldsymbol{F}\boldsymbol{y}) = \begin{cases} 0 & (\boldsymbol{x}^{\mathrm{T}}\boldsymbol{F}\boldsymbol{y} < v_a - p_a) \\ 1-(v_a - \boldsymbol{x}^{\mathrm{T}}\boldsymbol{F}\boldsymbol{y})/p_a & (v_a - p_a \leqslant \boldsymbol{x}^{\mathrm{T}}\boldsymbol{F}\boldsymbol{y} < v_a) \\ 1 & (\boldsymbol{x}^{\mathrm{T}}\boldsymbol{F}\boldsymbol{y} \geqslant v_a) \end{cases} \tag{4.11}$$

$$\upsilon_A(\boldsymbol{x}^{\mathrm{T}}\boldsymbol{F}\boldsymbol{y}) = \begin{cases} 1 & (\boldsymbol{x}^{\mathrm{T}}\boldsymbol{F}\boldsymbol{y} < v_r - p_r) \\ (v_r - \boldsymbol{x}^{\mathrm{T}}\boldsymbol{F}\boldsymbol{y})/p_r & (v_r - p_r \leqslant \boldsymbol{x}^{\mathrm{T}}\boldsymbol{F}\boldsymbol{y} < v_r) \\ 0 & (\boldsymbol{x}^{\mathrm{T}}\boldsymbol{F}\boldsymbol{y} \geqslant v_r) \end{cases} \tag{4.12}$$

如图 4.3 所示.

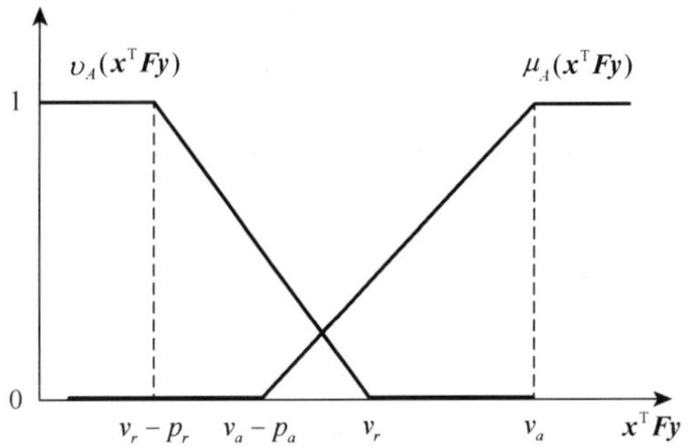

图 4.3　局中人 p_1 的直觉模糊目标 $\langle \mu_A(\boldsymbol{x}^{\mathrm{T}}\boldsymbol{F}\boldsymbol{y}), \upsilon_A(\boldsymbol{x}^{\mathrm{T}}\boldsymbol{F}\boldsymbol{y})\rangle$

定理 4.3　式(4.11)与式(4.12)定义的局中人 p_1 的直觉模糊目标

$$A = \{\langle \boldsymbol{x}^{\mathrm{T}}\boldsymbol{F}\boldsymbol{y}, \mu_A(\boldsymbol{x}^{\mathrm{T}}\boldsymbol{F}\boldsymbol{y}), \upsilon_A(\boldsymbol{x}^{\mathrm{T}}\boldsymbol{F}\boldsymbol{y})\rangle \mid \boldsymbol{x}^{\mathrm{T}}\boldsymbol{F}\boldsymbol{y} \in D\}$$

是一个直觉模糊集, 其中 $v_r - p_r \leqslant v_a - p_a$, $v_r \leqslant v_a$.

证明　显然, 由式(4.11)和式(4.12)可得

$$0 \leqslant \mu_A(\boldsymbol{x}^{\mathrm{T}}\boldsymbol{F}\boldsymbol{y}) \leqslant 1$$

$$0 \leqslant \upsilon_A(\boldsymbol{x}^{\mathrm{T}}\boldsymbol{F}\boldsymbol{y}) \leqslant 1$$

(1) 当 $\boldsymbol{x}^{\mathrm{T}}\boldsymbol{F}\boldsymbol{y} \leqslant v_a - p_a$ 时, 由式(4.7)和式(4.8)可得

$$0 \leqslant \mu_A(\boldsymbol{x}^{\mathrm{T}}\boldsymbol{F}\boldsymbol{y}) + \upsilon_A(\boldsymbol{x}^{\mathrm{T}}\boldsymbol{F}\boldsymbol{y}) \leqslant 1$$

(2) 当 $\boldsymbol{x}^{\mathrm{T}}\boldsymbol{F}\boldsymbol{y} \geqslant v_r$ 时, 由式(4.11)和式(4.12)可得

$$0 \leqslant \mu_A(\boldsymbol{x}^{\mathrm{T}}\boldsymbol{F}\boldsymbol{y}) + \upsilon_A(\boldsymbol{x}^{\mathrm{T}}\boldsymbol{F}\boldsymbol{y}) \leqslant 1$$

(3) 当 $v_a - p_a \leqslant \boldsymbol{x}^{\mathrm{T}}\boldsymbol{F}\boldsymbol{y} \leqslant v_r$ 时, 有

$$\begin{aligned}\mu_A(\boldsymbol{x}^{\mathrm{T}}\boldsymbol{F}\boldsymbol{y}) + \upsilon_A(\boldsymbol{x}^{\mathrm{T}}\boldsymbol{F}\boldsymbol{y}) &= 1 - \frac{v_a - \boldsymbol{x}^{\mathrm{T}}\boldsymbol{F}\boldsymbol{y}}{p_a} + \frac{v_r - \boldsymbol{x}^{\mathrm{T}}\boldsymbol{F}\boldsymbol{y}}{p_r} \\ &= \frac{p_a - v_a + \boldsymbol{x}^{\mathrm{T}}\boldsymbol{F}\boldsymbol{y}}{p_a} + \frac{v_r - \boldsymbol{x}^{\mathrm{T}}\boldsymbol{F}\boldsymbol{y}}{p_r}\end{aligned}$$

由于 $v_a - p_a \leqslant \boldsymbol{x}^{\mathrm{T}}\boldsymbol{F}\boldsymbol{y} \leqslant v_r$, $p_a \geqslant 0$ 与 $p_r \geqslant 0$, 因此

$$\mu_A(\boldsymbol{x}^{\mathrm{T}}\boldsymbol{F}\boldsymbol{y}) + \upsilon_A(\boldsymbol{x}^{\mathrm{T}}\boldsymbol{F}\boldsymbol{y}) \geqslant 0 \tag{4.13}$$

又因当 $v_a - p_a \leqslant \boldsymbol{x}^{\mathrm{T}}\boldsymbol{F}\boldsymbol{y} \leqslant v_r$ 时, 分下面情况讨论:

(i) 若 $p_r - p_a < 0$，则

$$\begin{aligned}\mu_A(\boldsymbol{x}^{\mathrm{T}}\boldsymbol{F}\boldsymbol{y})+\upsilon_A(\boldsymbol{x}^{\mathrm{T}}\boldsymbol{F}\boldsymbol{y}) &= 1-\frac{v_a-\boldsymbol{x}^{\mathrm{T}}\boldsymbol{F}\boldsymbol{y}}{p_a}+\frac{v_r-\boldsymbol{x}^{\mathrm{T}}\boldsymbol{F}\boldsymbol{y}}{p_r}\\ &= \frac{p_a p_r+\boldsymbol{x}^{\mathrm{T}}\boldsymbol{F}\boldsymbol{y}(p_r-p_a)-p_r v_a+p_a v_r}{p_a p_r}\\ &\leqslant \frac{p_a p_r+(v_a-p_a)(p_r-p_a)-p_r v_a+p_a v_r}{p_a p_r}\\ &= \frac{-v_a+p_a+v_r}{p_r}\leqslant\frac{-v_r+p_r+v_r}{p_r}=1\end{aligned}$$

(ii) 若 $p_r - p_a > 0$，则

$$\begin{aligned}\mu_A(\boldsymbol{x}^{\mathrm{T}}\boldsymbol{F}\boldsymbol{y})+\upsilon_A(\boldsymbol{x}^{\mathrm{T}}\boldsymbol{F}\boldsymbol{y}) &= 1-\frac{v_a-\boldsymbol{x}^{\mathrm{T}}\boldsymbol{F}\boldsymbol{y}}{p_a}+\frac{v_r-\boldsymbol{x}^{\mathrm{T}}\boldsymbol{F}\boldsymbol{y}}{p_r}\\ &= \frac{p_a p_r+\boldsymbol{x}^{\mathrm{T}}\boldsymbol{F}\boldsymbol{y}(p_r-p_a)-p_r v_a+p_a v_r}{p_a p_r}\\ &\leqslant \frac{p_a p_r+v_r(p_r-p_a)-p_r v_a+p_a v_r}{p_a p_r}\\ &= \frac{p_a p_r+v_r p_r-v_r p_a-p_r v_a+p_a v_r}{p_a p_r}\\ &\leqslant \frac{p_a+v_r-v_a}{p_a}\leqslant\frac{p_a+v_a-v_a}{p_a}=1\end{aligned}$$

因此，由式(4.13)，(i)和(ii)可得

$$0\leqslant\mu_A(\boldsymbol{x}^{\mathrm{T}}\boldsymbol{F}\boldsymbol{y})+\upsilon_A(\boldsymbol{x}^{\mathrm{T}}\boldsymbol{F}\boldsymbol{y})\leqslant 1$$

综上，由(1)—(3)可知，$A=\{\langle \boldsymbol{x}^{\mathrm{T}}\boldsymbol{F}\boldsymbol{y},\mu_A(\boldsymbol{x}^{\mathrm{T}}\boldsymbol{F}\boldsymbol{y}),\upsilon_A(\boldsymbol{x}^{\mathrm{T}}\boldsymbol{F}\boldsymbol{y})\rangle \mid \boldsymbol{x}^{\mathrm{T}}\boldsymbol{F}\boldsymbol{y}\in D\}$ 是一个直觉模糊集.

局中人 p_1 的直觉模糊目标 $A=\{\langle \boldsymbol{x}^{\mathrm{T}}\boldsymbol{F}\boldsymbol{y},\mu_A(\boldsymbol{x}^{\mathrm{T}}\boldsymbol{F}\boldsymbol{y}),\upsilon_A(\boldsymbol{x}^{\mathrm{T}}\boldsymbol{F}\boldsymbol{y})\rangle \mid \boldsymbol{x}^{\mathrm{T}}\boldsymbol{F}\boldsymbol{y}\in D\}$ 反映了：当期望支付值 $\boldsymbol{x}^{\mathrm{T}}\boldsymbol{F}\boldsymbol{y}<v_a-p_a$ 时，局中人 p_1 的满意程度为 0，但由于局中人 p_1 具有一定的犹豫程度，因此局中人 p_1 又不完全拒绝，直到期望支付值 $\boldsymbol{x}^{\mathrm{T}}\boldsymbol{F}\boldsymbol{y}\leqslant v_r-p_r$ 时，局中人 p_1 才完全拒绝. 当期望支付值 $\boldsymbol{x}^{\mathrm{T}}\boldsymbol{F}\boldsymbol{y}>v_a-p_a$ 时，随着期望支付值 $\boldsymbol{x}^{\mathrm{T}}\boldsymbol{F}\boldsymbol{y}$ 的增大，局中人 p_1 的满意程度增加. 另一方面，当期望支付值 $\boldsymbol{x}^{\mathrm{T}}\boldsymbol{F}\boldsymbol{y}>v_r-p_r$ 时，局中人 p_1 的拒绝程度减少，直到 $\boldsymbol{x}^{\mathrm{T}}\boldsymbol{F}\boldsymbol{y}=v_r$ 时，拒绝程度为 0. 同样，由于局中人 p_1 具有一定的犹豫程度，此时局中人 p_1 又不完全接受，直

到期望支付值 $\boldsymbol{x}^{\mathrm{T}}\boldsymbol{F}\boldsymbol{y} \geqslant v_a$ 时，局中人 p_1 才完全接受，因此可以看出直觉模糊目标不仅反映了局中人对目标的满意程度、拒绝程度，而且还反映了局中人存在的犹豫程度，这是模糊目标不能够体现的. 因此，直觉模糊目标可以更加全面地反映局中人对博弈目标的模糊性本质.

类似地，局中人 p_2 的直觉模糊目标的隶属函数 $\mu_B(\boldsymbol{x}^{\mathrm{T}}\boldsymbol{F}\boldsymbol{y})$ 和非隶属函数 $\upsilon_B(\boldsymbol{x}^{\mathrm{T}}\boldsymbol{F}\boldsymbol{y})$ 定义为

$$\mu_B(\boldsymbol{x}^{\mathrm{T}}\boldsymbol{F}\boldsymbol{y})=\begin{cases}1 & (\boldsymbol{x}^{\mathrm{T}}\boldsymbol{F}\boldsymbol{y}<\omega_a)\\ 1-(\boldsymbol{x}^{\mathrm{T}}\boldsymbol{F}\boldsymbol{y}-\omega_a)/q_a & (\omega_a \leqslant \boldsymbol{x}^{\mathrm{T}}\boldsymbol{F}\boldsymbol{y}<\omega_a+q_a)\\ 0 & (\boldsymbol{x}^{\mathrm{T}}\boldsymbol{F}\boldsymbol{y} \geqslant \omega_a+q_a)\end{cases} \tag{4.14}$$

$$\upsilon_B(\boldsymbol{x}^{\mathrm{T}}\boldsymbol{F}\boldsymbol{y})=\begin{cases}0 & (\boldsymbol{x}^{\mathrm{T}}\boldsymbol{F}\boldsymbol{y}<\omega_r)\\ (\boldsymbol{x}^{\mathrm{T}}\boldsymbol{F}\boldsymbol{y}-\omega_r)/q_r & (\omega_r \leqslant \boldsymbol{x}^{\mathrm{T}}\boldsymbol{F}\boldsymbol{y}<\omega_r+q_r)\\ 1 & (\boldsymbol{x}^{\mathrm{T}}\boldsymbol{F}\boldsymbol{y} \geqslant \omega_r+q_r)\end{cases} \tag{4.15}$$

如图 4.4 所示.

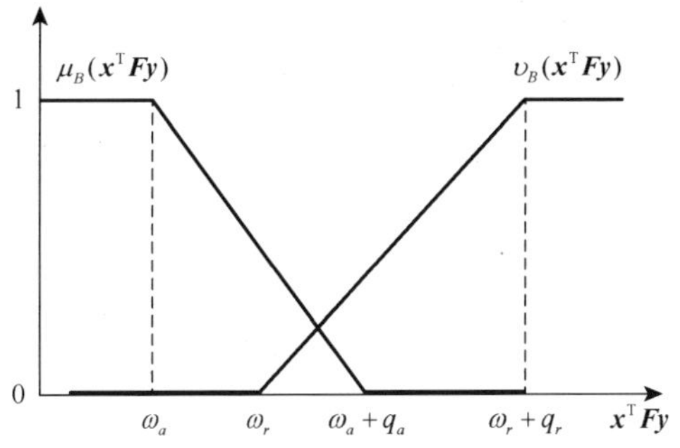

图 4.4　局中人 p_2 的直觉模糊目标 $\langle\mu_B(\boldsymbol{x}^{\mathrm{T}}\boldsymbol{F}\boldsymbol{y}),\upsilon_B(\boldsymbol{x}^{\mathrm{T}}\boldsymbol{F}\boldsymbol{y})\rangle$

类似地，可以得到定理 4.4.

定理 4.4　式(4.14)与式(4.15)定义的局中人 p_2 的直觉模糊目标

$$B=\{\langle \boldsymbol{x}^{\mathrm{T}}\boldsymbol{F}\boldsymbol{y},\mu_B(\boldsymbol{x}^{\mathrm{T}}\boldsymbol{F}\boldsymbol{y}),\upsilon_B(\boldsymbol{x}^{\mathrm{T}}\boldsymbol{F}\boldsymbol{y})\rangle \mid \boldsymbol{x}^{\mathrm{T}}\boldsymbol{F}\boldsymbol{y}\in D\}$$

是一个直觉模糊集，其中，$\omega_a \leqslant \omega_r$，$\omega_a+q_a \leqslant \omega_r+q_r$.

证明　类似于定理 4.3 的证明，可以证明定理 4.4(略).

局中人 p_2 的直觉模糊目标 $B=\{\langle \boldsymbol{x}^{\mathrm{T}}\boldsymbol{F}\boldsymbol{y},\mu_B(\boldsymbol{x}^{\mathrm{T}}\boldsymbol{F}\boldsymbol{y}),\upsilon_B(\boldsymbol{x}^{\mathrm{T}}\boldsymbol{F}\boldsymbol{y})\rangle \mid \boldsymbol{x}^{\mathrm{T}}\boldsymbol{F}\boldsymbol{y}\in D\}$ 反映了：当期望支付值 $\boldsymbol{x}^{\mathrm{T}}\boldsymbol{F}\boldsymbol{y} \leqslant \omega_r$ 时，局中人 p_2 的拒绝程度为 0. 但由于局中人 p_2 具

有一定的犹豫程度，因此局中人 p_2 又不完全接受，直到期望支付值 $\boldsymbol{x}^{\mathrm{T}}\boldsymbol{F}\boldsymbol{y}\leqslant\omega_a$，局中人 p_2 才完全接受. 当期望支付值 $\boldsymbol{x}^{\mathrm{T}}\boldsymbol{F}\boldsymbol{y}>\omega_a$ 时，随着期望支付值 $\boldsymbol{x}^{\mathrm{T}}\boldsymbol{F}\boldsymbol{y}$ 增大，局中人 p_2 的满意程度减少，直到期望支付值 $\boldsymbol{x}^{\mathrm{T}}\boldsymbol{F}\boldsymbol{y}\geqslant\omega_a+q_a$ 时，局中人 p_2 的满意度为 0，但由于局中人 p_2 具有一定的犹豫程度，因此局中人又不完全拒绝，直到 $\boldsymbol{x}^{\mathrm{T}}\boldsymbol{F}\boldsymbol{y}\geqslant\omega_r+q_r$. 当期望支付值 $\boldsymbol{x}^{\mathrm{T}}\boldsymbol{F}\boldsymbol{y}<\omega_r+q_r$ 时，随着期望支付值 $\boldsymbol{x}^{\mathrm{T}}\boldsymbol{F}\boldsymbol{y}$ 的减少，局中人 p_2 的拒绝程度降低.

根据式(4.9)和式(4.10)，下面给出直觉模糊目标二人零和博弈解的求解方法.

定理 4.5 在直觉模糊目标二人零和博弈中，若局中人 p_1 的直觉模糊目标的隶属函数 $\mu_A(\boldsymbol{x}^{\mathrm{T}}\boldsymbol{F}\boldsymbol{y})$ 和非隶属函数 $\upsilon_A(\boldsymbol{x}^{\mathrm{T}}\boldsymbol{F}\boldsymbol{y})$ 是式(4.7)和式(4.8)的线性函数，则局中人 p_1 的最大-最小策略 $\boldsymbol{x}^*$ 等价于下面线性规划问题的最优解

$$
\max\{\alpha-\beta\}
$$
$$
\text{s.t.}\begin{cases}\sum\limits_{i=1}^{m}a_{ij}x_i+p_a-v_a\geqslant p_a\alpha \quad (j=1,2,\cdots,n)\\ \sum\limits_{i=1}^{m}a_{ij}x_i-v_r\geqslant -p_r\beta \quad (j=1,2,\cdots,n)\\ x_1+x_2+\cdots+x_m=1\\ x_i\geqslant 0 \quad (i=1,2,\cdots,m)\\ 0\leqslant\alpha\leqslant 1, 0\leqslant\beta\leqslant 1\\ \alpha+\beta\leqslant 1\end{cases}
\tag{4.16}
$$

证明 根据式(4.9)、式(4.11)与式(4.12)，可得

$$
\begin{aligned}
\max_{\boldsymbol{x}\in X}\min_{\boldsymbol{y}\in Y}\{\mu_A(\boldsymbol{x}^{\mathrm{T}}\boldsymbol{F}\boldsymbol{y})\}&=\max_{\boldsymbol{x}\in X}\min_{\boldsymbol{y}\in Y}\left\{1-\frac{v_a-\boldsymbol{x}^{\mathrm{T}}\boldsymbol{F}\boldsymbol{y}}{p_a}\right\}\\
&=\frac{1}{p_a}\max_{\boldsymbol{x}\in X}\min_{\boldsymbol{y}\in Y}\left\{\sum_{i=1}^{m}\sum_{j=1}^{n}a_{ij}x_iy_j+p_a-v_a\right\}\\
&=\frac{1}{p_a}\max_{\boldsymbol{x}\in X}\min_{\boldsymbol{y}\in Y}\left\{\sum_{i=1}^{m}\sum_{j=1}^{n}a_{ij}x_iy_j+\sum_{j=1}^{n}y_j(p_a-v_a)\right\}\\
&=\frac{1}{p_a}\max_{\boldsymbol{x}\in X}\min_{\boldsymbol{y}\in Y}\left\{\sum_{j=1}^{n}\left(\sum_{i=1}^{m}a_{ij}x_i+p_a-v_a\right)y_j\right\}\\
&=\frac{1}{p_a}\max_{\boldsymbol{x}\in X}\min_{1\leqslant j\leqslant n}\left\{\sum_{i=1}^{m}a_{ij}x_i+p_a-v_a\right\}
\end{aligned}
\tag{4.17}
$$

和

$$\begin{aligned}&\min_{x\in X}\max_{y\in Y}\{\upsilon_A(\boldsymbol{x}^{\mathrm{T}}\boldsymbol{F}\boldsymbol{y})\}=\min_{x\in X}\max_{y\in Y}\left\{\frac{v_r-\boldsymbol{x}^{\mathrm{T}}\boldsymbol{F}\boldsymbol{y}}{p_r}\right\}\\&=\frac{1}{p_r}\min_{x\in X}\max_{y\in Y}\left\{v_r-\sum_{i=1}^{m}\sum_{j=1}^{n}a_{ij}x_iy_j\right\}\\&=\frac{1}{p_r}\min_{x\in X}\max_{y\in Y}\left\{\sum_{j=1}^{n}v_ry_j-\sum_{i=1}^{m}\sum_{j=1}^{n}a_{ij}x_iy_j\right\}\\&=\frac{1}{p_r}\min_{x\in X}\max_{y\in Y}\left\{\sum_{j=1}^{n}y_j\left(v_r-\sum_{i=1}^{m}a_{ij}x_i\right)\right\}\\&=\frac{1}{p_r}\min_{x\in X}\max_{1\leqslant j\leqslant n}\left\{v_r-\sum_{i=1}^{m}a_{ij}x_i\right\}\end{aligned}\tag{4.18}$$

式(4.17)与式(4.18)等价为

$$\begin{cases}\dfrac{1}{p_a}\max\limits_{x\in X}\min\limits_{1\leqslant j\leqslant n}\left\{\sum\limits_{i=1}^{m}a_{ij}x_i+p_a-v_a\right\}\\ \dfrac{1}{p_r}\min\limits_{x\in X}\max\limits_{1\leqslant j\leqslant n}\left\{v_r-\sum\limits_{i=1}^{m}a_{ij}x_i\right\}\end{cases}\tag{4.19}$$

令

$$\alpha=\min_{1\leqslant j\leqslant n}\left\{\frac{1}{p_a}\left(\sum_{i=1}^{m}a_{ij}x_i+p_a-v_a\right)\right\}$$

和

$$\beta=\max_{1\leqslant j\leqslant n}\left\{\frac{1}{p_r}\left(v_r-\sum_{i=1}^{m}a_{ij}x_i\right)\right\}$$

则式(4.19)等价于

$$\max\{\alpha\},\min\{\beta\}$$
$$\text{s.t.}\begin{cases}\sum\limits_{i=1}^{m}a_{ij}x_i+p_a-v_a\geqslant p_a\alpha\quad(j=1,2,\cdots,n)\\ \sum\limits_{i=1}^{m}a_{ij}x_i-v_r\geqslant -p_r\beta\qquad(j=1,2,\cdots,n)\\ x_1+x_2+\cdots+x_m=1\\ x_i\geqslant 0\quad(i=1,2,\cdots,m)\\ 0\leqslant\alpha\leqslant 1,0\leqslant\beta\leqslant 1\\ \alpha+\beta\leqslant 1\end{cases}\tag{4.20}$$

显然，式(4.20)是双目标线性规划，其中决策变量为$\alpha,\beta,x_i(i=1,2,\cdots,m)$. 根据多目标规划求解方法，式(4.20)可以转化为式(4.16).

定理 4.6　在直觉模糊目标二人零和博弈中，若局中人 p_2 的直觉模糊目标的

隶属函数 $\mu_B(\boldsymbol{x}^{\mathrm{T}}\boldsymbol{F}\boldsymbol{y})$ 和非隶属函数 $\upsilon_B(\boldsymbol{x}^{\mathrm{T}}\boldsymbol{F}\boldsymbol{y})$ 如式(4.14)和式(4.15)，则局中人 p_2 的最小-最大策略 $\boldsymbol{y}^*$ 等价于下面线性规划的最优解

$$\min\{\eta-\lambda\}$$
$$\text{s.t.}\begin{cases}\sum_{j=1}^{n}a_{ij}y_j-\omega_a-q_a\leqslant -q_a\lambda & (i=1,2,\cdots,m)\\ \sum_{j=1}^{n}a_{ij}y_j-\omega_r\leqslant q_r\eta & (i=1,2,\cdots,m)\\ y_1+y_2+\cdots+y_n=1\\ y_j\geqslant 0\quad (j=1,2,\cdots,n)\\ 0\leqslant\lambda\leqslant 1,0\leqslant\eta\leqslant 1\\ \lambda+\eta\leqslant 1\end{cases}\tag{4.21}$$

证明　根据式(4.10)、式(4.14)与式(4.15)，可得

$$\begin{aligned}&\max_{\boldsymbol{y}\in Y}\min_{\boldsymbol{x}\in X}\{\mu_B(\boldsymbol{x}^{\mathrm{T}}\boldsymbol{F}\boldsymbol{y})\}=\max_{\boldsymbol{y}\in Y}\min_{\boldsymbol{x}\in X}\left\{1-\frac{\boldsymbol{x}^{\mathrm{T}}\boldsymbol{F}\boldsymbol{y}-\omega_a}{q_a}\right\}\\ &=\frac{1}{q_a}\max_{\boldsymbol{y}\in Y}\min_{\boldsymbol{x}\in X}\{-\boldsymbol{x}^{\mathrm{T}}\boldsymbol{F}\boldsymbol{y}+\omega_a+q_a\}\\ &=\frac{1}{q_a}\max_{\boldsymbol{y}\in Y}\min_{\boldsymbol{x}\in X}\left\{-\sum_{i=1}^{m}\sum_{j=1}^{n}x_i a_{ij}y_j+\sum_{i=1}^{m}(\omega_a+q_a)x_i\right\}\\ &=\frac{1}{q_a}\max_{\boldsymbol{y}\in Y}\min_{\boldsymbol{x}\in X}\left\{\sum_{i=1}^{m}\left(-\sum_{j=1}^{n}a_{ij}y_j+\omega_a+q_a\right)x_i\right\}\\ &=\frac{1}{q_a}\max_{\boldsymbol{y}\in Y}\min_{1\leqslant i\leqslant m}\left\{-\sum_{j=1}^{n}a_{ij}y_j+\omega_a+q_a\right\}\end{aligned}\tag{4.22}$$

和

$$\begin{aligned}&\min_{\boldsymbol{y}\in Y}\max_{\boldsymbol{x}\in X}\{\upsilon_B(\boldsymbol{x}^{\mathrm{T}}\boldsymbol{F}\boldsymbol{y})\}\\ &=\min_{\boldsymbol{y}\in Y}\max_{\boldsymbol{x}\in X}\left\{\frac{\boldsymbol{x}^{\mathrm{T}}\boldsymbol{F}\boldsymbol{y}-\omega_r}{q_r}\right\}\\ &=\frac{1}{q_r}\min_{\boldsymbol{y}\in Y}\max_{\boldsymbol{x}\in X}\left\{\sum_{i=1}^{m}\sum_{j=1}^{n}x_i a_{ij}y_j-\omega_r\right\}\\ &=\frac{1}{q_r}\min_{\boldsymbol{y}\in Y}\max_{\boldsymbol{x}\in X}\left\{\sum_{i=1}^{m}\sum_{j=1}^{n}x_i a_{ij}y_j-\sum_{i=1}^{m}\omega_r x_i\right\}\\ &=\frac{1}{q_r}\min_{\boldsymbol{y}\in Y}\max_{\boldsymbol{x}\in X}\left\{\sum_{i=1}^{m}\left(\sum_{j=1}^{n}a_{ij}y_j-\omega_r\right)x_i\right\}\end{aligned}$$

$$=\frac{1}{q_r}\min_{y\in Y}\max_{1\leqslant i\leqslant m}\left\{\sum_{j=1}^{n}a_{ij}y_j-\omega_r\right\} \tag{4.23}$$

上式(4.22)与(4.23)等价于

$$\begin{cases}\dfrac{1}{q_a}\max\limits_{y\in Y}\min\limits_{1\leqslant i\leqslant m}\left\{-\sum\limits_{j=1}^{n}a_{ij}y_j+\omega_a+q_a\right\}\\ \dfrac{1}{q_r}\min\limits_{y\in Y}\max\limits_{1\leqslant i\leqslant m}\left\{\sum\limits_{j=1}^{n}a_{ij}y_j-\omega_r\right\}\end{cases} \tag{4.24}$$

令

$$\lambda=\min_{1\leqslant i\leqslant m}\left\{\frac{1}{q_a}\left(-\sum_{j=1}^{n}a_{ij}y_j+\omega_a+q_a\right)\right\}$$

与

$$\eta=\max_{1\leqslant i\leqslant m}\left\{\frac{1}{q_r}\left(\sum_{j=1}^{n}a_{ij}y_j-\omega_r\right)\right\}$$

则式(4.24)等价于

$$\max\{\lambda\},\ \min\{\eta\}$$
$$\text{s.t.}\begin{cases}\sum\limits_{j=1}^{n}a_{ij}y_j-\omega_a-q_a\leqslant -q_a\lambda & (i=1,2,\cdots,m)\\ \sum\limits_{j=1}^{n}a_{ij}y_j-\omega_r\leqslant q_r\eta & (i=1,2,\cdots,m)\\ y_1+y_2+\cdots+y_n=1\\ y_j\geqslant 0 \quad (j=1,2,\cdots,n)\\ 0\leqslant\lambda\leqslant 1, 0\leqslant\eta\leqslant 1\\ \lambda+\eta\leqslant 1\end{cases} \tag{4.25}$$

根据多目标规划的求解方法, 式(4.25)转化为式(4.21).

假设$(\boldsymbol{x}^*,\alpha^*,\beta^*)$是式(4.16)的最优解, 则$\boldsymbol{x}^*$是局中人$p_1$的最大–最小策略; α^*,β^*和$1-\alpha^*-\beta^*$分别为局中人p_1选择最大–最小策略$\boldsymbol{x}^*$时, 达到预定目标最小的满意程度、最大的拒绝程度及犹豫程度. 同样, 设$(\boldsymbol{y}^*,\lambda^*,\eta^*)$是式(4.21)的最优解, 则$\boldsymbol{y}^*$是局中人$p_2$的最小–最大策略, λ^*,η^*和$1-\lambda^*-\eta^*$分别为局中人p_2选择最小–最大策略$\boldsymbol{y}^*$时, 达到期望目标的最小满意程度、最大拒绝程度及犹豫程度.

定理4.7　若局中人p_1直觉模糊目标的隶属函数$\mu_A(\boldsymbol{x}^{\mathrm{T}}\boldsymbol{F}\boldsymbol{y})$和非隶属函数$\upsilon_A(\boldsymbol{x}^{\mathrm{T}}\boldsymbol{F}\boldsymbol{y})$满足$\mu_A(\boldsymbol{x}^{\mathrm{T}}\boldsymbol{F}\boldsymbol{y})+\upsilon_A(\boldsymbol{x}^{\mathrm{T}}\boldsymbol{F}\boldsymbol{y})=1$, 即局中人$p_1$的目标为模糊集, 则局中人$p_1$的最大–最小策略及达到模糊目标的程度可通过求解下面的线性规划得到

$$
\max\{u\}
$$
$$
\text{s.t.}\begin{cases}\sum_{i=1}^{m}a_{ij}x_i-v_a\geqslant p_a(u-1)\quad(j=1,2,\cdots,n)\\x_1+x_2+\cdots+x_m=1\\0\leqslant u\leqslant 1\\x_i\geqslant 0\quad(i=1,2,\cdots,m)\end{cases}\tag{4.26}
$$

证明　根据式(4.3)及$\mu_A(\boldsymbol{x}^{\mathrm{T}}\boldsymbol{F}\boldsymbol{y})+\upsilon_A(\boldsymbol{x}^{\mathrm{T}}\boldsymbol{F}\boldsymbol{y})=1$，局中人$p_1$对期望目标的非隶属函数$\upsilon_A(\boldsymbol{x}^{\mathrm{T}}\boldsymbol{F}\boldsymbol{y})$为

$$
\upsilon_A(\boldsymbol{x}^{\mathrm{T}}\boldsymbol{F}\boldsymbol{y})=\frac{v_a-\boldsymbol{x}^{\mathrm{T}}\boldsymbol{F}\boldsymbol{y}}{p_a}\tag{4.27}
$$

根据式(4.11)和式(4.27)，式(4.9)可转换如下

$$
\begin{aligned}
&\max_{\boldsymbol{x}\in X}\min_{\boldsymbol{y}\in Y}\{\mu_A(\boldsymbol{x}^{\mathrm{T}}\boldsymbol{F}\boldsymbol{y})\}=\max_{\boldsymbol{x}\in X}\min_{\boldsymbol{y}\in Y}\left\{1-\frac{v_a-\boldsymbol{x}^{\mathrm{T}}\boldsymbol{F}\boldsymbol{y}}{p_a}\right\}\\
&=\frac{1}{p_a}\max_{\boldsymbol{x}\in X}\min_{\boldsymbol{y}\in Y}\left\{\sum_{i=1}^{m}\sum_{j=1}^{n}x_ia_{ij}y_j+p_a-v_a\right\}\\
&=\frac{1}{p_a}\max_{\boldsymbol{x}\in X}\min_{\boldsymbol{y}\in Y}\left\{\sum_{i=1}^{m}\sum_{j=1}^{n}x_ia_{ij}y_j+\sum_{j=1}^{n}y_j(p_a-v_a)\right\}\\
&=\frac{1}{p_a}\max_{\boldsymbol{x}\in X}\min_{\boldsymbol{y}\in Y}\left\{\sum_{j=1}^{n}\left(\sum_{i=1}^{m}a_{ij}x_i+p_a-v_a\right)y_j\right\}\\
&=\frac{1}{p_a}\max_{\boldsymbol{x}\in X}\min_{1\leqslant j\leqslant n}\left\{\sum_{i=1}^{m}a_{ij}x_i+p_a-v_a\right\}
\end{aligned}\tag{4.28}
$$

和

$$
\begin{aligned}
&\min_{\boldsymbol{x}\in X}\max_{\boldsymbol{y}\in Y}\{\upsilon_A(\boldsymbol{x}^{\mathrm{T}}\boldsymbol{F}\boldsymbol{y})\}=\min_{\boldsymbol{x}\in X}\max_{\boldsymbol{y}\in Y}\left\{\frac{v_a-\boldsymbol{x}^{\mathrm{T}}\boldsymbol{F}\boldsymbol{y}}{p_a}\right\}\\
&=\frac{1}{p_a}\min_{\boldsymbol{x}\in X}\max_{\boldsymbol{y}\in Y}\left\{v_a-\sum_{i=1}^{m}\sum_{j=1}^{n}x_ia_{ij}y_j\right\}\\
&=\frac{1}{p_a}\min_{\boldsymbol{x}\in X}\max_{\boldsymbol{y}\in Y}\left\{\sum_{j=1}^{n}v_ay_j-\sum_{i=1}^{m}\sum_{j=1}^{n}x_ia_{ij}y_j\right\}\\
&=\frac{1}{p_a}\min_{\boldsymbol{x}\in X}\max_{\boldsymbol{y}\in Y}\left\{\sum_{j=1}^{n}y_j\left(v_a-\sum_{i=1}^{m}a_{ij}x_i\right)\right\}\\
&=\frac{1}{p_a}\min_{\boldsymbol{x}\in X}\max_{1\leqslant j\leqslant n}\left\{v_a-\sum_{i=1}^{m}a_{ij}x_i\right\}
\end{aligned}\tag{4.29}
$$

即式(4.28)与式(4.29)可转化为

$$\begin{cases}\dfrac{1}{p_a}\max\limits_{x\in X}\min\limits_{1\leqslant j\leqslant n}\left\{\sum\limits_{i=1}^{m}a_{ij}x_i+p_a-v_a\right\}\\ \dfrac{1}{p_a}\min\limits_{x\in X}\max\limits_{1\leqslant j\leqslant n}\left\{v_a-\sum\limits_{i=1}^{m}a_{ij}x_i\right\}\end{cases} \tag{4.30}$$

令

$$\alpha=\min_{1\leqslant j\leqslant n}\left\{\frac{1}{p_a}\left(\sum_{i=1}^{m}a_{ij}x_i+p_a-v_a\right)\right\}$$

和

$$\beta=\max_{1\leqslant j\leqslant n}\left\{\frac{1}{p_a}\left(v_a-\sum_{i=1}^{m}a_{ij}x_i\right)\right\}$$

由式(4.30)可得

$$\max\{\alpha\},\ \min\{\beta\}$$

$$\text{s.t.}\begin{cases}\sum\limits_{i=1}^{m}a_{ij}x_i-v_a\geqslant p_a(\alpha-1)\quad(j=1,2,\cdots,n)\\ \sum\limits_{i=1}^{m}a_{ij}x_i-v_a\geqslant -p_a\beta\quad(j=1,2,\cdots,n)\\ x_1+x_2+\cdots+x_m=1\\ 0\leqslant\alpha\leqslant 1,0\leqslant\beta\leqslant 1\\ \alpha+\beta\leqslant 1\\ x_i\geqslant 0\quad(i=1,2,\cdots,m)\end{cases} \tag{4.31}$$

$\min\{\beta\}$ 可转化为 $\max\{1-\beta\}$，其中 $0\leqslant\beta\leqslant 1$. 由加权方法，式(4.31)中的两个目标 $\max\{\alpha\}$ 和 $\min\{\beta\}$ 被集结为

$$\max\left\{\frac{\alpha+1-\beta}{2}\right\} \tag{4.32}$$

式(4.31)中的约束条件可写为

$$\text{s.t.}\begin{cases}\sum\limits_{i=1}^{m}a_{ij}x_i-v_a\geqslant p_a\left(\dfrac{\alpha+1-\beta}{2}-1\right)\quad(j=1,2,\cdots,n)\\ x_1+x_2+\cdots+x_m=1\\ 0\leqslant\alpha\leqslant 1,0\leqslant\beta\leqslant 1\\ \alpha+\beta\leqslant 1\\ x_i\geqslant 0\quad(i=1,2,\cdots,m)\end{cases} \tag{4.33}$$

令

$$\frac{\alpha+1-\beta}{2}=u \tag{4.34}$$

由式(4.32)—(4.34)，则双目标规划即式(4.31)可转化为式(4.26)．显然，式(4.26)正是Bector 等的模型[39].

定理 4.8 若局中人 p_2 直觉模糊目标的隶属函数 $\mu_B(\boldsymbol{x}^{\mathrm{T}}\boldsymbol{F}\boldsymbol{y})$ 和非隶属函数 $\upsilon_B(\boldsymbol{x}^{\mathrm{T}}\boldsymbol{F}\boldsymbol{y})$ 满足 $\mu_B(\boldsymbol{x}^{\mathrm{T}}\boldsymbol{F}\boldsymbol{y})+\upsilon_B(\boldsymbol{x}^{\mathrm{T}}\boldsymbol{F}\boldsymbol{y})=1$，即若局中人 p_2 直觉模糊目标转化为模糊目标，则 p_2 的最大-最小策略及模糊目标的达到程度可通过求解下面的线性规划得到

$$\max\{v\}$$
$$\text{s.t.}\begin{cases}\sum_{j=1}^{n}a_{ij}y_j-\omega_a\leqslant p_a(1-v) & (i=1,2,\cdots,m)\\ y_1+y_2+\cdots+y_n=1 \\ 0\leqslant v\leqslant 1 \\ y_j\geqslant 0 & (j=1,2,\cdots,n)\end{cases} \tag{4.35}$$

证明 根据式(4.10)和 $\mu_B(\boldsymbol{x}^{\mathrm{T}}\boldsymbol{F}\boldsymbol{y})+\upsilon_B(\boldsymbol{x}^{\mathrm{T}}\boldsymbol{F}\boldsymbol{y})=1$，局中人 p_2 对模糊目标的非隶属函数 $\upsilon_A(\boldsymbol{x}^{\mathrm{T}}\boldsymbol{F}\boldsymbol{y})$ 为

$$\upsilon_B(\boldsymbol{x}^{\mathrm{T}}\boldsymbol{F}\boldsymbol{y})=\frac{\boldsymbol{x}^{\mathrm{T}}\boldsymbol{F}\boldsymbol{y}-\omega_a}{q_a} \tag{4.36}$$

根据式(4.14)和(4.36)，式(4.10)可转化为

$$\begin{aligned}&\max_{\boldsymbol{y}\in Y}\min_{\boldsymbol{x}\in X}\{\mu_B(\boldsymbol{x}^{\mathrm{T}}\boldsymbol{F}\boldsymbol{y})\}=\max_{\boldsymbol{y}\in Y}\min_{\boldsymbol{x}\in X}\left\{1-\frac{\boldsymbol{x}^{\mathrm{T}}\boldsymbol{F}\boldsymbol{y}-\omega_a}{q_a}\right\}\\
&=\frac{1}{q_a}\max_{\boldsymbol{y}\in Y}\min_{\boldsymbol{x}\in X}\{-\boldsymbol{x}^{\mathrm{T}}\boldsymbol{F}\boldsymbol{y}+\omega_a+q_a\}\\
&=\frac{1}{q_a}\max_{\boldsymbol{y}\in Y}\min_{\boldsymbol{x}\in X}\left\{-\sum_{i=1}^{m}\sum_{j=1}^{n}x_ia_{ij}y_j+\sum_{i=1}^{m}(\omega_a+q_a)x_i\right\}\\
&=\frac{1}{q_a}\max_{\boldsymbol{y}\in Y}\min_{\boldsymbol{x}\in X}\left\{\sum_{i=1}^{m}\left(-\sum_{j=1}^{n}a_{ij}y_j+\omega_a+q_a\right)x_i\right\}\\
&=\frac{1}{q_a}\max_{\boldsymbol{y}\in Y}\min_{1\leqslant i\leqslant m}\left\{-\sum_{j=1}^{n}a_{ij}y_j+\omega_a+q_a\right\}\end{aligned} \tag{4.37}$$

和

$$\begin{aligned}&\min_{\boldsymbol{y}\in Y}\max_{\boldsymbol{x}\in X}\{\upsilon_B(\boldsymbol{x}^{\mathrm{T}}\boldsymbol{F}\boldsymbol{y})\}\\
&=\min_{\boldsymbol{y}\in Y}\max_{\boldsymbol{x}\in X}\left\{\frac{\boldsymbol{x}^{\mathrm{T}}\boldsymbol{F}\boldsymbol{y}-\omega_a}{q_a}\right\}\end{aligned}$$

$$=\frac{1}{q_a}\min_{y\in Y}\max_{x\in X}\left\{\sum_{i=1}^{m}\sum_{j=1}^{n}x_i a_{ij}y_j-\omega_a\right\}$$

$$=\frac{1}{q_a}\min_{y\in Y}\max_{x\in X}\left\{\sum_{i=1}^{m}\sum_{j=1}^{n}x_i a_{ij}y_j-\sum_{i=1}^{m}\omega_a x_i\right\}$$

$$=\frac{1}{q_a}\min_{y\in Y}\max_{x\in X}\left\{\sum_{i=1}^{m}\left(\sum_{j=1}^{n}a_{ij}y_j-\omega_a\right)x_i\right\}$$

$$=\frac{1}{q_a}\min_{y\in Y}\max_{1\leqslant i\leqslant m}\left\{\sum_{j=1}^{n}a_{ij}y_j-\omega_a\right\} \tag{4.38}$$

即式(4.37)与式(4.38)可转化为

$$\begin{cases}\dfrac{1}{q_a}\max\limits_{y\in Y}\min\limits_{1\leqslant i\leqslant m}\left\{-\sum\limits_{j=1}^{n}a_{ij}y_j+\omega_a+q_a\right\}\\ \dfrac{1}{q_a}\min\limits_{y\in Y}\max\limits_{1\leqslant i\leqslant m}\left\{\sum\limits_{j=1}^{n}a_{ij}y_j-\omega_a\right\}\end{cases} \tag{4.39}$$

令

$$\lambda=\min_{1\leqslant i\leqslant m}\left\{\frac{1}{q_a}\left(-\sum_{j=1}^{n}a_{ij}y_j+\omega_a+q_a\right)\right\}$$

和

$$\eta=\max_{1\leqslant i\leqslant m}\left\{\frac{1}{q_a}\left(\sum_{j=1}^{n}a_{ij}y_j-\omega_a\right)\right\}$$

则式(4.39)可转化为下面的双目标规划

$$\max\{\lambda\},\min\{\eta\}$$

$$\text{s.t.}\begin{cases}\sum\limits_{j=1}^{n}a_{ij}y_j-\omega_a-q_a\leqslant -q_a\lambda & (i=1,2,\cdots,m)\\ \sum\limits_{j=1}^{n}a_{ij}y_j-\omega_a\leqslant q_a\eta & (i=1,2,\cdots,m)\\ y_1+y_2+\cdots+y_n=1\\ 0\leqslant\lambda\leqslant 1,0\leqslant\eta\leqslant 1\\ \lambda+\eta\leqslant 1\\ y_j\geqslant 0\quad (j=1,2,\cdots,n)\end{cases} \tag{4.40}$$

$\min\{\eta\}$ 也即 $\max\{1-\eta\}$，其中 $0\leqslant\eta\leqslant 1$．因此，由加权方法式(4.36)的两个目标 $\max\{\lambda\}$ 和 $\min\{\eta\}$ 被集结为

$$\max\left\{\frac{\lambda+1-\eta}{2}\right\} \tag{4.41}$$

式(4.40)的约束可写为

$$\text{s.t.}\begin{cases}\sum_{j=1}^{n} a_{ij}y_j-\omega_a\leqslant q_a\left(\dfrac{1-\lambda+\eta}{2}\right) \quad (i=1,2,\cdots,m)\\ y_1+y_2+\cdots+y_n=1\\ 0\leqslant\lambda\leqslant 1,0\leqslant\eta\leqslant 1\\ \lambda+\eta\leqslant 1\\ y_j\geqslant 0 \quad (j=1,2,\cdots,n)\end{cases} \tag{4.42}$$

由于

$$\frac{1-\lambda+\eta}{2}=1-\frac{\lambda+1-\eta}{2}$$

则式(4.42)又可写为

$$\text{s.t.}\begin{cases}\sum_{j=1}^{n} a_{ij}y_j-\omega_a\leqslant q_a\left(1-\dfrac{\lambda+1-\eta}{2}\right) \quad (i=1,2,\cdots,m)\\ y_1+y_2+\cdots+y_n=1\\ 0\leqslant\lambda\leqslant 1,0\leqslant\eta\leqslant 1\\ \lambda+\eta\leqslant 1\\ y_j\geqslant 0 \quad (j=1,2,\cdots,n)\end{cases} \tag{4.43}$$

令

$$\frac{\lambda+1-\eta}{2}=v \tag{4.44}$$

由式(4.42)—(4.44)，式(4.40)可转化为式(4.35).

显然，式(4.35)正是 Bector 等的模型[39]. 定理 4.7 和定理 4.8 说明了，Nan 和 Li[42]的直觉模糊目标二人零和博弈是 Bector 等模糊目标二人零和模型的一般化.

4.3 数值实例分析

甲、乙是两家生产洗衣机的工厂，为了扩大销路，争夺市场占有率，甲厂根据该厂条件，采取两种经营策略，α_1：维持现状；α_2：提高质量. 而乙厂能够采取三种经营策略，其中，β_1：维持现状；β_2：创新品种；β_3：分期付款. 双方决策人员根据市场抽样调查，进行统计分析和预测，得出双方各自采取不同策略时甲乙两个市场占有率的增减情况，用矩阵 $\boldsymbol{F}$ 表示为

$$\begin{array}{cc} & \begin{array}{ccc}\beta_1 & \beta_2 & \beta_3\end{array}\\ \boldsymbol{F}=\begin{array}{c}\alpha_1\\ \alpha_2\end{array} & \begin{pmatrix}4 & 2 & -1\\ -2 & 0 & 1\end{pmatrix}\end{array}$$

假定两厂洗衣机在某地区市场占有率的总和不变，因此甲厂所得便是乙厂所失. 因而矩阵 **F** 中的正数也为乙厂减少的市场占有率. 相反，负数表示甲厂减少的市场占有率，也是乙厂增加的市场占有率.

假设甲厂期望增加的市场占有率和对应的误差分别为 $v_a = 2$ 和 $p_a = 4$，甲厂拒绝降低的市场占有率和对应的误差分别为 $v_r = 2$ 和 $p_r = 6$；乙厂期望增加的市场占有率和对应的误差分别为 $\omega_a = 2$ 和 $q_a = 5$，乙厂拒绝降低的市场占有率和对应的误差分别为 $\omega_r = 0$ 和 $q_r = 4$. 试为两个厂家确定合理策略.

根据式(4.16)，可得下面的线性规划

$$\max\{\alpha - \beta\}$$
$$\text{s.t.}\begin{cases}4x_1 - 2x_2 + 2 \geqslant 4\alpha \\ 2x_1 + 2 \geqslant 4\alpha \\ -x_1 + x_2 + 2 \geqslant 4\alpha \\ 4x_1 - 2x_2 - 2 \geqslant -6\beta \\ 2x_1 - 2 \geqslant -6\beta \\ -x_1 + x_2 - 2 \geqslant -6\beta \\ x_1 + x_2 = 1 \\ x_1 \geqslant 0, x_2 \geqslant 0 \\ 0 \leqslant \alpha \leqslant 1, 0 \leqslant \beta \leqslant 1 \\ \alpha + \beta \leqslant 1\end{cases} \tag{4.45}$$

用线性规划单纯形法求解式(4.45)，得到最优解为 $(\boldsymbol{x}^*, \alpha^*, \beta^*)$，其中

$$\boldsymbol{x}^* = (0.375, 0.625)^{\mathrm{T}}, \quad \alpha^* = 0.563, \quad \beta^* = 0.292$$

则甲厂的最大-最小策略为 $\boldsymbol{x}^* = (0.375, 0.625)^{\mathrm{T}}$. 当甲厂选择该策略时，达到期望目标的最小程度为0.563，达到拒绝目标的最大程度为0.292，甲厂的犹豫程度为0.145.

类似地，根据式(4.21)，建构如下的线性规划

$$\min\{\eta - \lambda\}$$
$$\text{s.t.}\begin{cases}4y_1 + 2y_2 - y_3 - 7 \leqslant -5\lambda \\ -2y_1 + y_3 - 7 \leqslant -5\lambda \\ 4y_1 + 2y_2 - y_3 \leqslant 4\eta \\ -2y_1 + y_3 \leqslant 4\eta \\ y_1 + y_2 + y_3 = 1 \\ y_1 \geqslant 0, y_2 \geqslant 0, y_3 \geqslant 0 \\ 0 \leqslant \lambda \leqslant 1, 0 \leqslant \eta \leqslant 1 \\ \lambda + \eta \leqslant 1\end{cases} \tag{4.46}$$

利用线性规划单纯形法，可得式(4.46)的最优解为$(\boldsymbol{y}^*,\eta^*,\lambda^*)$，其中

$$\boldsymbol{y}^*=(0.25,0,0.75)^{\mathrm{T}},\quad \eta^*=0.0625,\quad \lambda^*=0.9375$$

因此，乙厂的最小-最大策略为$\boldsymbol{y}^*=(0.25,0,0.75)^{\mathrm{T}}$. 当乙厂选择该策略时，达到期望目标的最小程度为 0.9375，达到拒绝目标的最大程度为 0.0625，乙厂的犹豫程度为 0.

若假设将甲、乙两厂达到期望目标的程度用模糊集表示，根据式(4.26)，可建构下面的线性规划

$$\max\{u\}$$
$$\text{s.t.}\begin{cases}4x_1-2x_2+2\geqslant 4u\\2x_1+2\geqslant 4u\\-x_1+x_2+2\geqslant 4u\\x_1+x_2=1\\0\leqslant u\leqslant 1\\x_1\geqslant 0,x_2\geqslant 0\end{cases}\tag{4.47}$$

求解式(4.47)，可得最优解(x^*,u^*)，其中$\boldsymbol{x}^*=(0.375,0.625)^{\mathrm{T}}$, $u=0.563$. 因此，甲厂的最大-最小策略为$\boldsymbol{x}^*=(0.375,0.625)^{\mathrm{T}}$，即，$x_1=0.375$, $x_2=0.625$. 达到目标的最小满意度为 0.563.

根据式(4.35)，可建构下面的线性规划

$$\max\{v\}$$
$$\text{s.t.}\begin{cases}4y_1+2y_2-y_3-7\leqslant -5v\\-2y_1+y_3-7\leqslant -5v\\y_1+y_2+y_3=1\\0\leqslant v\leqslant 1\\y_1\geqslant 0,y_2\geqslant 0,y_3\geqslant 0\end{cases}\tag{4.48}$$

求解式(4.48)，可得最优解(y^*,v^*)，其中$\boldsymbol{y}^*=(0.25,0,0.75)^{\mathrm{T}}$, $v^*=0.9375$. 因此，乙厂的最大-最小策略为$\boldsymbol{y}^*=(0.25,0,0.75)^{\mathrm{T}}$，即$y_1=0.25$, $y_2=0$, $y_3=0.75$，达到目标的满意程度为 0.9375. 显然，根据 Bector 等[39]的方法，只能计算得到甲厂达到期望目标的程度为 0.563，乙厂达到期望目标的程度为 0.9375.

第 5 章 直觉模糊集二人零和博弈

在一些实际博弈问题中，博弈的支付值表示局中人对一局势结果(或结局)的主观判断，即满意程度. 例如，若将两家公司在某一市场中如何提高其产品销售量的问题看作一个博弈问题，则博弈的支付值表示公司管理者对各个局势下其产品市场占有情况的主观判断，即占有率很大、较大、中等、小、较小等. 由于信息的不确定性，局中人的判断往往存在模糊性或不确定性. 在这种情境中，可用模糊集表示局中人的判断结果. 模糊零和博弈为解决这类博弈问题提供了一种途径. 然而，由于博弈所涉及的信息不完全、局中人的模糊认知、不确定性偏好等复杂因素，局中人的判断往往存在一定的犹豫程度. 比如，上述两公司对市场占有率的估计，由于信息的不完全性和不确定性，两公司管理者只能根据已有经验或有关专家的意见估计出某个局势下提高市场占有率的可能性为60%，降低市场占有率的可能性为20%，还有 20%的可能性不能够确定提高还是降低市场占有率，即公司管理者对此局势结果的估计存在一定的犹豫程度. 这种犹豫程度影响了他们对策略的选择. 然而，采用单一隶属度定义方式的模糊集只能表示提高和降低市场占有率两种状态，不能描述公司管理者的这种犹豫状态. Atanassov[4, 5]提出的两标度(隶属度和非隶属度)直觉模糊集能很好地刻画在各个局势下局中人判断的肯定程度、否定程度和犹豫程度三种状态信息. 因此，直觉模糊集能更加细腻地表示支付值的模糊性本质. 本章阐述支付值为直觉模糊集的零和博弈的相关理论模型与求解方法.

5.1 直觉模糊集二人零和博弈解的定义及性质

假设当局中人 p_1 选取纯策略 $\alpha_i \in S_1 (i=1,2,\cdots,m)$，局中人 p_2 选取纯策略 $\beta_j \in S_2 (j=1,2,\cdots,n)$ 时，局中人 p_1 获得的支付值为直觉模糊集 $\langle \mu_{ij},\upsilon_{ij} \rangle$ $(i=1,2,\cdots,m;$ $j=1,2,\cdots,n)$，而 p_2 相应的损失支付值为 $\langle \mu_{ij},\upsilon_{ij} \rangle$. 尽管两个局中人支付值的和不等于零，但因局中人 p_1 的赢得即为局中人 p_2 的损失，因此仍然认为是零和博弈. 局中人 p_1 在各种纯策略局势下的支付值用矩阵表示为

$$\bar{A} = \begin{array}{c} \\ \alpha_1 \\ \alpha_2 \\ \vdots \\ \alpha_m \end{array} \begin{array}{c} \begin{array}{cccc} \beta_1 & \beta_2 & \cdots & \beta_n \end{array} \\ \begin{pmatrix} \langle \mu_{11},\upsilon_{11} \rangle & \langle \mu_{12},\upsilon_{12} \rangle & \cdots & \langle \mu_{1n},\upsilon_{1n} \rangle \\ \langle \mu_{21},\upsilon_{21} \rangle & \langle \mu_{22},\upsilon_{22} \rangle & \cdots & \langle \mu_{2n},\upsilon_{2n} \rangle \\ \vdots & \vdots & & \vdots \\ \langle \mu_{m1},\upsilon_{m1} \rangle & \langle \mu_{m2},\upsilon_{m2} \rangle & \cdots & \langle \mu_{mn},\upsilon_{mn} \rangle \end{pmatrix} \end{array}$$

由定义 1.2 的式(6)和式(9)，在混合策略局势$(\boldsymbol{x},\boldsymbol{y})(\boldsymbol{x}\in X,\boldsymbol{y}\in Y)$下，局中人$p_1$的期望支付值为

$$E(\boldsymbol{x},\boldsymbol{y})=\boldsymbol{x}^{\mathrm{T}}\overline{\boldsymbol{A}}\boldsymbol{y}=(x_1,x_2,\cdots,x_m)\begin{pmatrix}\langle\mu_{11},\upsilon_{11}\rangle & \cdots & \langle\mu_{1n},\upsilon_{1n}\rangle\\ \langle\mu_{21},\upsilon_{21}\rangle & \cdots & \langle\mu_{2n},\upsilon_{2n}\rangle\\ \vdots & & \vdots\\ \langle\mu_{m1},\upsilon_{m1}\rangle & \cdots & \langle\mu_{mn},\upsilon_{mn}\rangle\end{pmatrix}\begin{pmatrix}y_1\\ y_2\\ \vdots\\ y_n\end{pmatrix}$$

$$=\left\langle 1-\prod_{j=1}^{n}\prod_{i=1}^{m}(1-\mu_{ij})^{x_iy_j},\quad \prod_{j=1}^{n}\prod_{i=1}^{m}\upsilon_{ij}^{\ x_iy_j}\right\rangle \tag{5.1}$$

下面将支付值为直觉模糊集的二人零和博弈简称为直觉模糊集零和博弈$\overline{\boldsymbol{A}}$.

由于两个局中人的利益关系是根本对立的，每个局中人获得的支付大小不仅取决于自己所采取的策略，还依赖于其他人采取的策略，这样每个局中人都需要针对对方的策略选择做出对自己最有利的反应，因此，假定局中人都是理性的，遵循“从最坏处着想，从最好处入手”的博弈原则，即局中人p_1选取混合策略$\boldsymbol{x}$使其期望支付值$E(\boldsymbol{x},\boldsymbol{y})=\boldsymbol{x}^{\mathrm{T}}\overline{\boldsymbol{A}}\boldsymbol{y}$最大，而局中人$p_2$则选取混合策略$\boldsymbol{y}$使$E(\boldsymbol{x},\boldsymbol{y})=\boldsymbol{x}^{\mathrm{T}}\overline{\boldsymbol{A}}\boldsymbol{y}$最小，即局中人$p_1$按照最大-最小准则选取策略，局中人$p_2$按照最小-最大准则选取策略.

一般地，如果局中人p_1采用混合策略$\boldsymbol{x}$，则局中人p_1至少可以得到的支付值为

$$\min_{\boldsymbol{y}\in Y}\{\boldsymbol{x}^{\mathrm{T}}\overline{\boldsymbol{A}}\boldsymbol{y}\}$$

由于局中人p_1希望所得到的越大越好，因此他可以选择$\boldsymbol{x}$使上式最大. 这就是说，局中人p_1可以选择混合策略$\boldsymbol{x}$使他得到的支付不少于

$$\max_{\boldsymbol{x}\in X}\min_{\boldsymbol{y}\in Y}\{\boldsymbol{x}^{\mathrm{T}}\overline{\boldsymbol{A}}\boldsymbol{y}\}$$

同样地，如果局中人p_2采用混合策略$\boldsymbol{y}$，由于局中人p_1希望支付值越大越好，则局中人p_2至多损失

$$\max_{\boldsymbol{x}\in X}\{\boldsymbol{x}^{\mathrm{T}}\overline{\boldsymbol{A}}\boldsymbol{y}\}$$

由于局中人p_2希望支付值越小越好，因此他可以选择$\boldsymbol{y}$使上式为最小. 这就是说，局中人p_2可以选择$\boldsymbol{y}$，保证他失去的不大于

$$\min_{\boldsymbol{y}\in Y}\max_{\boldsymbol{x}\in X}\{\boldsymbol{x}^{\mathrm{T}}\overline{\boldsymbol{A}}\boldsymbol{y}\}$$

定理 5.1　对于直觉模糊集零和博弈$\overline{\boldsymbol{A}}$，有$\max\limits_{\boldsymbol{x}\in X}\min\limits_{\boldsymbol{y}\in Y}\{\boldsymbol{x}^{\mathrm{T}}\overline{\boldsymbol{A}}\boldsymbol{y}\}\subseteq\min\limits_{\boldsymbol{y}\in Y}\max\limits_{\boldsymbol{x}\in X}\{\boldsymbol{x}^{\mathrm{T}}\overline{\boldsymbol{A}}\boldsymbol{y}\}$.

证明　对任意$\boldsymbol{x}\in X$，有

$$\min_{\boldsymbol{y}\in Y}\left\{1-\prod_{j=1}^{n}\prod_{i=1}^{m}(1-\mu_{ij})^{x_iy_j}\right\}\leqslant 1-\prod_{j=1}^{n}\prod_{i=1}^{m}(1-\mu_{ij})^{x_iy_j}$$

对任意 $\boldsymbol{y}\in Y$，有

$$\max_{\boldsymbol{x}\in X}\left\{1-\prod_{j=1}^{n}\prod_{i=1}^{m}(1-\mu_{ij})^{x_i y_j}\right\}\geqslant 1-\prod_{j=1}^{n}\prod_{i=1}^{m}(1-\mu_{ij})^{x_i y_j}$$

因此, 对任意的 $\boldsymbol{x}\in X$ 与 $\boldsymbol{y}\in Y$，有

$$\min_{\boldsymbol{y}\in Y}\left\{1-\prod_{j=1}^{n}\prod_{i=1}^{m}(1-\mu_{ij})^{x_i y_j}\right\}\leqslant \max_{\boldsymbol{x}\in X}\left\{1-\prod_{j=1}^{n}\prod_{i=1}^{m}(1-\mu_{ij})^{x_i y_j}\right\}$$

由于上述不等式对于任意 $\boldsymbol{y}\in Y$ 都成立, 则

$$\min_{\boldsymbol{y}\in Y}\left\{1-\prod_{j=1}^{n}\prod_{i=1}^{m}(1-\mu_{ij})^{x_i y_j}\right\}\leqslant \min_{\boldsymbol{y}\in Y}\max_{\boldsymbol{x}\in X}\left\{1-\prod_{j=1}^{n}\prod_{i=1}^{m}(1-\mu_{ij})^{x_i y_j}\right\}$$

上述不等式对于任意 $\boldsymbol{x}\in X$ 都成立, 则

$$\max_{\boldsymbol{x}\in X}\min_{\boldsymbol{y}\in Y}\left\{1-\prod_{j=1}^{n}\prod_{i=1}^{m}(1-\mu_{ij})^{x_i y_j}\right\}\leqslant \min_{\boldsymbol{y}\in Y}\max_{\boldsymbol{x}\in X}\left\{1-\prod_{j=1}^{n}\prod_{i=1}^{m}(1-\mu_{ij})^{x_i y_j}\right\} \tag{5.2}$$

类似地, 对任意 $\boldsymbol{x}\in X$，有

$$\max_{\boldsymbol{y}\in Y}\left\{\prod_{j=1}^{n}\prod_{i=1}^{m}\upsilon_{ij}^{x_i y_j}\right\}\geqslant \prod_{j=1}^{n}\prod_{i=1}^{m}\upsilon_{ij}^{x_i y_j}$$

对任意 $\boldsymbol{y}\in Y$，有

$$\min_{\boldsymbol{x}\in X}\left\{\prod_{j=1}^{n}\prod_{i=1}^{m}\upsilon_{ij}^{x_i y_j}\right\}\leqslant \prod_{j=1}^{n}\prod_{i=1}^{m}\upsilon_{ij}^{x_i y_j}$$

因此, 对任意 $\boldsymbol{x}\in X$ 与 $\boldsymbol{y}\in Y$，有

$$\max_{\boldsymbol{y}\in Y}\left\{\prod_{j=1}^{n}\prod_{i=1}^{m}\upsilon_{ij}^{x_i y_j}\right\}\geqslant \min_{\boldsymbol{x}\in X}\left\{\prod_{j=1}^{n}\prod_{i=1}^{m}\upsilon_{ij}^{x_i y_j}\right\}$$

由于上述不等式对任意 $\boldsymbol{y}\in Y$ 都成立, 则

$$\max_{\boldsymbol{y}\in Y}\left\{\prod_{j=1}^{n}\prod_{i=1}^{m}\upsilon_{ij}^{x_i y_j}\right\}\geqslant \max_{\boldsymbol{y}\in Y}\min_{\boldsymbol{x}\in X}\left\{\prod_{j=1}^{n}\prod_{i=1}^{m}\upsilon_{ij}^{x_i y_j}\right\}$$

上述不等式对任意 $\boldsymbol{x}\in X$ 都成立, 则

$$\min_{\boldsymbol{x}\in X}\max_{\boldsymbol{y}\in Y}\left\{\prod_{j=1}^{n}\prod_{i=1}^{m}\upsilon_{ij}^{x_i y_j}\right\}\geqslant \max_{\boldsymbol{y}\in Y}\min_{\boldsymbol{x}\in X}\left\{\prod_{j=1}^{n}\prod_{i=1}^{m}\upsilon_{ij}^{x_i y_j}\right\} \tag{5.3}$$

根据式(5.2)，式(5.3)和定义 1.2 中的式(1)可得

$$\max_{\boldsymbol{x}\in X}\min_{\boldsymbol{y}\in Y}\left\{\left\langle 1-\prod_{j=1}^{n}\prod_{i=1}^{m}(1-\mu_{ij})^{x_i y_j},\prod_{j=1}^{n}\prod_{i=1}^{m}\upsilon_{ij}^{x_i y_j}\right\rangle\right\}$$

$$\subseteq \min_{\boldsymbol{y}\in Y}\max_{\boldsymbol{x}\in X}\left\{\left\langle 1-\prod_{j=1}^{n}\prod_{i=1}^{m}(1-\mu_{ij})^{x_i y_j},\prod_{j=1}^{n}\prod_{i=1}^{m}\upsilon_{ij}^{x_i y_j}\right\rangle\right\}$$

即

$$\max_{x\in X}\min_{y\in Y}\{\boldsymbol{x}^{\mathrm{T}}\overline{\boldsymbol{A}}\boldsymbol{y}\}\subseteq\min_{y\in Y}\max_{x\in X}\{\boldsymbol{x}^{\mathrm{T}}\overline{\boldsymbol{A}}\boldsymbol{y}\}$$

定理 5.1 说明了, 局中人 p_1 的最小赢得不会超过局中人 p_2 的最大损失. 这与经典零和博弈结论一致.

类似于经典零和博弈鞍点的定义, 我们给出如下直觉模糊集零和博弈的鞍点定义.

定义 5.1　在直觉模糊集零和博弈 $\overline{\boldsymbol{A}}$ 中, 若存在策略对 $(\boldsymbol{x}^*,\boldsymbol{y}^*)(\boldsymbol{x}^*\in X,\boldsymbol{y}^*\in Y)$, 使对任意 $\boldsymbol{x}\in X$ 和 $\boldsymbol{y}\in Y$, 满足

$$\boldsymbol{x}^{\mathrm{T}}\overline{\boldsymbol{A}}\boldsymbol{y}^*\subseteq\boldsymbol{x}^{*\mathrm{T}}\overline{\boldsymbol{A}}\boldsymbol{y}^*\subseteq\boldsymbol{x}^{*\mathrm{T}}\overline{\boldsymbol{A}}\boldsymbol{y}$$

则称 $(\boldsymbol{x}^*,\boldsymbol{y}^*)$ 为直觉模糊集零和博弈 $\overline{\boldsymbol{A}}$ 的混合策略鞍点.

与经典的零和博弈一样, 我们需要考虑直觉模糊集零和博弈 $\overline{\boldsymbol{A}}$ 的混合策略鞍点存在的充分必要条件.

定理 5.2　在直觉模糊集零和博弈 $\overline{\boldsymbol{A}}$ 中, 混合策略鞍点存在的充分必要条件为

$$\max_{x\in X}\min_{y\in Y}\{\boldsymbol{x}^{\mathrm{T}}\overline{\boldsymbol{A}}\boldsymbol{y}\}=\min_{y\in Y}\max_{x\in X}\{\boldsymbol{x}^{\mathrm{T}}\overline{\boldsymbol{A}}\boldsymbol{y}\}$$

证明　充分性. 若 $\max\limits_{x\in X}\min\limits_{y\in Y}\{\boldsymbol{x}^{\mathrm{T}}\overline{\boldsymbol{A}}\boldsymbol{y}\}=\min\limits_{y\in Y}\max\limits_{x\in X}\{\boldsymbol{x}^{\mathrm{T}}\overline{\boldsymbol{A}}\boldsymbol{y}\}$, 则必存在 $\boldsymbol{x}^*\in X$ 和 $\boldsymbol{y}^*\in Y$ 使得

$$\begin{aligned}&\max_{x\in X}\min_{y\in Y}\left\{\left\langle 1-\prod_{j=1}^{n}\prod_{i=1}^{m}(1-\mu_{ij})^{x_iy_j},\prod_{j=1}^{n}\prod_{i=1}^{m}\upsilon_{ij}^{x_iy_j}\right\rangle\right\}\\&=\min_{y\in Y}\left\{\left\langle 1-\prod_{j=1}^{n}\prod_{i=1}^{m}(1-\mu_{ij})^{x_i^*y_j},\prod_{j=1}^{n}\prod_{i=1}^{m}\upsilon_{ij}^{x_i^*y_j}\right\rangle\right\}\end{aligned}$$

$$\begin{aligned}&\min_{y\in Y}\max_{x\in X}\left\{\left\langle 1-\prod_{j=1}^{n}\prod_{i=1}^{m}(1-\mu_{ij})^{x_iy_j},\prod_{j=1}^{n}\prod_{i=1}^{m}\upsilon_{ij}^{x_iy_j}\right\rangle\right\}\\&=\max_{x\in X}\left\{\left\langle 1-\prod_{j=1}^{n}\prod_{i=1}^{m}(1-\mu_{ij})^{x_iy_j^*},\prod_{j=1}^{n}\prod_{i=1}^{m}\upsilon_{ij}^{x_iy_j^*}\right\rangle\right\}\end{aligned}$$

因此, 可得

$$\begin{aligned}&\max_{x\in X}\left\{\left\langle 1-\prod_{j=1}^{n}\prod_{i=1}^{m}(1-\mu_{ij})^{x_iy_j^*},\prod_{j=1}^{n}\prod_{i=1}^{m}\upsilon_{ij}^{x_iy_j^*}\right\rangle\right\}\\&=\min_{y\in Y}\left\{\left\langle 1-\prod_{j=1}^{n}\prod_{i=1}^{m}(1-\mu_{ij})^{x_i^*y_j},\prod_{j=1}^{n}\prod_{i=1}^{m}\upsilon_{ij}^{x_i^*y_j}\right\rangle\right\}\end{aligned}\tag{5.4}$$

式(5.4)等价于

$$\left\langle \max_{x\in X}\left\{1-\prod_{j=1}^{n}\prod_{i=1}^{m}(1-\mu_{ij})^{x_iy_j^*}\right\}, \min_{y\in X}\left\{\prod_{j=1}^{n}\prod_{i=1}^{m}\upsilon_{ij}^{x_iy_j^*}\right\}\right\rangle$$

$$=\left\langle \min_{y\in Y}\left\{1-\prod_{j=1}^{n}\prod_{i=1}^{m}(1-\mu_{ij})^{x_i^*y_j}\right\}, \max_{y\in Y}\left\{\prod_{j=1}^{n}\prod_{i=1}^{m}\upsilon_{ij}^{x_i^*y_j}\right\}\right\rangle \tag{5.5}$$

根据定义 1.2 中的式(2)可得

$$\max_{x\in X}\left\{1-\prod_{j=1}^{n}\prod_{i=1}^{m}(1-\mu_{ij})^{x_iy_j^*}\right\}=\min_{y\in Y}\left\{1-\prod_{j=1}^{n}\prod_{i=1}^{m}(1-\mu_{ij})^{x_i^*y_j}\right\} \tag{5.6}$$

和

$$\min_{x\in X}\left\{\prod_{j=1}^{n}\prod_{i=1}^{m}\upsilon_{ij}^{x_iy_j^*}\right\}=\max_{y\in Y}\left\{\prod_{j=1}^{n}\prod_{i=1}^{m}\upsilon_{ij}^{x_i^*y_j}\right\} \tag{5.7}$$

又因为

$$\max_{x\in X}\left\{1-\prod_{j=1}^{n}\prod_{i=1}^{m}(1-\mu_{ij})^{x_iy_j^*}\right\}\geqslant 1-\prod_{j=1}^{n}\prod_{i=1}^{m}(1-\mu_{ij})^{x_i^*y_j^*}\geqslant \min_{y\in Y}\left\{1-\prod_{j=1}^{n}\prod_{i=1}^{m}(1-\mu_{ij})^{x_i^*y_j}\right\} \tag{5.8}$$

和

$$\min_{x\in X}\left\{\prod_{j=1}^{n}\prod_{i=1}^{m}\upsilon_{ij}^{x_iy_j^*}\right\}\leqslant\prod_{j=1}^{n}\prod_{i=1}^{m}\upsilon_{ij}^{x_i^*y_j^*}\leqslant\max_{y\in Y}\left\{\prod_{j=1}^{n}\prod_{i=1}^{m}\upsilon_{ij}^{x_i^*y_j}\right\} \tag{5.9}$$

从而由式(5.6)和式(5.8)可得

$$\max_{x\in X}\left\{1-\prod_{j=1}^{n}\prod_{i=1}^{m}(1-\mu_{ij})^{x_iy_j^*}\right\}=1-\prod_{j=1}^{n}\prod_{i=1}^{m}(1-\mu_{ij})^{x_i^*y_j^*}=\min_{y\in Y}\left\{1-\prod_{j=1}^{n}\prod_{i=1}^{m}(1-\mu_{ij})^{x_i^*y_j}\right\} \tag{5.10}$$

类似地，由式(5.7)和式(5.9)可得

$$\min_{x\in X}\left\{\prod_{j=1}^{n}\prod_{i=1}^{m}\upsilon_{ij}^{x_iy_j^*}\right\}=\prod_{j=1}^{n}\prod_{i=1}^{m}\upsilon_{ij}^{x_i^*y_j^*}=\max_{y\in Y}\left\{\prod_{j=1}^{n}\prod_{i=1}^{m}\upsilon_{ij}^{x_i^*y_j}\right\} \tag{5.11}$$

由式(5.10)可知，对任意 $\boldsymbol{x}\in X$ 与 $\boldsymbol{y}\in Y$，有

$$1-\prod_{j=1}^{n}\prod_{i=1}^{m}(1-\mu_{ij})^{x_iy_j^*}\leqslant 1-\prod_{j=1}^{n}\prod_{i=1}^{m}(1-\mu_{ij})^{x_i^*y_j^*}\leqslant 1-\prod_{j=1}^{n}\prod_{i=1}^{m}(1-\mu_{ij})^{x_i^*y_j} \tag{5.12}$$

由式(5.11)可知，对任意 $\boldsymbol{x}\in X$ 与 $\boldsymbol{y}\in Y$，有

$$\prod_{j=1}^{n}\prod_{i=1}^{m}\upsilon_{ij}^{x_iy_j^*}\geqslant\prod_{j=1}^{n}\prod_{i=1}^{m}\upsilon_{ij}^{x_i^*y_j^*}\geqslant\prod_{j=1}^{n}\prod_{i=1}^{m}\upsilon_{ij}^{x_i^*y_j} \tag{5.13}$$

由式(5.12)和式(5.13)及定义 1.2 中的式(1)可知，对任意 $\boldsymbol{x}\in X$ 与 $\boldsymbol{y}\in Y$，有

$$\left\langle 1-\prod_{j=1}^{n}\prod_{i=1}^{m}(1-\mu_{ij})^{x_i y_j^*}, \prod_{j=1}^{n}\prod_{i=1}^{m}\upsilon_{ij}^{x_i^* y_j}\right\rangle$$

$$\subseteq \left\langle 1-\prod_{j=1}^{n}\prod_{i=1}^{m}(1-\mu_{ij})^{x_i^* y_j^*}, \prod_{j=1}^{n}\prod_{i=1}^{m}\upsilon_{ij}^{x_i^* y_j^*}\right\rangle$$

$$\subseteq \left\langle 1-\prod_{j=1}^{n}\prod_{i=1}^{m}(1-\mu_{ij})^{x_i^* y_j}, \prod_{j=1}^{n}\prod_{i=1}^{m}\upsilon_{ij}^{x_i^* y_j}\right\rangle$$

即 $\boldsymbol{x}^{\mathrm{T}}\bar{\boldsymbol{A}}\boldsymbol{y}^* \subseteq \boldsymbol{x}^{*\mathrm{T}}\bar{\boldsymbol{A}}\boldsymbol{y}^* \subseteq \boldsymbol{x}^{*\mathrm{T}}\bar{\boldsymbol{A}}\boldsymbol{y}$. 所以，$(\boldsymbol{x}^*,\boldsymbol{y}^*)$ 为直觉模糊集零和博弈 $\bar{\boldsymbol{A}}$ 的混合策略鞍点.

必要性. 设 $(\boldsymbol{x}^*,\boldsymbol{y}^*)$ 为直觉模糊集零和博弈 $\bar{\boldsymbol{A}}$ 的混合策略鞍点, 则对任意 $\boldsymbol{x}\in X$ 与 $\boldsymbol{y}\in Y$，有

$$\boldsymbol{x}^{\mathrm{T}}\bar{\boldsymbol{A}}\boldsymbol{y}^* \subseteq \boldsymbol{x}^{*\mathrm{T}}\bar{\boldsymbol{A}}\boldsymbol{y}^* \subseteq \boldsymbol{x}^{*\mathrm{T}}\bar{\boldsymbol{A}}\boldsymbol{y}$$

即对任意 $\boldsymbol{x}\in X$ 与 $\boldsymbol{y}\in Y$，有

$$\left\langle 1-\prod_{j=1}^{n}\prod_{i=1}^{m}(1-\mu_{ij})^{x_i y_j^*}, \prod_{j=1}^{n}\prod_{i=1}^{m}\upsilon_{ij}^{x_i^* y_j}\right\rangle \subseteq \left\langle 1-\prod_{j=1}^{n}\prod_{i=1}^{m}(1-\mu_{ij})^{x_i^* y_j^*}, \prod_{j=1}^{n}\prod_{i=1}^{m}\upsilon_{ij}^{x_i^* y_j^*}\right\rangle \tag{5.14}$$

和

$$\left\langle 1-\prod_{j=1}^{n}\prod_{i=1}^{m}(1-\mu_{ij})^{x_i^* y_j^*}, \prod_{j=1}^{n}\prod_{i=1}^{m}\upsilon_{ij}^{x_i^* y_j^*}\right\rangle \subseteq \left\langle 1-\prod_{j=1}^{n}\prod_{i=1}^{m}(1-\mu_{ij})^{x_i^* y_j}, \prod_{j=1}^{n}\prod_{i=1}^{m}\upsilon_{ij}^{x_i^* y_j}\right\rangle \tag{5.15}$$

由于式(5.14)对任意的 $\boldsymbol{x}\in X$ 与 $\boldsymbol{y}\in Y$ 成立, 则有

$$\max_{\boldsymbol{x}\in X}\left\{\left\langle 1-\prod_{j=1}^{n}\prod_{i=1}^{m}(1-\mu_{ij})^{x_i y_j^*}, \prod_{j=1}^{n}\prod_{i=1}^{m}\upsilon_{ij}^{x_i^* y_j}\right\rangle\right\} \subseteq \left\langle 1-\prod_{j=1}^{n}\prod_{i=1}^{m}(1-\mu_{ij})^{x_i^* y_j^*}, \prod_{j=1}^{n}\prod_{i=1}^{m}\upsilon_{ij}^{x_i^* y_j^*}\right\rangle$$

因而有

$$\min_{\boldsymbol{y}\in Y}\max_{\boldsymbol{x}\in X}\left\{\left\langle 1-\prod_{j=1}^{n}\prod_{i=1}^{m}(1-\mu_{ij})^{x_i y_j}, \prod_{j=1}^{n}\prod_{i=1}^{m}\upsilon_{ij}^{x_i y_j}\right\rangle\right\} \subseteq \left\langle 1-\prod_{j=1}^{n}\prod_{i=1}^{m}(1-\mu_{ij})^{x_i^* y_j^*}, \prod_{j=1}^{n}\prod_{i=1}^{m}\upsilon_{ij}^{x_i^* y_j^*}\right\rangle \tag{5.16}$$

由于式(5.15)对任意的 $\boldsymbol{y}\in Y$ 成立, 则有

$$\left\langle 1-\prod_{j=1}^{n}\prod_{i=1}^{m}(1-\mu_{ij})^{x_i^* y_j^*}, \prod_{j=1}^{n}\prod_{i=1}^{m}\upsilon_{ij}^{x_i^* y_j^*}\right\rangle \subseteq \min_{\boldsymbol{y}\in Y}\left\{\left\langle 1-\prod_{j=1}^{n}\prod_{i=1}^{m}(1-\mu_{ij})^{x_i^* y_j}, \prod_{j=1}^{n}\prod_{i=1}^{m}\upsilon_{ij}^{x_i^* y_j}\right\rangle\right\}$$

因而有

$$\left\langle 1-\prod_{j=1}^{n}\prod_{i=1}^{m}(1-\mu_{ij})^{x_i^* y_j^*}, \prod_{j=1}^{n}\prod_{i=1}^{m}\upsilon_{ij}^{x_i^* y_j^*}\right\rangle \subseteq \max_{\boldsymbol{x}\in X}\min_{\boldsymbol{y}\in Y}\left\{\left\langle 1-\prod_{j=1}^{n}\prod_{i=1}^{m}(1-\mu_{ij})^{x_i y_j}, \prod_{j=1}^{n}\prod_{i=1}^{m}\upsilon_{ij}^{x_i y_j}\right\rangle\right\} \tag{5.17}$$

由式(5.16)和式(5.17)得到

$$\min_{y\in Y}\max_{x\in X}\left\{\left\langle 1-\prod_{j=1}^{n}\prod_{i=1}^{m}(1-\mu_{ij})^{x_i^* y_j^*},\prod_{j=1}^{n}\prod_{i=1}^{m}\upsilon_{ij}^{x_i^* y_j^*}\right\rangle\right\}$$

$$\subseteq\max_{x\in X}\min_{y\in Y}\left\{\left\langle 1-\prod_{j=1}^{n}\prod_{i=1}^{m}(1-\mu_{ij})^{x_i y_j},\prod_{j=1}^{n}\prod_{i=1}^{m}\upsilon_{ij}^{x_i y_j}\right\rangle\right\}$$

再结合定理 5.1, 可得

$$\min_{y\in Y}\max_{x\in X}\left\{\left\langle 1-\prod_{j=1}^{n}\prod_{i=1}^{m}(1-\mu_{ij})^{x_i^* y_j^*},\prod_{j=1}^{n}\prod_{i=1}^{m}\upsilon_{ij}^{x_i^* y_j^*}\right\rangle\right\}$$

$$=\max_{x\in X}\min_{y\in Y}\left\{\left\langle 1-\prod_{j=1}^{n}\prod_{i=1}^{m}(1-\mu_{ij})^{x_i y_j},\prod_{j=1}^{n}\prod_{i=1}^{m}\upsilon_{ij}^{x_i y_j}\right\rangle\right\}$$

即

$$\max_{\boldsymbol{x}\in X}\min_{\boldsymbol{y}\in Y}\{\boldsymbol{x}^{\mathrm{T}}\overline{\boldsymbol{A}}\boldsymbol{y}\}=\min_{\boldsymbol{y}\in Y}\max_{\boldsymbol{x}\in X}\{\boldsymbol{x}^{\mathrm{T}}\overline{\boldsymbol{A}}\boldsymbol{y}\}$$

定理 5.3　在直觉模糊集零和博弈 $\overline{\boldsymbol{A}}$ 中, 设 $(\boldsymbol{x}^*,\boldsymbol{y}^*)$ 和 $(\boldsymbol{x}^0,\boldsymbol{y}^0)$ 都是混合策略鞍点, 则 $(\boldsymbol{x}^0,\boldsymbol{y}^*)$ 与 $(\boldsymbol{x}^*,\boldsymbol{y}^0)$ 都是直觉模糊集零和博弈 $\overline{\boldsymbol{A}}$ 的混合策略鞍点, 且 $E(\boldsymbol{x}^*,\boldsymbol{y}^*)=E(\boldsymbol{x}^0,\boldsymbol{y}^0)$.

证明　由于 $(\boldsymbol{x}^0,\boldsymbol{y}^0)$ 是直觉模糊集零和博弈 $\overline{\boldsymbol{A}}$ 的混合策略鞍点, 根据定义 5.1, 对任意的 $\boldsymbol{x}\in X,\boldsymbol{y}\in Y$, 可得

$$E(\boldsymbol{x},\boldsymbol{y}^0)\subseteq E(\boldsymbol{x}^0,\boldsymbol{y}^0)\subseteq E(\boldsymbol{x}^0,\boldsymbol{y}) \tag{5.18}$$

又因为 $(\boldsymbol{x}^*,\boldsymbol{y}^*)$ 是直觉模糊集零和博弈 $\overline{\boldsymbol{A}}$ 的混合策略鞍点, 根据定义 5.1, 对任意的 $\boldsymbol{x}\in X,\boldsymbol{y}\in Y$, 可得

$$E(\boldsymbol{x},\boldsymbol{y}^*)\subseteq E(\boldsymbol{x}^*,\boldsymbol{y}^*)\subseteq E(\boldsymbol{x}^*,\boldsymbol{y}) \tag{5.19}$$

由式 (5.18) 和式 (5.19) 可得

$$E(\boldsymbol{x}^*,\boldsymbol{y}^0)\subseteq E(\boldsymbol{x}^0,\boldsymbol{y}^0)\subseteq E(\boldsymbol{x}^0,\boldsymbol{y}^*)\subseteq E(\boldsymbol{x}^*,\boldsymbol{y}^*)\subseteq E(\boldsymbol{x}^*,\boldsymbol{y}^0)$$

即

$$E(\boldsymbol{x}^*,\boldsymbol{y}^*)=E(\boldsymbol{x}^0,\boldsymbol{y}^0)=E(\boldsymbol{x}^*,\boldsymbol{y}^0)=E(\boldsymbol{x}^0,\boldsymbol{y}^*) \tag{5.20}$$

则对任意的 $\boldsymbol{x}\in X,\boldsymbol{y}\in Y$, 有

$$E(\boldsymbol{x},\boldsymbol{y}^*)\subseteq E(\boldsymbol{x}^*,\boldsymbol{y}^*)=E(\boldsymbol{x}^0,\boldsymbol{y}^*)\subseteq E(\boldsymbol{x}^0,\boldsymbol{y})$$

即 $(\boldsymbol{x}^0,\boldsymbol{y}^*)$ 是直觉模糊集零和博弈 $\overline{\boldsymbol{A}}$ 的混合策略鞍点.

类似地, 可证明

$$E(\boldsymbol{x},\boldsymbol{y}^0)\subseteq E(\boldsymbol{x}^0,\boldsymbol{y}^0)=E(\boldsymbol{x}^*,\boldsymbol{y}^0)\subseteq E(\boldsymbol{x}^*,\boldsymbol{y})$$

即 $(\boldsymbol{x}^*,\boldsymbol{y}^0)$ 是直觉模糊集零和博弈 $\overline{\boldsymbol{A}}$ 的混合策略鞍点, 且由 (5.20) 可得 $E(\boldsymbol{x}^*,\boldsymbol{y}^*)=E(\boldsymbol{x}^0,\boldsymbol{y}^0)$.

定理 5.1—定理 5.3 说明, 直觉模糊集零和博弈 $\overline{\boldsymbol{A}}$ 具有与经典零和博弈相类似的性质.

经典矩阵对策一定存在混合策略鞍点. 然而, 在直觉模糊集矩阵对策 $\bar{\boldsymbol{A}}$ 中由于局中人 p_1 的期望支付值 $E(\boldsymbol{x},\boldsymbol{y})$ 是带有两标度(隶属度和非隶属度)的直觉模糊集, 往往不存在 $(\boldsymbol{x}^*,\boldsymbol{y}^*)$ $(\boldsymbol{x}^*\in X,\boldsymbol{y}^*\in Y)$ 同时满足两个标度. 因此, 在直觉模糊集矩阵对策 $\bar{\boldsymbol{A}}$ 中混合策略鞍点很少存在. 我们需要重新定义直觉模糊集矩阵对策 $\bar{\boldsymbol{A}}$ 的解的概念.

事实上. $\max\limits_{\boldsymbol{x}\in X}\min\limits_{\boldsymbol{y}\in Y}\{\boldsymbol{x}^{\mathrm{T}}\bar{\boldsymbol{A}}\boldsymbol{y}\}$ 和 $\min\limits_{\boldsymbol{y}\in Y}\max\limits_{\boldsymbol{x}\in X}\{\boldsymbol{x}^{\mathrm{T}}\bar{\boldsymbol{A}}\boldsymbol{y}\}$ 可以看成双目标优化问题. 即一个目标函数为

$$\xi=1-\prod_{j=1}^{n}\prod_{i=1}^{m}(1-\mu_{ij})^{x_i y_j}$$

另一个目标函数为

$$\zeta=\prod_{j=1}^{n}\prod_{i=1}^{m}\upsilon_{ij}^{\ \ x_i y_j}$$

因此, 我们根据多目标优化的帕雷托最优解的概念给出如下直觉模糊集矩阵对策 $\bar{\boldsymbol{A}}$ 的解的概念.

定义5.2 设 $\theta=\langle\mu,\upsilon\rangle$ 和 $\omega=\langle\sigma,\rho\rangle$ 是两个直觉模糊集, 在直觉模糊集矩阵对策 $\bar{\boldsymbol{A}}$ 中, 若有局势 $(\boldsymbol{x}^*,\boldsymbol{y}^*)$ $(\boldsymbol{x}^*\in X,\boldsymbol{y}^*\in Y)$ 使得对任意 $\boldsymbol{x}\in X$ 与 $\boldsymbol{y}\in Y$, 满足:

(1) $\boldsymbol{x}^{*\mathrm{T}}\bar{\boldsymbol{A}}\boldsymbol{y}\supset\theta$;

(2) $\boldsymbol{x}^{\mathrm{T}}\bar{\boldsymbol{A}}\boldsymbol{y}^*\subset\omega$,

则称 $(\boldsymbol{x}^*,\boldsymbol{y}^*,\theta,\omega)$ 是直觉模糊集矩阵对策 $\bar{\boldsymbol{A}}$ 的合理解, θ 和 ω 分别称为局中人 p_1 和局中人 p_2 的合理对策值.

值得注意的是, 定义5.2只给出直觉模糊集矩阵对策 $\bar{\boldsymbol{A}}$ 的合理解的定义, 但不是最优解. 下面进一步给出直觉模糊集矩阵对策 $\bar{\boldsymbol{A}}$ 的最优解的定义.

定义 5.3 设 V 和 W 分别为局中人 p_1 和局中人 p_2 所有合理对策值 θ 和 ω 的集合, $\theta^*\in V$ 和 $\omega^*\in W$. 若不存在任何的合理值 $\theta\in V(\theta\neq\theta^*)$ 和 $\omega\in W(\omega\neq\omega^*)$ 使得:

(1) $\theta\supset\theta^*$;

(2) $\omega\subset\omega^*$,

则称 $(\boldsymbol{x}^*,\boldsymbol{y}^*,\theta^*,\omega^*)$ 为直觉模糊集矩阵对策 $\bar{\boldsymbol{A}}$ 的最优解. $\boldsymbol{x}^*$ 为局中人 p_1 的最大-最小策略, $\boldsymbol{y}^*$ 为局中人 p_2 的最小-最大策略, 称 θ^* 和 ω^* 分别为局中人 p_1 的最小赢得(gain-floor)和局中人 p_2 的最大损失(loss-ceiling). 称 $\boldsymbol{x}^{*\mathrm{T}}\bar{\boldsymbol{A}}\boldsymbol{y}^*$ 为直觉模糊集矩阵对策 $\bar{\boldsymbol{A}}$ 的对策值.

5.2　直觉模糊集零和博弈的线性与非线性规划模型及求解方法

5.2.1　直觉模糊集零和博弈的线性与非线性规划模型

Li 与 Nan 提出了线性规划与非线性规划模型用于求解直觉模糊集零和博弈的解[43]. 假设每个局中人都是在对方的每个纯策略下，考虑选择使自己的直觉模糊集支付值达到最大的混合策略.

当局中人 p_1 选用混合策略 $\boldsymbol{x}\in X$、局中人 p_2 选用纯策略 $\beta_j\in S_2$ 时，局中人 p_1 的期望支付值为

$$E(\boldsymbol{x},j)=\boldsymbol{x}^{\mathrm{T}}\overline{\boldsymbol{A}}_j=\left\langle 1-\prod_{i=1}^{m}(1-\mu_{ij})^{x_i},\prod_{i=1}^{m}\upsilon_{ij}^{x_i}\right\rangle$$

其中，$\overline{\boldsymbol{A}}_j$ 是矩阵 $\overline{\boldsymbol{A}}$ 的第 j 列，$E(\boldsymbol{x},j)$ 是直觉模糊集. 局中人 p_2 选取纯策略使 $E(\boldsymbol{x},j)$ 达到最小，即

$$\theta=\langle\mu,\upsilon\rangle=\left\langle\min_{1\leqslant j\leqslant n}\left\{1-\prod_{i=1}^{m}(1-\mu_{ij})^{x_i}\right\},\max_{1\leqslant j\leqslant n}\left\{\prod_{i=1}^{m}\upsilon_{ij}^{x_i}\right\}\right\rangle$$

显然，θ 是关于 $\boldsymbol{x}$ 的函数. 因此，局中人 p_1 应该选择混合策略 $\boldsymbol{x}^*\in X$ 使函数 θ 达到最大，即

$$\theta^*=\langle\mu^*,\upsilon^*\rangle=\left\langle\min_{1\leqslant j\leqslant n}\left\{1-\prod_{i=1}^{n}(1-\mu_{ij})^{x_i^*}\right\},\max_{1\leqslant j\leqslant n}\left\{\prod_{i=1}^{m}\upsilon_{ij}^{x_i^*}\right\}\right\rangle$$

根据定义 1.2 的直觉模糊集运算中包含关系式，可得

$$\theta^*=\langle\mu^*,\upsilon^*\rangle=\left\langle\max_{\boldsymbol{x}\in X}\min_{1\leqslant j\leqslant n}\left\{1-\prod_{i=1}^{m}(1-\mu_{ij})^{x_i}\right\},\min_{\boldsymbol{x}\in X}\max_{1\leqslant j\leqslant n}\left\{\prod_{i=1}^{m}\upsilon_{ij}^{x_i}\right\}\right\rangle \tag{5.21}$$

满足式(5.21)的混合策略 $\boldsymbol{x}^*$ 称为局中人 p_1 的最大−最小策略，θ^* 称为局中人 p_1 的最小赢得.

类似地，当局中人 p_1 选用纯策略 $\alpha_i\in S_1$、局中人 p_2 选用混合策略 $\boldsymbol{y}\in Y$ 时，局中人 p_2 的期望支付值为

$$E(i,\boldsymbol{y})=\overline{\boldsymbol{A}}_i\boldsymbol{y}=\left\langle 1-\prod_{j=1}^{n}(1-\mu_{ij})^{y_j},\prod_{j=1}^{n}\upsilon_{ij}^{y_j}\right\rangle$$

其中，$\bar{\boldsymbol{A}}_i$ 是矩阵 $\bar{\boldsymbol{A}}$ 的第 i 行，$E(i,\boldsymbol{y})$ 是直觉模糊集. 局中人 p_1 选取纯策略使 $E(i,\boldsymbol{y})$ 达到最大，即

$$\omega=\langle\sigma,\rho\rangle=\left\langle\max_{1\leqslant i\leqslant m}\left\{1-\prod_{j=1}^{n}(1-\mu_{ij})^{y_j}\right\},\min_{1\leqslant i\leqslant m}\left\{\prod_{j=1}^{n}\upsilon_{ij}^{y_j}\right\}\right\rangle$$

显然，ω 是关于 $\boldsymbol{y}$ 的函数. 因此，局中人 p_2 应该选择混合策略 $\boldsymbol{y}^*\in Y$ 使 ω 达到最小，即

$$\omega^*=\langle\sigma^*,\rho^*\rangle=\left\langle\max_{1\leqslant i\leqslant m}\left\{1-\prod_{j=1}^{n}(1-\mu_{ij})^{y_j^*}\right\},\min_{1\leqslant i\leqslant m}\left\{\prod_{j=1}^{n}\upsilon_{ij}^{y_j^*}\right\}\right\rangle$$

根据定义 1.2 直觉模糊集运算中包含关系式，可得

$$\omega^*=\langle\sigma^*,\rho^*\rangle=\left\langle\min_{\boldsymbol{y}\in Y}\max_{1\leqslant i\leqslant m}\left\{1-\prod_{j=1}^{n}(1-\mu_{ij})^{y_j}\right\},\max_{\boldsymbol{y}\in Y}\min_{1\leqslant i\leqslant m}\left\{\prod_{j=1}^{n}\upsilon_{ij}^{y_j}\right\}\right\rangle \tag{5.22}$$

满足式(5.22)的混合策略 $\boldsymbol{y}^*$ 为局中人 p_2 的最小-最大策略，ω^* 为局中人 p_2 的最大损失值.

根据式(5.21)，通过求解下面双目标规划可得局中人 p_1 的最大-最小策略 $\boldsymbol{x}^*$ 和最小赢得 $\theta^*=\langle\mu^*,\upsilon^*\rangle$ 值.

$$\max\{\mu\},\min\{\upsilon\}$$
$$\text{s.t.}\begin{cases}1-\prod\limits_{i=1}^{m}(1-\mu_{ij})^{x_i}\geqslant\mu\quad(j=1,2,\cdots,n)\\ \prod\limits_{i=1}^{m}\upsilon_{ij}^{x_i}\leqslant\upsilon\quad(j=1,2,\cdots,n)\\ x_1+x_2+\cdots+x_m=1\\ x_i\geqslant0\quad(i=1,2,\cdots,m)\\ \mu\geqslant0,\upsilon\geqslant0\\ 0\leqslant\mu+\upsilon\leqslant1\end{cases} \tag{5.23}$$

其中 $\mu=\min\limits_{j\in J}\left\{1-\prod\limits_{i=1}^{m}(1-\mu_{ij})^{x_i}\right\}$，$\upsilon=\max\limits_{j\in J}\left\{\prod\limits_{i=1}^{m}\upsilon_{ij}^{x_i}\right\}$.

由于 $E(\boldsymbol{x},j)=\left\langle1-\prod\limits_{i=1}^{m}(1-\mu_{ij})^{x_i},\prod\limits_{i=1}^{m}\upsilon_{ij}^{x_i}\right\rangle$ 是直觉模糊集，所以有 $0\leqslant\left[1-\prod\limits_{i=1}^{m}(1-\mu_{ij})^{x_i}\right]+\prod\limits_{i=1}^{m}\upsilon_{ij}^{x_i}\leqslant1$. 因此得到式(5.23)中的约束 $0\leqslant\mu+\upsilon\leqslant1$.

文献[43]将式(5.23)转化为下面的线性规划

$$
\min\{u\}
$$
$$
\text{s.t.}\begin{cases}\sum_{i=1}^{m}[\lambda\ln(1-\mu_{ij})+(1-\lambda)\ln\upsilon_{ij}]x_i\leqslant u\quad (j=1,2,\cdots,n)\\ x_1+x_2+\cdots+x_m=1\\ x_i\geqslant 0\quad (i=1,2,\cdots,m)\end{cases}\tag{5.24}
$$

其中，$u=\lambda\ln(1-\mu)+(1-\lambda)\ln\upsilon$.

类似地，根据式(5.22)，通过求解下面双目标规划可得局中人 p_2 的最小−最大策略 $\boldsymbol{y}^*$ 和最大损失 $\omega^*=\langle\sigma^*,\rho^*\rangle$.

$$
\min\{\sigma\},\max\{\rho\}
$$
$$
\text{s.t.}\begin{cases}1-\prod_{j=1}^{n}(1-\mu_{ij})^{y_j}\leqslant\sigma\quad (i=1,2,\cdots,m)\\ \prod_{j=1}^{n}\upsilon_{ij}^{y_j}\geqslant\rho\quad (i=1,2,\cdots,m)\\ y_1+y_2+\cdots+y_n=1\\ y_j\geqslant 0\quad (j=1,2,\cdots,n)\\ \sigma\geqslant 0,\rho\geqslant 0\\ 0\leqslant\sigma+\rho\leqslant 1\end{cases}\tag{5.25}
$$

其中，$\sigma=\max\limits_{1\leqslant i\leqslant m}\left\{1-\prod_{j=1}^{n}(1-u_{ij})^{y_j}\right\},\rho=\min\limits_{1\leqslant i\leqslant m}\left\{\prod_{j=1}^{n}\upsilon_{ij}^{y_j}\right\}$.

类似地，式(5.25)可转化为下面线性规划

$$
\max\{v\}
$$
$$
\text{s.t.}\begin{cases}\sum_{j=1}^{n}[\lambda\ln(1-\mu_{ij})+(1-\lambda)\ln\upsilon_{ij}]y_j\geqslant v\quad (i=1,2,\cdots,m)\\ y_1+y_2+\cdots+y_n=1\\ y_j\geqslant 0\quad (j=1,2,\cdots,n)\end{cases}\tag{5.26}
$$

其中，$v=\lambda\ln(1-\sigma)+(1-\lambda)\ln\rho$.

定理 5.4　假定 $0<\lambda<1$. 假设 $(\boldsymbol{x}^*,u^*)$ 和 $(\boldsymbol{y}^*,v^*)$ 分别为式(5.24)和式(5.26)的最优解，则 $(\boldsymbol{x}^*,\theta^*)$ 和 $(\boldsymbol{y}^*,\omega^*)$ 是式(5.27)和式(5.36)的非劣解，其中 $\theta^*=\langle\mu^*,\upsilon^*\rangle$ 和 $\omega^*=\langle\sigma^*,\rho^*\rangle$ 是直觉模糊集，且满足 $u^*=\lambda\ln(1-\mu^*)+(1-\lambda)\ln\upsilon^*$ 和 $v^*=\lambda\ln(1-\sigma^*)+(1-\lambda)\ln\rho^*$.

事实上，式(5.24)和式(5.26)是一对互为对偶的线性规划问题，通过已有的单纯形法容易得到式(5.24)和式(5.26)的最优解. 这样将求解直觉模糊集零和博弈

$\bar{\boldsymbol{A}}$ 中两个局中人的策略转化为求解一对对偶的线性规划问题. 然而, 不难发现, 当 $\mu_{ij}=1$ 或 $\upsilon_{ij}=0$ 时, $\ln(1-\mu_{ij})\to-\infty$ 或 $\ln\upsilon_{ij}\to-\infty$, 此时式(5.24)和式(5.26)无意义, 也即式(5.24)和式(5.26)无解. 文献[43]进一步将式(5.23)和式(5.25)转化为下面的非线性规划

$$\min\{(1-\mu)^{\lambda}\upsilon^{1-\lambda}\}$$
$$\text{s.t.}\begin{cases}\prod_{i=1}^{m}[(1-\mu_{ij})^{\lambda}\upsilon_{ij}^{1-\lambda}]^{x_i}\leqslant(1-\mu)^{\lambda}\upsilon^{1-\lambda} & (j=1,2,\cdots,n)\\ x_1+x_2+\cdots+x_m=1\\ x_i\geqslant 0 \quad (i=1,2,\cdots,m)\\ \upsilon\geqslant 0,\mu\geqslant 0\\ 0\leqslant\mu+\upsilon\leqslant 1\end{cases} \tag{5.27}$$

和

$$\max\{(1-\sigma)^{\lambda}\rho^{1-\lambda}\}$$
$$\text{s.t.}\begin{cases}\prod_{j=1}^{n}[(1-\mu_{ij})^{\lambda}\upsilon_{ij}^{1-\lambda}]^{y_j}\geqslant(1-\sigma)^{\lambda}\rho^{1-\lambda} & (i=1,2,\cdots,m)\\ y_1+y_2+\cdots+y_n=1\\ y_j\geqslant 0 \quad (j=1,2,\cdots,n)\\ \sigma\geqslant 0,\rho\geqslant 0\\ 0\leqslant\sigma+\rho\leqslant 1\end{cases} \tag{5.28}$$

令

$$p=(1-\mu)^{\lambda}\upsilon^{1-\lambda}$$

由 $\lambda\in[0,1]$, $0\leqslant 1-\mu\leqslant 1$, $0\leqslant\upsilon\leqslant 1$, 可得 $0\leqslant p\leqslant 1$. 因此, 式(5.27)进一步转化为下面的非线性规划

$$\min\{p\}$$
$$\text{s.t.}\begin{cases}\prod_{i=1}^{m}[(1-\mu_{ij})^{\lambda}\upsilon_{ij}^{1-\lambda}]^{x_i}\leqslant p & (j=1,2,\cdots,n)\\ x_1+x_2+\cdots+x_m=1\\ x_i\geqslant 0 \quad (i=1,2,\cdots,m)\end{cases} \tag{5.29}$$

类似地, 令

$$q=(1-\sigma)^{\lambda}\rho^{1-\lambda}$$

由 $\lambda\in[0,1]$, $0\leqslant 1-\sigma\leqslant 1$, $0\leqslant\rho\leqslant 1$, 可得 $0\leqslant q\leqslant 1$. 所以, 式(5.28)可以进一步转化为下面的非线性规划

$$\max\{q\}$$
$$\text{s.t.}\begin{cases}\prod_{j=1}^{n}[(1-\mu_{ij})^{\lambda}\upsilon_{ij}^{1-\lambda}]^{y_j}\geqslant q \quad (i=1,2,\cdots,m)\\ y_1+y_2+\cdots+y_n=1\\ y_j\geqslant 0 \quad (j=1,2,\cdots,n)\end{cases} \tag{5.30}$$

从定理5.4可得, 若$(\boldsymbol{x}^*,p^*)$和$(\boldsymbol{y}^*,q^*)$分别为式(5.29)和式(5.30)的最优解, $(\boldsymbol{x}^*,u^*)$和$(\boldsymbol{y}^*,v^*)$分别为式(5.24)和式(5.26)的最优解, 则有$u^*=v^*$, $p^*=q^*=\mathrm{e}^{u^*}$.

5.2.2　数值实例分析

电液伺服阀是一种精密液压产品, 在国家某项重点工程引进的轧钢设备中被大量采用, 是该轧机上的一关键元件. 为了尽快研制电液伺服阀, 该公司与一个研究所和一个工厂同时签订了研制协议, 谁先成功就与谁签订订货合同, 因此形成了一局争夺“电液伺服阀”生产订货权的技术竞争. 在签订研制协议后, 所、厂双方都意识到研制的速度和质量是竞争决胜的关键, 而速度和质量又取决于各自采取的技术策略, 因此科学选择自己的最优策略就成为关键[44]. 由于该公司的轧钢设备上只宜使用一家的电液伺服阀, 即市场只能被一方占领, 所以只有两种结局, 即所方成功厂方失败, 所方失败厂方成功. 因此, 这种技术竞争可以看成一个零和博弈, 其中, 局中人为所、厂两方. 一套完整的、可行的技术方案就是一个技术竞争策略, 每个策略都包括: 设计、试制、装机验证到生产运行考核等阶段.

根据订货方的技术指标和进度要求, 经过技术调查和可行性分析, 依据双方的实际情况, 厂、所双方均有三种可行方案[42]:

α_1改进方案: 利用结构性能相近的现有产品进行装机验证, 改进设计进行研制, 满足系统性能要求后装机试验考核.

α_2仿制方案: 按照原机样品进行测绘仿制, 满足系统性能要求后装机试验考核.

α_3设计方案: 参考结构性能先进的样品重新设计, 产品研制合格后装机试验考核.

以所、厂双方占领市场的相对可能性作为博弈的支付值. 由于市场信息的不完全性和不确定性, 双方对占领市场的相对可能性存在一定的犹豫度或表现出一定程度的知识缺乏. 设矩阵$\overline{\boldsymbol{A}}$表示所方在各种局势下占领市场的相对可能性, 表示为如下的直觉模糊集矩阵

$$\overline{\boldsymbol{A}}=\begin{array}{c}\alpha_1\\ \alpha_2\\ \alpha_3\end{array}\overset{\begin{array}{ccc}\alpha_1 & \quad\quad\alpha_2 & \quad\quad\alpha_3\end{array}}{\begin{pmatrix}\langle 0.95,0.05\rangle & \langle 0.70,0.25\rangle & \langle 0.50,0.40\rangle\\ \langle 0.25,0.70\rangle & \langle 0.95,0.05\rangle & \langle 0.70,0.25\rangle\\ \langle 0.50,0.40\rangle & \langle 0.05,0.95\rangle & \langle 0.95,0.05\rangle\end{pmatrix}}$$

根据式(5.29)，得到下面的非线性规划

$$\min\{p\}$$
$$\text{s.t.}\begin{cases}0.05^{x_1}(0.75^{\lambda}0.7^{1-\lambda})^{x_2}(0.5^{\lambda}0.4^{1-\lambda})^{x_3}\leqslant p\\(0.3^{\lambda}0.25^{1-\lambda})^{x_1}0.05^{x_2}0.95^{x_3}\leqslant p\\(0.5^{\lambda}0.4^{1-\lambda})^{x_1}(0.3^{\lambda}0.25^{1-\lambda})^{x_2}0.05^{x_3}\leqslant p\\x_1+x_2+x_3=1\\x_i\geqslant 0\quad(i=1,2,3)\end{cases}\tag{5.31}$$

类似地，根据式(5.30)，得到下面的非线性规划

$$\max\{q\}$$
$$\text{s.t.}\begin{cases}0.05^{y_1}(0.3^{\lambda}0.25^{1-\lambda})^{y_2}(0.5^{\lambda}0.4^{1-\lambda})^{y_3}\geqslant q\\(0.75^{\lambda}0.7^{1-\lambda})^{y_1}0.05^{y_2}(0.3^{\lambda}0.25^{1-\lambda})^{y_3}\geqslant q\\(0.5^{\lambda}0.4^{1-\lambda})^{y_1}0.95^{y_2}0.05^{y_3}\geqslant q\\y_1+y_2+y_3=1\\y_j\geqslant 0\quad(j=1,2,3)\end{cases}\tag{5.32}$$

对于给定的权重 $\lambda\in[0,1]$，可得式(5.31)和式(5.32)的最优解如表 5.1 所示.

表 5.1　式(5.31)和式(5.32)的最优解及对应的博弈值

λ	x^*	p^*	y^*	q^*	$x^{*T}\bar{A}y^*$
0.1	$(0.414,0.335,0.251)^T$	0.206	$(0.261,0.294,0.445)^T$	0.206	$\langle 0.773,0.203\rangle$
0.3	$(0.411,0.333,0.256)^T$	0.210	$(0.265,0.295,0.440)^T$	0.210	$\langle 0.759,0.217\rangle$
0.5	$(0.408,0.332,0.260)^T$	0.215	$(0.268,0.296,0.436)^T$	0.215	$\langle 0.773,0.204\rangle$
0.8	$(0.403,0.331,0.266)^T$	0.222	$(0.275,0.297,0.428)^T$	0.222	$\langle 0.773,0.204\rangle$
0.9	$(0.402,0.330,0.268)^T$	0.225	$(0.275,0.297,0.428)^T$	0.225	$\langle 0.773,0.204\rangle$

表 5.1 给出了不同权重 $\lambda\in[0,1]$，所方的最大-最小策略 $\boldsymbol{x}^*$ 和厂方的最小-最大策略 $\boldsymbol{y}^*$ 以及对应的博弈值 $E(\boldsymbol{x}^*,\boldsymbol{y}^*)=\boldsymbol{x}^{*T}\bar{\boldsymbol{A}}\boldsymbol{y}^*$. 例如，当 $\lambda=0.8$ 时，所方的最大-最小策略为 $\boldsymbol{x}^*=(0.403,0.331,0.266)^T$，厂方的最小-最大策略为 $\boldsymbol{y}^*=(0.275,0.297,0.428)^T$，对应的博弈值为 $E(\boldsymbol{x}^*,\boldsymbol{y}^*)=\langle 0.773,0.204\rangle$. 结果说明，当所方按照 0.403∶0.331∶0.266 的比例混合使用三个策略，厂方按照 0.275∶0.297∶0.428 的比例混合使用三个策略时，所方占领市场的最小可能性为 0.773，不能够占领市场的最大可能性为 0.204. 表 5.1 中其他结果可做类似的解释.

根据式(5.24)，可得下面的线性规划

$$\min\{u\}$$

$$\text{s.t.}\begin{cases}\ln(0.05)x_1+[\lambda\ln(0.75)+(1-\lambda)\ln(0.7)]x_2+[\lambda\ln(0.5)+(1-\lambda)\ln(0.4)]x_3\leqslant u\\ [\lambda\ln(0.3)+(1-\lambda)\ln(0.25)]x_1+\ln(0.05)x_2+\ln(0.95)x_3\leqslant u\\ [\lambda\ln(0.5)+(1-\lambda)\ln(0.4)]x_1+[\lambda\ln(0.3)+(1-\lambda)\ln(0.25)]x_2+\ln(0.05)x_3\leqslant u\\ x_1+x_2+x_3=1\\ u\leqslant 0,x_i\geqslant 0\quad(i=1,2,3)\end{cases}\tag{5.33}$$

其中，$\lambda\in[0,1]$.

类似地，根据式(5.26)，可得下面的线性规划

$$\max\{v\}$$

$$\text{s.t.}\begin{cases}\ln(0.05)y_1+[\lambda\ln(0.3)+(1-\lambda)\ln(0.25)]y_2+[\lambda\ln(0.5)+(1-\lambda)\ln(0.4)]y_3\geqslant v\\ [\lambda\ln(0.75)+(1-\lambda)\ln(0.7)]y_1+\ln(0.05)y_2+[\lambda\ln(0.3)+(1-\lambda)\ln(0.25)]y_3\geqslant v\\ [\lambda\ln(0.5)+(1-\lambda)\ln(0.4)]y_1+\ln(0.95)y_2+\ln(0.05)y_3\geqslant v\\ y_1+y_2+y_3=1\\ v\leqslant 0,y_i\geqslant 0\quad(i=1,2,3)\end{cases}\tag{5.34}$$

对于给定的权重 $\lambda\in[0,1]$，式(5.33)和式(5.34)的最优解如表 5.2 所示.

表 5.2　式(5.33)和式(5.34)的最优解及对应的博弈值

λ	$\boldsymbol{x}^*$	u^*	$\boldsymbol{y}^*$	v^*	$\boldsymbol{x}^{*\mathrm{T}}\bar{A}\boldsymbol{y}^*$
0.1	$(0.414,0.335,0.251)^{\mathrm{T}}$	−1.581	$(0.261,0.294,0.445)^{\mathrm{T}}$	−1.581	⟨0.773,0.203⟩
0.3	$(0.411,0.333,0.256)^{\mathrm{T}}$	−1.559	$(0.265,0.295,0.440)^{\mathrm{T}}$	−1.559	⟨0.759,0.217⟩
0.5	$(0.408,0.332,0.260)^{\mathrm{T}}$	−1.537	$(0.268,0.296,0.436)^{\mathrm{T}}$	−1.537	⟨0.773,0.204⟩
0.8	$(0.403,0.331,0.266)^{\mathrm{T}}$	−1.505	$(0.275,0.297,0.428)^{\mathrm{T}}$	−1.505	⟨0.773,0.204⟩
0.9	$(0.402,0.330,0.268)^{\mathrm{T}}$	−1.494	$(0.275,0.297,0.428)^{\mathrm{T}}$	−1.494	⟨0.773,0.204⟩

从表 5.1 和表 5.2 可知，若 $(\boldsymbol{x}^*,p^*)$ 和 $(\boldsymbol{y}^*,q^*)$ 分别为式(5.29)和式(5.30)的最优解，且 $p^*=q^*$，则 $(\boldsymbol{x}^*,\boldsymbol{u}^*)$ 和 $(\boldsymbol{y}^*,v^*)$ 分别是式(5.24)和式(5.26)的最优解，且 $\boldsymbol{u}^*=v^*$. 此外 $p^*=q^*=\mathrm{e}^{u^*}=\mathrm{e}^{v^*}$.

5.3　直觉模糊集零和博弈的多目标线性规划模型及求解方法

根据直觉模糊集零和博弈的线性与非线性规划求解模型[41]，可以得到局中人 p_1 的最小–最大策略和局中人 p_2 的最大–最小策略，但无法得到局中人 p_1 的最小

赢得值和局中人 p_2 的最大损失值，为此，本节给出多目标线性规划模型，可进一步求解直觉模糊集零和博弈的解.

5.3.1　直觉模糊集零和博弈的多目标线性规划模型

根据直觉模糊集零和博弈解的定义 5.2 与定义 1.7 中直觉模糊集的排序方法，我们得到如下定理.

定理 5.5　对于直觉模糊集零和博弈 $\bar{\boldsymbol{A}},(\boldsymbol{x}^*,\boldsymbol{y}^*)\in X\times Y$ 是直觉模糊集零和博弈的帕累托纳什均衡策略，当且仅当

(1) 不存在 $\boldsymbol{x}\in X$，使得 $\boldsymbol{x}^{*\mathrm{T}}\boldsymbol{\mu}\boldsymbol{y}^*\leqslant\boldsymbol{x}^{\mathrm{T}}\boldsymbol{\mu}\boldsymbol{y}^*$ 并且 $\boldsymbol{x}^{*\mathrm{T}}(\boldsymbol{e}-\boldsymbol{\upsilon})\boldsymbol{y}^*\leqslant\boldsymbol{x}^{\mathrm{T}}(\boldsymbol{e}-\boldsymbol{\upsilon})\boldsymbol{y}^*$；

(2) 不存在 $\boldsymbol{y}\in Y$，使得 $\boldsymbol{x}^{*\mathrm{T}}\boldsymbol{\mu}\boldsymbol{y}\leqslant\boldsymbol{x}^{*\mathrm{T}}\boldsymbol{\mu}\boldsymbol{y}^*$ 并且 $\boldsymbol{x}^{*\mathrm{T}}(\boldsymbol{e}-\boldsymbol{\upsilon})\boldsymbol{y}\leqslant\boldsymbol{x}^{*\mathrm{T}}(\boldsymbol{e}-\boldsymbol{\upsilon})\boldsymbol{y}^*$，

其中，$\boldsymbol{\mu}=(\mu_{ij})_{m\times n}$，$\boldsymbol{e}=(1)_{m\times n}$，$\boldsymbol{\upsilon}=(\upsilon_{ij})_{m\times n}$.

证明　令 $(\boldsymbol{x}^*,\boldsymbol{y}^*)$ 是直觉模糊集零和博弈 $\bar{\boldsymbol{A}}$ 的帕累托纳什均衡策略. 我们假设存在策略 $\bar{\boldsymbol{x}}\in X$，使得

$$\boldsymbol{x}^{*\mathrm{T}}\boldsymbol{\mu}\boldsymbol{y}^*\leqslant\bar{\boldsymbol{x}}^{\mathrm{T}}\boldsymbol{\mu}\boldsymbol{y}^*\text{ 且 }\boldsymbol{x}^{*\mathrm{T}}(\boldsymbol{e}-\boldsymbol{\upsilon})\boldsymbol{y}^*\leqslant\bar{\boldsymbol{x}}^{\mathrm{T}}(\boldsymbol{e}-\boldsymbol{\upsilon})\boldsymbol{y}^*$$

即

$$\sum_{i=1}^{m}\sum_{j=1}^{n}x_i^*\mu_{ij}y_j^*\leqslant\sum_{i=1}^{m}\sum_{j=1}^{n}\bar{x}_i\mu_{ij}y_j^*\text{ 且 }\sum_{i=1}^{m}\sum_{j=1}^{n}x_i^*(1-\upsilon_{ij})y_j^*\leqslant\sum_{i=1}^{m}\sum_{j=1}^{n}\bar{x}_i(1-\upsilon_{ij})y_j^*$$

其分别等价于下列不等式

$$\sum_{i=1}^{m}\sum_{j=1}^{n}x_i^*(1-\mu_{ij})y_j^*\geqslant\sum_{i=1}^{m}\sum_{j=1}^{n}\bar{x}_i(1-\mu_{ij})y_j^*\tag{5.35}$$

和

$$\sum_{i=1}^{m}\sum_{j=1}^{n}x_i^*\upsilon_{ij}y_j^*\geqslant\sum_{i=1}^{m}\sum_{j=1}^{n}\bar{x}_i\upsilon_{ij}y_j^*\tag{5.36}$$

由于 $\ln x$ 是一个单调递增函数，$x_i^*\geqslant 0$，$y_j^*\geqslant 0, 1-\mu_{ij}\geqslant 0$ 且 $1\geqslant\upsilon_{ij}\geqslant 0$，则易得出式 (5.35) 与式 (5.36) 分别等价于

$$\sum_{i=1}^{m}\sum_{j=1}^{n}x_i^*\ln(1-\mu_{ij})y_j^*\leqslant\sum_{i=1}^{m}\sum_{j=1}^{n}\bar{x}_i\ln(1-\mu_{ij})y_j^*\tag{5.37}$$

和

$$\sum_{i=1}^{m}\sum_{j=1}^{n}x_i^*\ln\upsilon_{ij}y_j^*\leqslant\sum_{i=1}^{m}\sum_{j=1}^{n}\bar{x}_i\ln\upsilon_{ij}y_j^*\tag{5.38}$$

式 (5.37) 与式 (5.38) 分别等价于

$$\prod_{j=1}^{n}\prod_{i=1}^{m}(1-\mu_{ij})^{x_i^*y_j^*}\leqslant\prod_{j=1}^{n}\prod_{i=1}^{m}(1-\mu_{ij})^{\bar{x}_iy_j^*}\tag{5.39}$$

和

$$\prod_{j=1}^{n}\prod_{i=1}^{m}\upsilon_{ij}^{x_i^* y_j^*} \leqslant \prod_{j=1}^{n}\prod_{i=1}^{m}\upsilon_{ij}^{\bar{x}_i y_j^*} \tag{5.40}$$

因此, 可得

$$1-\prod_{j=1}^{n}\prod_{i=1}^{m}(1-\mu_{ij})^{x_i^* y_j^*} \geqslant 1-\prod_{j=1}^{n}\prod_{i=1}^{m}(1-\mu_{ij})^{\bar{x}_i y_j^*} \tag{5.41}$$

和

$$1-\prod_{j=1}^{n}\prod_{i=1}^{m}\upsilon_{ij}^{x_i^* y_j^*} \geqslant 1-\prod_{j=1}^{n}\prod_{i=1}^{m}\upsilon_{ij}^{\bar{x}_i y_j^*} \tag{5.42}$$

根据定义 1.7 的直觉模糊集排序, 由式(5.41)与(5.42)得到

$$\boldsymbol{x}^{*\mathrm{T}}\bar{\boldsymbol{A}}\boldsymbol{y}^* \leqslant_{\mathrm{IF}} \bar{\boldsymbol{x}}^{\mathrm{T}}\bar{\boldsymbol{A}}\boldsymbol{y}^* \tag{5.43}$$

结合式(5.43), 根据定义 5.2, $(\boldsymbol{x}^*,\boldsymbol{y}^*)$ 不是直觉模糊集零和博弈 $\bar{\boldsymbol{A}}$ 的纳什均衡解. 因此, 在此假设下存在矛盾.

类似地, 可以证明, 不存在 $\boldsymbol{y}\in Y$ 使得 $\boldsymbol{x}^{*\mathrm{T}}\boldsymbol{\mu}\boldsymbol{y}\leqslant\boldsymbol{x}^{*\mathrm{T}}\boldsymbol{\mu}\boldsymbol{y}^*$ 与 $\boldsymbol{x}^{*\mathrm{T}}(\boldsymbol{e}-\boldsymbol{\upsilon})\boldsymbol{y}\leqslant\boldsymbol{x}^{*\mathrm{T}}(\boldsymbol{e}-\boldsymbol{\upsilon})\boldsymbol{y}^*$.

我们可以得到定理 5.6.

定理 5.6　设 $\boldsymbol{x}^*$ 是直觉模糊集零和博弈 $\bar{\boldsymbol{A}}$ 的局中人 p_1 的帕累托纳什均衡策略, 且 $\langle\mu^*,\upsilon^*\rangle$ 是局中人 p_1 的最小赢得值, 当且仅当 $(\boldsymbol{x}^*,\mu^*,\upsilon^*)$ 是下面双目标规划的有效解

$$\max\{\mu,1-\upsilon\}$$
$$\text{s.t.}\begin{cases}\sum_{i=1}^{m}\mu_{ij}x_i \geqslant \mu \quad (j=1,2,\cdots,n)\\ \sum_{i=1}^{m}(1-\upsilon_{ij})x_i \geqslant 1-\upsilon \quad (j=1,2,\cdots,n)\\ 0\leqslant \mu+\upsilon\leqslant 1\\ \sum_{i=1}^{m}x_i=1\\ \mu\geqslant 0,\upsilon\geqslant 0,x_i\geqslant 0 \quad (i=1,2,\cdots,m)\end{cases} \tag{5.44}$$

证明　假设 $\boldsymbol{x}^*$ 是局中人 p_1 的帕累托纳什均衡策略, 那么, 不存在 $\boldsymbol{x}\in X$, 使得

$$\boldsymbol{x}^{*\mathrm{T}}\boldsymbol{\mu}\boldsymbol{y}^* \leqslant \boldsymbol{x}^{\mathrm{T}}\boldsymbol{\mu}\boldsymbol{y}^*$$

和

$$\boldsymbol{x}^{*\mathrm{T}}(\boldsymbol{e}-\boldsymbol{\upsilon})\boldsymbol{y}^* \leqslant \boldsymbol{x}^{\mathrm{T}}(\boldsymbol{e}-\boldsymbol{\upsilon})\boldsymbol{y}^*$$

即

$$\min_{\boldsymbol{y}\in Y}\{\boldsymbol{x}^{*\mathrm{T}}\boldsymbol{\mu}\boldsymbol{y}\} \leqslant \min_{\boldsymbol{y}\in Y}\{\boldsymbol{x}^{\mathrm{T}}\boldsymbol{\mu}\boldsymbol{y}\}$$

和

$$\min_{y\in Y}\{\boldsymbol{x}^{*\mathrm{T}}(\boldsymbol{e}-\boldsymbol{\upsilon})\boldsymbol{y}\}\leqslant\min_{y\in Y}\{\boldsymbol{x}^{\mathrm{T}}(\boldsymbol{e}-\boldsymbol{\upsilon})\boldsymbol{y}\} \tag{5.45}$$

也即

$$\min_{y\in Y}\{\boldsymbol{x}^{*\mathrm{T}}\boldsymbol{\mu}\boldsymbol{y},\boldsymbol{x}^{*\mathrm{T}}(\boldsymbol{e}-\boldsymbol{\upsilon})\boldsymbol{y}\}\leqslant\min_{y\in Y}\{\boldsymbol{x}^{\mathrm{T}}\boldsymbol{\mu}\boldsymbol{y},\boldsymbol{x}^{\mathrm{T}}(\boldsymbol{e}-\boldsymbol{\upsilon})\boldsymbol{y}\} \tag{5.46}$$

由于式(5.46)的最优值为集合 Y 的极点，则有

$$\min_{1\leqslant j\leqslant n}\{\boldsymbol{x}^{*\mathrm{T}}\boldsymbol{\mu}\boldsymbol{e}_1,\boldsymbol{x}^{*\mathrm{T}}(\boldsymbol{e}-\boldsymbol{\upsilon})\boldsymbol{e}_1\}\leqslant\min_{1\leqslant j\leqslant n}\{\boldsymbol{x}^{\mathrm{T}}\boldsymbol{\mu}\boldsymbol{e}_1,\boldsymbol{x}^{\mathrm{T}}(\boldsymbol{e}-\boldsymbol{\upsilon})\boldsymbol{e}_1\} \tag{5.47}$$

其中，$\boldsymbol{e}_1=(1,\cdots,1)$.

值得注意的是，式(5.53)中 $\boldsymbol{x}^*$ 是式(5.48)的一个有效解

$$\max_{x\in X}\left\{\min_{1\leqslant j\leqslant n}\{\boldsymbol{x}^{\mathrm{T}}\boldsymbol{\mu}\boldsymbol{e}_1\},\min_{1\leqslant j\leqslant n}\{\boldsymbol{x}^{\mathrm{T}}(\boldsymbol{e}-\boldsymbol{\upsilon})\boldsymbol{e}_1\}\right\} \tag{5.48}$$

令 $\mu=\min_{j\in J}\{\boldsymbol{x}^{\mathrm{T}}\boldsymbol{\mu}\boldsymbol{e}_1\}$ 和 $1-\upsilon=\min_{j\in J}\{\boldsymbol{x}^{\mathrm{T}}(\boldsymbol{e}-\boldsymbol{\upsilon})\boldsymbol{e}_1\}$，那么，式(5.48)可以转化为式(5.44).

类似定理 5.6，我们有定理 5.7.

定理 5.7　设 $\boldsymbol{y}^*$ 是直觉模糊集零和博弈局中人 p_2 的帕累托纳什均衡策略，且 $\langle\sigma^*,\rho^*\rangle$ 是局中人 p_2 的最大损失值，当且仅当 $(\boldsymbol{y}^*,\sigma^*,\rho^*)$ 是下面双目标规划模型的有效解

$$\min\{\sigma,1-\rho\}$$

$$\text{s.t.}\begin{cases}\sum_{j=1}^{n}\mu_{ij}y_j\leqslant\sigma & (i=1,2,\cdots,m)\\ \sum_{j=1}^{n}(1-\upsilon_{ij})y_j\leqslant 1-\rho & (i=1,2,\cdots,m)\\ 0\leqslant\sigma+\rho\leqslant 1\\ \sum_{j=1}^{n}y_j=1\\ \sigma\geqslant 0,\rho\geqslant 0,y_j\geqslant 0 & (j=1,2,\cdots,n)\end{cases} \tag{5.49}$$

证明　令 $\boldsymbol{y}^*$ 是局中人 p_2 的帕累托纳什均衡策略，则不存在 $\boldsymbol{y}\in Y$ 使

$$\boldsymbol{x}^{*\mathrm{T}}\boldsymbol{\sigma}\boldsymbol{y}\leqslant\boldsymbol{x}^{*\mathrm{T}}\boldsymbol{\sigma}\boldsymbol{y}^*$$

和

$$\boldsymbol{x}^{*\mathrm{T}}(\boldsymbol{e}-\boldsymbol{\rho})\boldsymbol{y}\leqslant\boldsymbol{x}^{*\mathrm{T}}(\boldsymbol{e}-\boldsymbol{\rho})\boldsymbol{y}^*$$

即

$$\max_{x\in X}\{\boldsymbol{x}^{\mathrm{T}}\boldsymbol{\sigma}\boldsymbol{y}\}\leqslant\max_{x\in X}\{\boldsymbol{x}^{\mathrm{T}}\boldsymbol{\sigma}\boldsymbol{y}^*\}$$

和

$$\max_{x\in X}\{\boldsymbol{x}^{\mathrm{T}}(\boldsymbol{e}-\boldsymbol{\rho})\boldsymbol{y}\}\leqslant\max_{x\in X}\{\boldsymbol{x}^{\mathrm{T}}(\boldsymbol{e}-\boldsymbol{\rho})\boldsymbol{y}^*\} \tag{5.50}$$

进一步可写为

$$\max_{x\in X}\{\boldsymbol{x}^{\mathrm{T}}\boldsymbol{\sigma}\boldsymbol{y},\boldsymbol{x}^{\mathrm{T}}(\boldsymbol{e}-\boldsymbol{\rho})\boldsymbol{y}\}\leqslant\max_{x\in X}\{\boldsymbol{x}^{\mathrm{T}}\boldsymbol{\sigma}\boldsymbol{y}^*,\boldsymbol{x}^{\mathrm{T}}(\boldsymbol{e}-\boldsymbol{\rho})\boldsymbol{y}^*\} \tag{5.51}$$

由于式(5.51)的最优值为集合 X 的极点，则有

$$\max_{1\leqslant i\leqslant m}\{\boldsymbol{e}_2^{\mathrm{T}}\boldsymbol{\sigma}\boldsymbol{y},\boldsymbol{e}_2^{\mathrm{T}}(\boldsymbol{e}-\boldsymbol{\rho})\boldsymbol{y}\}\leqslant\max_{1\leqslant i\leqslant m}\{\boldsymbol{e}_2^{\mathrm{T}}\boldsymbol{\sigma}\boldsymbol{y},\boldsymbol{e}_2^{\mathrm{T}}(\boldsymbol{e}-\boldsymbol{\rho})\boldsymbol{y}^*\} \tag{5.52}$$

其中，$\boldsymbol{e}_2=(1,\cdots,1)$.

式(5.52)中 $\boldsymbol{y}^*$ 是下式(5.53)的一个有效解

$$\min_{y\in Y}\left\{\max_{1\leqslant i\leqslant m}\{\boldsymbol{e}_2^{\mathrm{T}}\boldsymbol{\sigma}\boldsymbol{y}\},\max_{1\leqslant i\leqslant m}\{\boldsymbol{e}_2^{\mathrm{T}}(\boldsymbol{e}-\boldsymbol{\rho})\boldsymbol{y}\}\right\} \tag{5.53}$$

令 $\sigma=\max\limits_{1\leqslant i\leqslant m}\{\boldsymbol{e}_2^{\mathrm{T}}\boldsymbol{\sigma}\boldsymbol{y}\}$ 和 $1-\rho=\max\limits_{1\leqslant i\leqslant m}\{\boldsymbol{e}_2^{\mathrm{T}}(\boldsymbol{e}-\boldsymbol{\rho})\boldsymbol{y}\}$，那么式(5.52)可以转化为式(5.49).

5.3.2　数值实例分析

利用本节给出的直觉模糊集零和博弈的多目标线性规划求解模型，继续求解 5.2.2 小节中的数值实例.

仍假设局中人 p_1 的支付矩阵如下

$$\bar{\boldsymbol{A}}=\begin{matrix}\alpha_1\\\alpha_2\\\alpha_3\end{matrix}\overset{\begin{matrix}\alpha_1 & \qquad\alpha_2 & \qquad\alpha_3\end{matrix}}{\begin{pmatrix}\langle0.95,0.05\rangle & \langle0.70,0.25\rangle & \langle0.50,0.40\rangle\\\langle0.25,0.70\rangle & \langle0.95,0.05\rangle & \langle0.70,0.25\rangle\\\langle0.50,0.40\rangle & \langle0.05,0.95\rangle & \langle0.95,0.05\rangle\end{pmatrix}}$$

根据式(5.44)，双目标规划构建如下

$$\max\{\mu,1-\upsilon\}$$
$$\text{s.t.}\begin{cases}0.95x_1+0.25x_2+0.5x_3\geqslant\mu\\0.7x_1+0.95x_2+0.05x_3\geqslant\mu\\0.5x_1+0.7x_2+0.95x_3\geqslant\mu\\0.95x_1+0.3x_2+0.6x_3\geqslant1-\upsilon\\0.75x_1+0.95x_2+0.05x_3\geqslant1-\upsilon\\0.6x_1+0.75x_2+0.95x_3\geqslant1-\upsilon\\x_1+x_2+x_3=1\\\mu+\upsilon\leqslant1\\x_i,\mu,\upsilon\geqslant0\quad(i=1,2,3)\end{cases} \tag{5.54}$$

其中，x_1, x_2, x_3, μ 和 υ 是决策变量. 用 ADBASE 软件包，可以得到式(5.54)的有效解 $(\boldsymbol{x}^*,\mu^*,\upsilon^*)$, $\boldsymbol{x}^*=(0.543,0.3,0.157)^{\mathrm{T}}$，$\mu^*=0.649$ 和 $\upsilon^*=0.286$.

因此，$\boldsymbol{x}^*=(0.5,0.304,0.196)$ 是局中人 p_1 的帕累托纳什均衡策略，且在直觉模糊集零和博弈 $\bar{\boldsymbol{A}}$ 中局中人 p_1 的最小赢得值为直觉模糊集 $\langle \mu^*, \upsilon^* \rangle=\langle 0.649,0.286\rangle$.

类似地，根据式(5.49)，双目标规划构建如下

$$\min\{\sigma,1-\rho\}$$
$$\text{s.t.}\begin{cases}0.95y_1+0.7y_2+0.5y_3\leqslant\sigma\\0.25y_1+0.95y_2+0.7y_3\leqslant\sigma\\0.5y_1+0.05y_2+0.95y_3\leqslant\sigma\\0.95y_1+0.75y_2+0.6y_3\leqslant1-\rho\\0.3y_1+0.95y_2+0.75y_3\leqslant1-\rho\\0.6y_1+0.05y_2+0.95y_3\leqslant1-\rho\\y_1+y_2+y_3=1\\\sigma+\rho\leqslant1\\y_i\geqslant0,\sigma\geqslant0,\rho\geqslant0\quad(i=1,2,3)\end{cases}\tag{5.55}$$

其中，y_1, y_2, y_3, σ 与 ρ 是决策变量. 用 ADBASE 软件包，可以得式(5.55)的有效解 $(\boldsymbol{y}^*,\sigma^*,\rho^*)$，$\boldsymbol{y}^*=(0.234,0.218,0.548)^{\mathrm{T}}$，$\sigma^*=0.646$ 且 $\rho^*=0.314$.

因此，$\boldsymbol{y}^*=(0.234,0.203,0.563)^{\mathrm{T}}$ 是局中人 p_2 的帕累托纳什均衡策略，在直觉模糊集零和博弈 $\bar{\boldsymbol{A}}$ 中局中人 p_2 的最大损失值为直觉模糊集 $\langle\sigma^*,\rho^*\rangle=\langle 0.646,0.314\rangle$.

5.4　直觉模糊集零和博弈的区间值线性规划模型及求解方法

5.4.1　直觉模糊集零和博弈的区间值线性规划模型

由 5.2 节知，局中人 p_1 的最小赢得值 $\theta=\langle\mu,\upsilon\rangle$ 和局中人 p_2 的最大损失值 $\omega=\langle\sigma,\rho\rangle$ 都是直觉模糊集. 若 $\theta=\omega$，则称该直觉模糊集是支付值为直觉模糊集的零和博弈的值. 然而 5.2 节和 5.3 节给出的直觉模糊集零和博弈的求解方法得到的直觉模糊集零和博弈的值均不相等. 下面我们给出一种可以求出直觉模糊集零和博弈值的有效求解方法.

当局中人 p_1 选取纯策略 $\alpha_i\in S_1(i=1,2,\cdots,m)$，局中人 p_2 选取纯策略 $\beta_j\in S_2$ $(j=1,2,\cdots,n)$ 时，局中人 p_1 获得的支付值用直觉模糊集表示为 $\langle\mu_{ij},\upsilon_{ij}\rangle(i=1,2,\cdots,m;$ $j=1,2,\cdots,n)$，其中，$0\leqslant\mu_{ij}\leqslant1$, $0\leqslant\upsilon_{ij}\leqslant1$, $0\leqslant\mu_{ij}+\upsilon_{ij}\leqslant1$. 易知，直觉模糊指标为 $\pi_{ij}=1-\mu_{ij}-\upsilon_{ij}$. 显然，$\pi_{ij}$ 越大，则表明局中人对支付值估计的犹豫程度就越大. 支付值的满意度已由 μ_{ij} 给定. 于是直觉模糊指标 π_{ij} 的分配可有助于求得我们期望的最优博弈结果和最劣博弈结果，即在博弈过程中，局中人可以通过把直觉模

糊指标增加到满意程度(或隶属度) μ_{ij} 中来改变博弈的支付值. 因此, 局中人 p_1 的支付值应该在 μ_{ij} 与 $\mu_{ij}+\pi_{ij}$ 之间, 即在闭区间 $[\mu_{ij}^L,\mu_{ij}^U]=[\mu_{ij},1-\upsilon_{ij}]$ 上, 其中 $\mu_{ij}^L=\mu_{ij}$, $\mu_{ij}^U=1-\upsilon_{ij}$, 显然有 $0\leqslant\mu_{ij}^L\leqslant\mu_{ij}^U\leqslant 1$. 这样, 局中人 p_1 的直觉模糊集支付矩阵 $\bar{\boldsymbol{A}}$ 被转化为下面的区间值支付矩阵

$$\boldsymbol{I}_{\bar{A}}=([\mu_{ij},1-\upsilon_{ij}])_{m\times n}=\begin{matrix} \\ \alpha_1 \\ \alpha_2 \\ \vdots \\ \alpha_m \end{matrix}\begin{matrix} \beta_1 & \beta_2 & \cdots & \beta_n \\ \left(\begin{matrix}[\mu_{11},1-\upsilon_{11}] \\ [\mu_{21},1-\upsilon_{21}] \\ \vdots \\ [\mu_{m1},1-\upsilon_{m1}]\end{matrix}\right. & \begin{matrix}[\mu_{12},1-\upsilon_{12}] \\ [\mu_{22},1-\upsilon_{22}] \\ \vdots \\ [\mu_{m2},1-\upsilon_{m2}]\end{matrix} & \begin{matrix}\cdots \\ \cdots \\ \\ \cdots\end{matrix} & \left.\begin{matrix}[\mu_{1n},1-\upsilon_{1n}] \\ [\mu_{2n},1-\upsilon_{2n}] \\ \vdots \\ [\mu_{mn},1-\upsilon_{mn}]\end{matrix}\right)\end{matrix}$$

因此, 支付值为直觉模糊集零和博弈就转化为支付值为区间值的零和博弈. 关于支付值为区间值的零和博弈, Li 给出了一种简单有效的方法[45]. 文献[45]证明了经典零和博弈 $\boldsymbol{A}$ 中局中人 p_1 的最小赢得 $\upsilon=\upsilon(a_{ij})$ 是关于支付值 $a_{ij}(i=1,2,\cdots,m;$ $j=1,2,\cdots,n)$ 的单调非减函数, 即定理 5.8.

定理 5.8[45]　设 $\boldsymbol{A}=(a_{ij})_{m\times n}$, $\boldsymbol{A}'=(a'_{ij})_{m\times n}$, 若对于任意的 $a_{ij}\leqslant a'_{ij}(i=1,2,\cdots,m;j=1,2,\cdots,n)$, 则有 $\upsilon(a_{ij})\leqslant\upsilon(a'_{ij})$.

证明　若 $a_{ij}\leqslant a'_{ij}(i=1,2,\cdots,m;j=1,2,\cdots,n)$, 由于 $x_i\geqslant 0(i=1,2,\cdots,m)$, $\sum_{i=1}^m x_i=1$, 则有

$$\sum_{i=1}^m x_i a_{ij}\leqslant\sum_{i=1}^m x_i a'_{ij}$$

因此

$$\min_{1\leqslant j\leqslant n}\left\{\sum_{i=1}^m x_i a_{ij}\right\}\leqslant\min_{1\leqslant j\leqslant n}\left\{\sum_{i=1}^m x_i a'_{ij}\right\}$$

进一步可得

$$\max_{\boldsymbol{x}\in X}\min_{1\leqslant j\leqslant n}\left\{\sum_{i=1}^m x_i a_{ij}\right\}\leqslant\max_{\boldsymbol{x}\in X}\min_{1\leqslant j\leqslant n}\left\{\sum_{i=1}^m x_i a'_{ij}\right\}$$

即 $\upsilon(a_{ij})\leqslant\upsilon(a'_{ij})$.

根据定理 5.8, 在支付值为区间值的零和博弈 $\boldsymbol{I}_{\bar{A}}$ 中, 局中人 p_1 的最小赢得的下界 μ^*, 即支付值为直觉模糊集零和博弈 $\bar{\boldsymbol{A}}$ 中局中人 p_1 的最小赢得的隶属度可得如下

$$\mu^*=\max_{\boldsymbol{x}\in X}\min_{\boldsymbol{y}\in Y}\{\boldsymbol{x}^{\mathrm{T}}\boldsymbol{\mu}\boldsymbol{y}\}$$

其中 $\boldsymbol{\mu}=(\mu_{ij})_{m\times n}$.

令 $\boldsymbol{x}^{\mathrm{T}}\boldsymbol{\mu}\boldsymbol{y}=\mu$，则支付值为直觉模糊集零和博弈 $\bar{\boldsymbol{A}}$ 局中人 p_1 的最小赢得的隶属度 μ^* 及对应的最优策略 $\boldsymbol{x}^*\in X$ 是下面线性规划的最优解

$$\max\{\mu\}$$
$$\text{s.t.}\begin{cases}\sum_{i=1}^{m}\mu_{ij}x_i\geqslant\mu\quad(j=1,2,\cdots,n)\\ \sum_{i=1}^{m}x_i=1\\ x_i\geqslant 0\quad(i=1,2,\cdots,m)\end{cases}\tag{5.56}$$

其中，$x_i(i=1,2,\cdots,m)$ 与 μ 是决策变量. 根据线性规划的单纯形法，可得式(5.56)的最优解，记为 $(\boldsymbol{x}^*,\mu^*)$. 因此，通过求解式(5.56)可得直觉模糊集零和博弈 $\bar{\boldsymbol{A}}$ 中局中人 p_1 的最小赢得值 $\theta=\langle\mu,\upsilon\rangle$ 的隶属度 μ^* 和对应的最优策略 $\boldsymbol{x}^*$.

根据定理 5.8，在支付值为区间值的零和博弈 $\boldsymbol{I}_{\bar{A}}$ 中，局中人 p_1 的最小赢得的上界 $1-\upsilon^*$，即支付值为直觉模糊集零和博弈 $\bar{\boldsymbol{A}}$ 中局中人 p_1 的最小赢得的非隶属度 υ^* 如下

$$1-\upsilon^*=\max_{\boldsymbol{x}\in X}\min_{\boldsymbol{y}\in Y}\{\boldsymbol{x}^{\mathrm{T}}(\boldsymbol{e}-\boldsymbol{\upsilon})\boldsymbol{y}\}$$

其中，$\boldsymbol{e}=(1)_{m\times n}$，$\boldsymbol{\upsilon}=(\upsilon_{ij})_{m\times n}$.

类似地，令 $\boldsymbol{x}^{\mathrm{T}}(\boldsymbol{e}-\boldsymbol{\upsilon})\boldsymbol{y}=\upsilon$，则支付值为直觉模糊集零和博弈 $\bar{\boldsymbol{A}}$ 中局中人 p_1 的最小赢得的非隶属度 υ^* 及对应的最优策略 $\boldsymbol{x}^*\in X$ 是下面线性规划的最优解

$$\max\{1-\upsilon\}$$
$$\text{s.t.}\begin{cases}\sum_{i=1}^{m}(1-\upsilon_{ij})x_i\geqslant 1-\upsilon\quad(j=1,2,\cdots,n)\\ \sum_{i=1}^{m}x_i=1\\ x_i\geqslant 0\quad(i=1,2,\cdots,m)\end{cases}\tag{5.57}$$

即

$$\min\{\upsilon\}$$
$$\text{s.t.}\begin{cases}\sum_{i=1}^{m}\upsilon_{ij}x_i\leqslant\upsilon\quad(j=1,2,\cdots,n)\\ \sum_{i=1}^{m}x_i=1\\ x_i\geqslant 0\quad(i=1,2,\cdots,m)\end{cases}\tag{5.58}$$

其中，$x_i(i=1,2,\cdots,m)$ 和 υ 是决策变量. 根据线性规划的单纯形法，可得式(5.58)的最优解，记为 $(\boldsymbol{x}^*,\upsilon^*)$. 因此，通过求解式(5.58)可得直觉模糊集零和博弈 $\bar{\boldsymbol{A}}$ 中局中人 p_1 的最小赢得值 $\theta=\langle\mu,\upsilon\rangle$ 的非隶属度 υ^* 和对应的最优策略 $\boldsymbol{x}^*$.

因此，通过求解式(5.56)和式(5.58)可得局中人 p_1 的最小赢得值为直觉模糊集 $\theta^* = \langle \mu^*, \upsilon^* \rangle$ 和对应的最优策略 $\boldsymbol{x}^*$.

类似地，对经典的零和博弈 $\boldsymbol{A}$，局中人 p_2 的最大损失 ω 也是支付值 $a_{ij}(i=1,2,\cdots,m;j=1,2,\cdots,n)$ 的单调不减函数，记为 $\omega=\omega((a_{ij}))$ 或 $\omega=\omega(\boldsymbol{A})$.

根据定理 5.8，在支付值为区间值的零和博弈 $\boldsymbol{I}_{\bar{A}}$ 中，局中人 p_2 的最大损失值的下界 σ^*，即支付值为直觉模糊集零和博弈 $\bar{\boldsymbol{A}}$ 中局中人 p_2 的最大损失值的隶属度如下

$$\sigma^* = \min_{y\in Y}\max_{x\in X}\{\boldsymbol{x}^{\mathrm{T}}\boldsymbol{\mu}\boldsymbol{y}\}$$

支付值为直觉模糊集零和博弈 $\bar{\boldsymbol{A}}$ 局中人 p_2 的最大损失值的隶属度 σ^* 及对应的最优策略 $\boldsymbol{y}^* \in Y$ 是下面线性规划的最优解

$$\min\{\sigma\}$$
$$\text{s.t.}\begin{cases}\sum_{j=1}^{n}\mu_{ij}y_j \leqslant \sigma & (i=1,2,\cdots,m)\\ \sum_{j=1}^{n}y_j=1 \\ y_j \geqslant 0 & (j=1,2,\cdots,n)\end{cases} \tag{5.59}$$

其中，$y_j(j=1,2,\cdots,n)$ 和 σ 是决策变量. 根据线性规划的单纯形法，可得式(5.59)的最优解，记为 $(\boldsymbol{y}^*,\sigma^*)$. 因此，通过求解式(5.59)可得直觉模糊集零和博弈 $\bar{\boldsymbol{A}}$ 中局中人 p_2 的最大损失值的隶属度 σ^* 和对应的最优策略 $\boldsymbol{y}^*$.

类似地，在支付值为区间值的零和博弈 $\boldsymbol{I}_{\bar{A}}$ 中，局中人 p_2 的最大损失值的上界 $1-\rho^*$，即支付值为直觉模糊集零和博弈 $\bar{\boldsymbol{A}}$ 中局中人 p_2 的最大损失值的非隶属度 ρ^* 如下

$$1-\rho^* = \min_{y\in Y}\max_{x\in X}\{\boldsymbol{x}^{\mathrm{T}}(\boldsymbol{e}-\boldsymbol{\upsilon})\boldsymbol{y}\}$$

支付值为直觉模糊集零和博弈 $\bar{\boldsymbol{A}}$ 局中人 p_2 的最大损失值的非隶属度 ρ^* 及对应的最优策略 $\boldsymbol{y}^* \in Y$ 是下面线性规划的最优解

$$\min\{1-\rho\}$$
$$\text{s.t.}\begin{cases}\sum_{j=1}^{n}(1-\upsilon_{ij})y_j \leqslant 1-\rho & (i=1,2,\cdots,m)\\ \sum_{j=1}^{n}y_j=1 \\ y_j \geqslant 0 & (j=1,2,\cdots,n)\end{cases} \tag{5.60}$$

即

$$\max\{\rho\}$$
$$\text{s.t.}\begin{cases}\sum_{j=1}^{n}\upsilon_{ij}y_j \geqslant \rho \quad (i=1,2,\cdots,m)\\ \sum_{j=1}^{n}y_j=1\\ y_j\geqslant 0 \quad (j=1,2,\cdots,n)\end{cases} \tag{5.61}$$

其中，$y_j(j=1,2,\cdots,n)$ 和 ρ 是决策变量. 根据线性规划的单纯形法，可得式(5.61)的最优解，记为 $(\boldsymbol{y}^*,\rho^*)$. 因此，通过求解式(5.61)可得直觉模糊集零和博弈 $\overline{\boldsymbol{A}}$ 中局中人 p_2 的最大损失值 $\omega=\langle\sigma,\rho\rangle$ 的非隶属度 ρ^* 和对应的最优策略 $\boldsymbol{y}^*$.

因此，通过求解式(5.59)和式(5.61)可得局中人 p_2 的最大损失值为直觉模糊集 $\omega^*=\langle\sigma^*,\rho^*\rangle$ 和对应的最优策略 $\boldsymbol{y}^*$.

显然，式(5.56)和式(5.59)是互为对偶的线性规划，可得 $\mu^*=\sigma^*$. 类似地，式(5.58)和式(5.61)也是互为对偶的线性规划，则有 $\upsilon^*=\rho^*$. 因此，对于直觉模糊集零和博弈 $\overline{\boldsymbol{A}}$ 局中人 p_1 和局中人 p_2 有共同的直觉模糊值，即 $\langle\mu^*,\upsilon^*\rangle=\langle\sigma^*,\rho^*\rangle$. 为此，只需求解对偶线性规划(5.56)和(5.58)或(5.59)和(5.61)，可得直觉模糊集零和博弈 $\overline{\boldsymbol{A}}$ 的博弈值为直觉模糊集 $\langle\mu^*,\upsilon^*\rangle=\langle\sigma^*,\rho^*\rangle$.

5.4.2　数值实例分析

利用本节给出的直觉模糊集零和博弈的区间值线性规划模型继续求解 5.2.2 小节中的数值实例. 仍假设局中人 p_1 的支付矩阵如下

$$\overline{\boldsymbol{A}}=\begin{matrix} \\ \alpha_1\\ \alpha_2\\ \alpha_3\end{matrix}\begin{matrix}\begin{matrix}\alpha_1 & \alpha_2 & \alpha_3\end{matrix}\\ \begin{pmatrix}\langle 0.95,0.05\rangle & \langle 0.70,0.25\rangle & \langle 0.50,0.40\rangle\\ \langle 0.25,0.70\rangle & \langle 0.95,0.05\rangle & \langle 0.70,0.25\rangle\\ \langle 0.50,0.40\rangle & \langle 0.05,0.95\rangle & \langle 0.95,0.05\rangle\end{pmatrix}\end{matrix} \tag{5.62}$$

直觉模糊支付矩阵 $\overline{\boldsymbol{A}}$ 被转化为下面的区间值支付矩阵

$$\boldsymbol{I}_{\overline{A}}=\begin{matrix} \\ \alpha_1\\ \alpha_2\\ \alpha_3\end{matrix}\begin{matrix}\begin{matrix}\alpha_1 & \alpha_2 & \alpha_3\end{matrix}\\ \begin{pmatrix}[0.95,0.95] & [0.70,0.75] & [0.50,0.60]\\ [0.25,0.30] & [0.95,0.95] & [0.70,0.75]\\ [0.50,0.60] & [0.05,0.05] & [0.95,0.95]\end{pmatrix}\end{matrix}$$

根据式(5.56)，可得下面的线性规划

$$
\begin{aligned}
&\max\{\mu\}\\
&\text{s.t.}\begin{cases}
0.95x_1+0.25x_2+0.5x_3\geqslant\mu\\
0.7x_1+0.95x_2+0.05x_3\geqslant\mu\\
0.5x_1+0.7x_2+0.95x_3\geqslant\mu\\
x_1+x_2+x_3=1\\
x_i\geqslant 0\quad(i=1,2,3)
\end{cases}
\end{aligned}
\tag{5.63}
$$

其中 x_1，x_2，x_3，μ 是决策变量. 利用线性规划单纯形法，可得式(5.63)的最优解 $(\boldsymbol{x}^*,\mu^*)$，其中 $\boldsymbol{x}^*=(0.5,0.304,0.196)^{\mathrm{T}}$ 和 $\mu^*=0.649$，即得直觉模糊集零和博弈 $\overline{\boldsymbol{A}}$ 局中人 p_1 的最小赢得的隶属度 μ^* 和对应的最优策略 $\boldsymbol{x}^*\in X$.

类似地，根据式(5.58)，可得下面的线性规划

$$
\begin{aligned}
&\min\{\upsilon\}\\
&\text{s.t.}\begin{cases}
0.05x_1+0.7x_2+0.4x_3\leqslant\upsilon\\
0.25x_1+0.05x_2+0.95x_3\leqslant\upsilon\\
0.4x_1+0.25x_2+0.05x_3\leqslant\upsilon\\
x_1+x_2+x_3=1\\
x_i\geqslant 0\quad(i=1,2,3)
\end{cases}
\end{aligned}
\tag{5.64}
$$

根据线性规划的单纯形法，可得式(5.64)的最优解 $(\boldsymbol{x}^*,\upsilon^*)$，其中 $\boldsymbol{x}^*=(0.543,0.3,0.157)^{\mathrm{T}}$ 和 $\upsilon^*=0.3$，即得直觉模糊集零和博弈 $\overline{\boldsymbol{A}}$ 中局中人 p_1 的最小赢得的非隶属度 υ^* 和对应的最优策略 $\boldsymbol{x}^*\in X$.

因此，可得局中人 p_1 的最小赢得值是直觉模糊集 $\langle\mu^*,\upsilon^*\rangle=\langle 0.649,0.3\rangle$.

类似地，根据式(5.59)，可得下面的线性规划

$$
\begin{aligned}
&\min\{\sigma\}\\
&\text{s.t.}\begin{cases}
0.95y_1+0.7y_2+0.5y_3\leqslant\sigma\\
0.25y_1+0.95y_2+0.7y_3\leqslant\sigma\\
0.5y_1+0.05y_2+0.95y_3\leqslant\sigma\\
y_1+y_2+y_3=1\\
y_i\geqslant 0\quad(i=1,2,3)
\end{cases}
\end{aligned}
\tag{5.65}
$$

其中，y_1，y_2，y_3 与 σ 是决策变量. 求解可得直觉模糊集零和博弈 $\overline{\boldsymbol{A}}$ 中局中人 p_2 的最大损失的隶属度为 $\sigma^*=0.649$ 与对应的最优策略为 $\boldsymbol{y}^*=(0.234,0.218,0.548)^{\mathrm{T}}$.

类似地，根据式(5.61)，可得下面的线性规划

$$\max\{\rho\}$$
$$\text{s.t.}\begin{cases}0.05y_1+0.25y_2+0.4y_3\geqslant\rho\\0.7y_1+0.05y_2+0.25y_3\geqslant\rho\\0.4y_1+0.95y_2+0.05y_3\geqslant\rho\\y_1+y_2+y_3=1\\y_i\geqslant 0\quad(i=1,2,3)\end{cases}\tag{5.66}$$

其中，y_1, y_2, y_3 与 ρ 是决策变量. 求解式(5.66)可得直觉模糊集零和博弈 $\bar{\boldsymbol{A}}$ 中局中人 p_2 的最大损失的非隶属度为 $\rho^*=0.3$ 与对应的最优策略为 $\boldsymbol{y}^*=(0.2,0.2,0.6)^{\mathrm{T}}$. 因此, 得到了局中人 p_2 的最大损失值为直觉模糊集 $\langle\sigma^*,\rho^*\rangle=\langle 0.649,0.3\rangle$.

显然, 局中人 p_1 的最小赢得值和局中人 p_2 的最大损失值相等, 即

$$\langle\mu^*,\upsilon^*\rangle=\langle\sigma^*,\rho^*\rangle=\langle 0.649,0.3\rangle$$

因此, 直觉模糊集零和博弈 $\bar{\boldsymbol{A}}$ 的博弈值为直觉模糊集 $\langle 0.649,0.3\rangle$.

第 6 章　直觉模糊数二人零和博弈

在第 5 章中, 用直觉模糊集表示不确定的支付值, 研究了直觉模糊集零和博弈. 直觉模糊数是描述不确定量的一种表示方式, 在实际的博弈问题中, 有时支付值往往更容易用直觉模糊数表示. 本章主要研究支付值为直觉模糊数二人零和博弈的解的定义、性质及其求解方法, 为解决实际竞争问题提供一种新的途径. 尽管本章主要以支付值是第Ⅱ类三角直觉模糊数为例进行讨论, 但本章的理论和方法均可以推广到支付值为其他直觉模糊数二人零和博弈问题中.

6.1　三角直觉模糊数二人零和博弈解的定义及性质

当局中人 p_1 和 p_2 分别选取纯策略 $\alpha_i \in S_1(i=1,2,\cdots,m)$, $\beta_j \in S_2(j=1,2,\cdots,n)$ 时, 假设局中人 p_1 获得的支付值为第Ⅱ类三角直觉模糊数 $\tilde{a}_{ij}=\langle(\underline{a}_{ij},a_{ij},\overline{a}_{ij});w_{\tilde{a}_{ij}},u_{\tilde{a}_{ij}}\rangle$ $(i=1,2,\cdots,m;j=1,2,\cdots,n)$, 而 p_2 相应地损失的支付值为第Ⅱ类三角直觉模糊数 $\tilde{a}_{ij}=\langle(\underline{a}_{ij},a_{ij},\overline{a}_{ij});w_{\tilde{a}_{ij}},u_{\tilde{a}_{ij}}\rangle$. 局中人 p_1 在所有局势下的支付值可直观地用矩阵表示为

$$\tilde{\boldsymbol{A}}=(\tilde{a}_{ij})_{m\times n}$$

根据定义 2.13 给出的第Ⅱ类三角直觉模糊数的运算法则, 在混合策略 $(\boldsymbol{x},\boldsymbol{y})$ $(\boldsymbol{x}\in X,\boldsymbol{y}\in Y)$ 下, 局中人 p_1 的期望支付值为

$$\begin{aligned}E(\boldsymbol{x},\boldsymbol{y})&=\boldsymbol{x}^{\mathrm{T}}\tilde{\boldsymbol{A}}\boldsymbol{y}=\sum_{i=1}^{m}\sum_{j=1}^{n}x_i\tilde{a}_{ij}y_j\\&=\left\langle\left(\sum_{i=1}^{m}\sum_{j=1}^{n}x_i\underline{a}_{ij}y_j,\sum_{i=1}^{m}\sum_{j=1}^{n}x_ia_{ij}y_j,\sum_{i=1}^{m}\sum_{j=1}^{n}x_i\overline{a}_{ij}y_j\right);\min\{w_{\tilde{a}_{ij}}\},\max\{u_{\tilde{a}_{ij}}\}\right\rangle\end{aligned}\tag{6.1}$$

根据定义 2.13 给出的第Ⅱ类三角直觉模糊数的运算法则, $E(\boldsymbol{x},\boldsymbol{y})$ 是一个第Ⅱ类三角直觉模糊数. 因为是二人零和博弈, 局中人 p_2 的期望支付值为

$$\begin{aligned}-E(\boldsymbol{x},\boldsymbol{y})&=\boldsymbol{x}^{\mathrm{T}}(-\tilde{\boldsymbol{A}})\boldsymbol{y}=\sum_{i=1}^{m}\sum_{j=1}^{n}x_i(-\tilde{a}_{ij})y_j\\&=\left\langle\left(-\sum_{i=1}^{m}\sum_{j=1}^{n}x_i\overline{a}_{ij}y_j,-\sum_{i=1}^{m}\sum_{j=1}^{n}x_ia_{ij}y_j,-\sum_{i=1}^{m}\sum_{j=1}^{n}x_i\underline{a}_{ij}y_j\right);\min\{w_{\tilde{a}_{ij}}\},\max\{u_{\tilde{a}_{ij}}\}\right\rangle\end{aligned}\tag{6.2}$$

显然, $-E(\boldsymbol{x},\boldsymbol{y})$ 仍为第Ⅱ类三角直觉模糊数.

下面将支付值为第Ⅱ类三角直觉模糊数二人零和博弈简称为第Ⅱ类三角直觉模糊数零和博弈 $\tilde{\boldsymbol{A}}$.

假设在第Ⅱ类三角直觉模糊数零和博弈 $\tilde{\boldsymbol{A}}$ 中, 局中人 p_1 希望支付值 $E(\boldsymbol{x},\boldsymbol{y})$ 越大越好, 而局中人 p_2 则希望支付值 $E(\boldsymbol{x},\boldsymbol{y})$ 越小越好.

如果局中人 p_1 采用混合策略 $\boldsymbol{x}$, 则局中人 p_1 至少可以得到的支付值为

$$\min_{\boldsymbol{y}\in Y}\{E(\boldsymbol{x},\boldsymbol{y})\}$$

由于局中人 p_1 希望所得越大越好, 因此他可以选择策略 $\boldsymbol{x}$ 使上式最大. 也就是说, 局中人 p_1 可以选择策略 $\boldsymbol{x}$, 使他得到的支付值不少于

$$\max_{\boldsymbol{x}\in X}\min_{\boldsymbol{y}\in Y}\{E(\boldsymbol{x},\boldsymbol{y})\} \tag{6.3}$$

同样地, 如果局中人 p_2 采用混合策略 $\boldsymbol{y}$, 由于局中人 p_1 希望支付值越大越好, 则局中人 p_2 至多损失

$$\max_{\boldsymbol{x}\in X}\{E(\boldsymbol{x},\boldsymbol{y})\}$$

然而, 由于局中人 p_2 希望支付值越小越好, 因此他可以选择策略 $\boldsymbol{y}$ 使上式最小. 也就是说, 局中人 p_2 可以选择策略 $\boldsymbol{y}$, 保证他失去的不大于

$$\min_{\boldsymbol{y}\in Y}\max_{\boldsymbol{x}\in X}\{E(\boldsymbol{x},\boldsymbol{y})\} \tag{6.4}$$

定理 6.1　在第Ⅱ类三角直觉模糊数零和博弈 $\tilde{\boldsymbol{A}}$ 中, 对于任意的 $\boldsymbol{x}\in X$ 和 $\boldsymbol{y}\in Y$, 有

$$\max_{\boldsymbol{x}\in X}\min_{\boldsymbol{y}\in Y}\{E(\boldsymbol{x},\boldsymbol{y})\}\leqslant_{\text{IFN}}\min_{\boldsymbol{y}\in Y}\max_{\boldsymbol{x}\in X}\{E(\boldsymbol{x},\boldsymbol{y})\}$$

其中“$\leqslant_{\text{IFN}}$”为第 2 章定义的直觉模糊数的排序关系.

证明　对于任意的混合策略 $\boldsymbol{x}\in X$, 基于第 2 章中定义的直觉模糊数的排序方法, 则有

$$\min_{\boldsymbol{y}\in Y}\{E(\boldsymbol{x},\boldsymbol{y})\}\leqslant_{\text{IFN}}E(\boldsymbol{x},\boldsymbol{y})$$

对于任意的混合策略 $\boldsymbol{y}\in Y$, 可得

$$\max_{\boldsymbol{x}\in X}\{E(\boldsymbol{x},\boldsymbol{y})\}\geqslant_{\text{IFN}}E(\boldsymbol{x},\boldsymbol{y})$$

因此, 对于任意的混合策略 $\boldsymbol{x}\in X$ 和 $\boldsymbol{y}\in Y$, 可得

$$\min_{\boldsymbol{y}\in Y}\{E(\boldsymbol{x},\boldsymbol{y})\}\leqslant_{\text{IFN}}\max_{\boldsymbol{x}\in X}\{E(\boldsymbol{x},\boldsymbol{y})\}$$

由于上式不等号右边对任意的 $\boldsymbol{y}\in Y$ 都成立, 则有

$$\min_{\boldsymbol{y}\in Y}\{E(\boldsymbol{x},\boldsymbol{y})\}\leqslant_{\mathrm{IFN}}\min_{\boldsymbol{y}\in Y}\max_{\boldsymbol{x}\in X}\{E(\boldsymbol{x},\boldsymbol{y})\}$$

同样, 由于上式不等号左边对任意的 $\boldsymbol{x}\in X$ 都成立, 则有

$$\max_{\boldsymbol{x}\in X}\min_{\boldsymbol{y}\in Y}\{E(\boldsymbol{x},\boldsymbol{y})\}\leqslant_{\mathrm{IFN}}\min_{\boldsymbol{y}\in Y}\max_{\boldsymbol{x}\in X}\{E(\boldsymbol{x},\boldsymbol{y})\}$$

定义 6.1　在第Ⅱ类三角直觉模糊数零和博弈 $\tilde{\boldsymbol{A}}$ 中, 若有策略对 $(\boldsymbol{x}^*,\boldsymbol{y}^*)$ $(\boldsymbol{x}^*\in X,$ $\boldsymbol{y}^*\in Y)$ 满足

$$\boldsymbol{x}^{\mathrm{T}}\tilde{\boldsymbol{A}}\boldsymbol{y}^*\leqslant_{\mathrm{IFN}}\boldsymbol{x}^{*\mathrm{T}}\tilde{\boldsymbol{A}}\boldsymbol{y}^*\leqslant_{\mathrm{IFN}}\boldsymbol{x}^{*\mathrm{T}}\tilde{\boldsymbol{A}}\boldsymbol{y}$$

其中, $\boldsymbol{x}\in X$ 和 $\boldsymbol{y}\in Y$, 则称 $(\boldsymbol{x}^*,\boldsymbol{y}^*)$ 为第Ⅱ类三角直觉模糊数零和博弈 $\tilde{\boldsymbol{A}}$ 的混合策略鞍点.

定理 6.2　第Ⅱ类三角直觉模糊数零和博弈 $\tilde{\boldsymbol{A}}$ 存在混合策略鞍点的充分必要条件为

$$\begin{aligned}&\max_{\boldsymbol{x}\in X}\min_{\boldsymbol{y}\in Y}\left\{\left\langle\left(\sum_{i=1}^{m}\sum_{j=1}^{n}x_i\underline{a}_{ij}y_j,\sum_{i=1}^{m}\sum_{j=1}^{n}x_ia_{ij}y_j,\sum_{i=1}^{m}\sum_{j=1}^{n}x_i\overline{a}_{ij}y_j\right);\min\{w_{\tilde{a}_{ij}}\},\max\{u_{\tilde{a}_{ij}}\}\right\rangle\right\}\\&=_{\mathrm{IFN}}\min_{\boldsymbol{y}\in Y}\max_{\boldsymbol{x}\in X}\left\{\left\langle\left(\sum_{i=1}^{m}\sum_{j=1}^{n}x_i\underline{a}_{ij}y_j,\sum_{i=1}^{m}\sum_{j=1}^{n}x_ia_{ij}y_j,\sum_{i=1}^{m}\sum_{j=1}^{n}x_i\overline{a}_{ij}y_j\right);\min\{w_{\tilde{a}_{ij}}\},\max\{u_{\tilde{a}_{ij}}\}\right\rangle\right\}\end{aligned}\tag{6.5}$$

证明　充分性. 若式(6.5)成立, 则必存在一个 $\boldsymbol{x}^*\in X$ 和 $\boldsymbol{y}^*\in Y$, 利用 2.3.1 小节和 2.3.2 小节给出的第Ⅱ类三角直觉模糊数的排序方法, 则有

$$\begin{aligned}&\max_{\boldsymbol{x}\in X}\min_{\boldsymbol{y}\in Y}\left\{\left\langle\left(\sum_{i=1}^{m}\sum_{j=1}^{n}x_i\underline{a}_{ij}y_j,\sum_{i=1}^{m}\sum_{j=1}^{n}x_ia_{ij}y_j,\sum_{i=1}^{m}\sum_{j=1}^{n}x_i\overline{a}_{ij}y_j\right);\min\{w_{\tilde{a}_{ij}}\},\max\{u_{\tilde{a}_{ij}}\}\right\rangle\right\}\\&=_{\mathrm{IFN}}\min_{\boldsymbol{y}\in Y}\left\{\left\langle\left(\sum_{i=1}^{m}\sum_{j=1}^{n}x_i^*\underline{a}_{ij}y_j,\sum_{i=1}^{m}\sum_{j=1}^{n}x_i^*a_{ij}y_j,\sum_{i=1}^{m}\sum_{j=1}^{n}x_i^*\overline{a}_{ij}y_j\right);\min\{w_{\tilde{a}_{ij}}\},\max\{u_{\tilde{a}_{ij}}\}\right\rangle\right\}\end{aligned}$$

和

$$\begin{aligned}&\min_{\boldsymbol{y}\in Y}\max_{\boldsymbol{x}\in X}\left\{\left\langle\left(\sum_{i=1}^{m}\sum_{j=1}^{n}x_i\underline{a}_{ij}y_j,\sum_{i=1}^{m}\sum_{j=1}^{n}x_ia_{ij}y_j,\sum_{i=1}^{m}\sum_{j=1}^{n}x_i\overline{a}_{ij}y_j\right);\min\{w_{\tilde{a}_{ij}}\},\max\{u_{\tilde{a}_{ij}}\}\right\rangle\right\}\\&=_{\mathrm{IFN}}\max_{\boldsymbol{x}\in X}\left\{\left\langle\left(\sum_{i=1}^{m}\sum_{j=1}^{n}x_{ii}\underline{a}_{ij}y_j^*,\sum_{i=1}^{m}\sum_{j=1}^{n}x_ia_{ij}y_j^*,\sum_{i=1}^{m}\sum_{j=1}^{n}x_i\overline{a}_{ij}y_j^*\right);\min\{w_{\tilde{a}_{ij}}\},\max\{u_{\tilde{a}_{ij}}\}\right\rangle\right\}\end{aligned}$$

所以,

$$\min_{\boldsymbol{y}\in Y}\left\{\left\langle\left(\sum_{i=1}^{m}\sum_{j=1}^{n}x_i^*\underline{a}_{ij}y_j,\sum_{i=1}^{m}\sum_{j=1}^{n}x_i^*a_{ij}y_j,\sum_{i=1}^{m}\sum_{j=1}^{n}x_i^*\overline{a}_{ij}y_j\right);\min\{w_{\tilde{a}_{ij}}\},\max\{u_{\tilde{a}_{ij}}\}\right\rangle\right\}$$

$$=_{\mathrm{IFN}}\max_{\boldsymbol{x}\in X}\left\{\left\langle\left(\sum_{i=1}^{m}\sum_{j=1}^{n}x_i\underline{a}_{ij}y_j^*,\sum_{i=1}^{m}\sum_{j=1}^{n}x_ia_{ij}y_j^*,\sum_{i=1}^{m}\sum_{j=1}^{n}x_i\overline{a}_{ij}y_j^*\right);\min\{w_{\tilde{a}_{ij}}\},\max\{u_{\tilde{a}_{ij}}\}\right\rangle\right\}$$

而

$$\max_{\boldsymbol{x}\in X}\left\{\left\langle\left(\sum_{i=1}^{m}\sum_{j=1}^{n}x_i\underline{a}_{ij}y_j^*,\sum_{i=1}^{m}\sum_{j=1}^{n}x_ia_{ij}y_j^*,\sum_{i=1}^{m}\sum_{j=1}^{n}x_i\overline{a}_{ij}y_j^*\right);\min\{w_{\tilde{a}_{ij}}\},\max\{u_{\tilde{a}_{ij}}\}\right\rangle\right\}$$

$$\geqslant_{\mathrm{IFN}}\left\langle\left(\sum_{i=1}^{m}\sum_{j=1}^{n}x_i^*\underline{a}_{ij}y_j^*,\sum_{i=1}^{m}\sum_{j=1}^{n}x_i^*a_{ij}y_j^*,\sum_{i=1}^{m}\sum_{j=1}^{n}x_i^*\overline{a}_{ij}y_j^*\right);\min\{w_{\tilde{a}_{ij}}\},\max\{u_{\tilde{a}_{ij}}\}\right\rangle$$

$$\geqslant_{\mathrm{IFN}}\min_{\boldsymbol{y}\in Y}\left\{\left\langle\left(\sum_{i=1}^{m}\sum_{j=1}^{n}x_i^*\underline{a}_{ij}y_j,\sum_{i=1}^{m}\sum_{j=1}^{n}x_i^*a_{ij}y_j,\sum_{i=1}^{m}\sum_{j=1}^{n}x_i^*\overline{a}_{ij}y_j\right);\min\{w_{\tilde{a}_{ij}}\},\max\{u_{\tilde{a}_{ij}}\}\right\rangle\right\}$$

于是有

$$\max_{\boldsymbol{x}\in X}\left\{\left\langle\left(\sum_{i=1}^{m}\sum_{j=1}^{n}x_i\underline{a}_{ij}y_j^*,\sum_{i=1}^{m}\sum_{j=1}^{n}x_ia_{ij}y_j^*,\sum_{i=1}^{m}\sum_{j=1}^{n}x_i\overline{a}_{ij}y_j^*\right);\min\{w_{\tilde{a}_{ij}}\},\max\{u_{\tilde{a}_{ij}}\}\right\rangle\right\}$$

$$=_{\mathrm{IFN}}\left\langle\left(\sum_{i=1}^{m}\sum_{j=1}^{n}x_i^*\underline{a}_{ij}y_j^*,\sum_{i=1}^{m}\sum_{j=1}^{n}x_i^*a_{ij}y_j^*,\sum_{i=1}^{m}\sum_{j=1}^{n}x_i^*\overline{a}_{ij}y_j^*\right);\min\{w_{\tilde{a}_{ij}}\},\max\{u_{\tilde{a}_{ij}}\}\right\rangle$$

$$=_{\mathrm{IFN}}\min_{\boldsymbol{y}\in Y}\left\{\left\langle\left(\sum_{i=1}^{m}\sum_{j=1}^{n}x_i^*\underline{a}_{ij}y_j,\sum_{i=1}^{m}\sum_{j=1}^{n}x_i^*a_{ij}y_j,\sum_{i=1}^{m}\sum_{j=1}^{n}x_i^*\overline{a}_{ij}y_j\right);\min\{w_{\tilde{a}_{ij}}\},\max\{u_{\tilde{a}_{ij}}\}\right\rangle\right\}$$

因此对任意的 $\boldsymbol{x}\in X$ 和 $\boldsymbol{y}\in Y$，有

$$\left\langle\left(\sum_{i=1}^{m}\sum_{j=1}^{n}x_i\underline{a}_{ij}y_j^*,\sum_{i=1}^{m}\sum_{j=1}^{n}x_ia_{ij}y_j^*,\sum_{i=1}^{m}\sum_{j=1}^{n}x_i\overline{a}_{ij}y_j^*\right);\min\{w_{\tilde{a}_{ij}}\},\max\{u_{\tilde{a}_{ij}}\}\right\rangle$$

$$\leqslant_{\mathrm{IFN}}\left\langle\left(\sum_{i=1}^{m}\sum_{j=1}^{n}x_i^*\underline{a}_{ij}y_j^*,\sum_{i=1}^{m}\sum_{j=1}^{n}x_i^*a_{ij}y_j^*,\sum_{i=1}^{m}\sum_{j=1}^{n}x_i^*\overline{a}_{ij}y_j^*\right);\min\{w_{\tilde{a}_{ij}}\},\max\{u_{\tilde{a}_{ij}}\}\right\rangle$$

$$\leqslant_{\mathrm{IFN}}\left\langle\left(\sum_{i=1}^{m}\sum_{j=1}^{n}x_i^*\underline{a}_{ij}y_j,\sum_{i=1}^{m}\sum_{j=1}^{n}x_i^*a_{ij}y_j,\sum_{i=1}^{m}\sum_{j=1}^{n}x_i^*\overline{a}_{ij}y_j\right);\min\{w_{\tilde{a}_{ij}}\},\max\{u_{\tilde{a}_{ij}}\}\right\rangle$$

即

$$\boldsymbol{x}^{\mathrm{T}}\tilde{\boldsymbol{A}}\boldsymbol{y}^*\leqslant_{\mathrm{IFN}}\boldsymbol{x}^{*\mathrm{T}}\tilde{\boldsymbol{A}}\boldsymbol{y}^*\leqslant_{\mathrm{IFN}}\boldsymbol{x}^{*\mathrm{T}}\tilde{\boldsymbol{A}}\boldsymbol{y}$$

因此，$(\boldsymbol{x}^*,\boldsymbol{y}^*)$ 为第Ⅱ类三角直觉模糊数零和博弈 $\tilde{\boldsymbol{A}}$ 的混合策略鞍点.

必要性. 设 $(\boldsymbol{x}^*,\boldsymbol{y}^*)$ 是第Ⅱ类三角直觉模糊数零和博弈 $\tilde{\boldsymbol{A}}$ 的混合策略鞍点, 则对任意的 $\boldsymbol{x}\in X$ 和 $\boldsymbol{y}\in Y$, 都有

$$\begin{aligned}&\left\langle\left(\sum_{i=1}^{m}\sum_{j=1}^{n}x_i\underline{a}_{ij}y_j^*,\sum_{i=1}^{m}\sum_{j=1}^{n}x_ia_{ij}y_j^*,\sum_{i=1}^{m}\sum_{j=1}^{n}x_i\overline{a}_{ij}y_j^*\right);\min\{w_{\tilde{a}_{ij}}\},\max\{u_{\tilde{a}_{ij}}\}\right\rangle\\ \leqslant_{\mathrm{IFN}}&\left\langle\left(\sum_{i=1}^{m}\sum_{j=1}^{n}x_i^*\underline{a}_{ij}y_j^*,\sum_{i=1}^{m}\sum_{j=1}^{n}x_i^*a_{ij}y_j^*,\sum_{i=1}^{m}\sum_{j=1}^{n}x_i^*\overline{a}_{ij}y_j^*\right);\min\{w_{\tilde{a}_{ij}}\},\max\{u_{\tilde{a}_{ij}}\}\right\rangle\\ \leqslant_{\mathrm{IFN}}&\left\langle\left(\sum_{i=1}^{m}\sum_{j=1}^{n}x_i^*\underline{a}_{ij}y_j,\sum_{i=1}^{m}\sum_{j=1}^{n}x_i^*a_{ij}y_j,\sum_{i=1}^{m}\sum_{j=1}^{n}x_i^*\overline{a}_{ij}y_j\right);\min\{w_{\tilde{a}_{ij}}\},\max\{u_{\tilde{a}_{ij}}\}\right\rangle\end{aligned}\tag{6.6}$$

由式(6.6)的第一个不等式可得

$$\begin{aligned}&\max_{\boldsymbol{x}\in X}\left\{\left\langle\left(\sum_{i=1}^{m}\sum_{j=1}^{n}x_i\underline{a}_{ij}y_j^*,\sum_{i=1}^{m}\sum_{j=1}^{n}x_ia_{ij}y_j^*,\sum_{i=1}^{m}\sum_{j=1}^{n}x_i\overline{a}_{ij}y_j^*\right);\min\{w_{\tilde{a}_{ij}}\},\max\{u_{\tilde{a}_{ij}}\}\right\rangle\right\}\\ =_{\mathrm{IFN}}&\left\langle\left(\sum_{i=1}^{m}\sum_{j=1}^{n}x_i^*\underline{a}_{ij}y_j^*,\sum_{i=1}^{m}\sum_{j=1}^{n}x_i^*a_{ij}y_j^*,\sum_{i=1}^{m}\sum_{j=1}^{n}x_i^*\overline{a}_{ij}y_j^*\right);\min\{w_{\tilde{a}_{ij}}\},\max\{u_{\tilde{a}_{ij}}\}\right\rangle\end{aligned}$$

因而

$$\begin{aligned}&\min_{\boldsymbol{y}\in Y}\max_{\boldsymbol{x}\in X}\left\{\left\langle\left(\sum_{i=1}^{m}\sum_{j=1}^{n}x_i\underline{a}_{ij}y_j,\sum_{i=1}^{m}\sum_{j=1}^{n}x_ia_{ij}y_j,\sum_{i=1}^{m}\sum_{j=1}^{n}x_i\overline{a}_{ij}y_j\right);\min\{w_{\tilde{a}_{ij}}\},\max\{u_{\tilde{a}_{ij}}\}\right\rangle\right\}\\ =_{\mathrm{IFN}}&\left\langle\left(\sum_{i=1}^{m}\sum_{j=1}^{n}x_i^*\underline{a}_{ij}y_j^*,\sum_{i=1}^{m}\sum_{j=1}^{n}x_i^*a_{ij}y_j^*,\sum_{i=1}^{m}\sum_{j=1}^{n}x_i^*\overline{a}_{ij}y_j^*\right);\min\{w_{\tilde{a}_{ij}}\},\max\{u_{\tilde{a}_{ij}}\}\right\rangle\end{aligned}\tag{6.7}$$

类似地, 由式(6.6)的第二个不等式可得

$$\begin{aligned}&\left\langle\left(\sum_{i=1}^{m}\sum_{j=1}^{n}x_i^*\underline{a}_{ij}y_j^*,\sum_{i=1}^{m}\sum_{j=1}^{n}x_i^*a_{ij}y_j^*,\sum_{i=1}^{m}\sum_{j=1}^{n}x_i^*\overline{a}_{ij}y_j^*\right);\min\{w_{\tilde{a}_{ij}}\},\max\{u_{\tilde{a}_{ij}}\}\right\rangle\\ \leqslant_{\mathrm{IFN}}&\min_{\boldsymbol{y}\in Y}\left\{\left\langle\left(\sum_{i=1}^{m}\sum_{j=1}^{n}x_i^*\underline{a}_{ij}y_j,\sum_{i=1}^{m}\sum_{j=1}^{n}x_i^*a_{ij}y_j,\sum_{i=1}^{m}\sum_{j=1}^{n}x_i^*\overline{a}_{ij}y_j\right);\min\{w_{\tilde{a}_{ij}}\},\max\{u_{\tilde{a}_{ij}}\}\right\rangle\right\}\\ \leqslant_{\mathrm{IFN}}&\max_{\boldsymbol{x}\in X}\min_{\boldsymbol{y}\in Y}\left\{\left\langle\left(\sum_{i=1}^{m}\sum_{j=1}^{n}x_i\underline{a}_{ij}y_j,\sum_{i=1}^{m}\sum_{j=1}^{n}x_ia_{ij}y_j,\sum_{i=1}^{m}\sum_{j=1}^{n}x_i\overline{a}_{ij}y_j\right);\min\{w_{\tilde{a}_{ij}}\},\max\{u_{\tilde{a}_{ij}}\}\right\rangle\right\}\end{aligned}\tag{6.8}$$

由式(6.7)和式(6.8)可得

$$\max_{x\in X}\min_{y\in Y}\left\{\left\langle\left(\sum_{i=1}^{m}\sum_{j=1}^{n}x_i\underline{a}_{ij}y_j,\sum_{i=1}^{m}\sum_{j=1}^{n}x_ia_{ij}y_j,\sum_{i=1}^{m}\sum_{j=1}^{n}x_i\overline{a}_{ij}y_j\right);\min\{w_{\tilde{a}_{ij}}\},\max\{u_{\tilde{a}_{ij}}\}\right\rangle\right\}$$

$$\geqslant_{\text{IFN}}\min_{y\in Y}\max_{x\in X}\left\{\left\langle\left(\sum_{i=1}^{m}\sum_{j=1}^{n}x_i\underline{a}_{ij}y_j,\sum_{i=1}^{m}\sum_{j=1}^{n}x_ia_{ij}y_j,\sum_{i=1}^{m}\sum_{j=1}^{n}x_i\overline{a}_{ij}y_j\right);\min\{w_{\tilde{a}_{ij}}\},\max\{u_{\tilde{a}_{ij}}\}\right\rangle\right\}$$

结合定理 6.1, 可得

$$\max_{x\in X}\min_{y\in Y}\left\{\left\langle\left(\sum_{i=1}^{m}\sum_{j=1}^{n}x_i\underline{a}_{ij}y_j,\sum_{i=1}^{m}\sum_{j=1}^{n}x_ia_{ij}y_j,\sum_{i=1}^{m}\sum_{j=1}^{n}x_i\overline{a}_{ij}y_j\right);\min\{w_{\tilde{a}_{ij}}\},\max\{u_{\tilde{a}_{ij}}\}\right\rangle\right\}$$

$$=_{\text{IFN}}\min_{y\in Y}\max_{x\in X}\left\{\left\langle\left(\sum_{i=1}^{m}\sum_{j=1}^{n}x_i\underline{a}_{ij}y_j,\sum_{i=1}^{m}\sum_{j=1}^{n}x_ia_{ij}y_j,\sum_{i=1}^{m}\sum_{j=1}^{n}x_i\overline{a}_{ij}y_j\right);\min\{w_{\tilde{a}_{ij}}\},\max\{u_{\tilde{a}_{ij}}\}\right\rangle\right\}$$

定理 6.3　在第Ⅱ类三角直觉模糊数零和博弈 $\tilde{\boldsymbol{A}}$ 中, 若 $(\boldsymbol{x}^*,\boldsymbol{y}^*)$ 和 $(\boldsymbol{x}^0,\boldsymbol{y}^0)$ 分别为混合策略鞍点, 则 $(\boldsymbol{x}^0,\boldsymbol{y}^*)$ 与 $(\boldsymbol{x}^*,\boldsymbol{y}^0)$ 都是第Ⅱ类三角直觉模糊数零和博弈 $\tilde{\boldsymbol{A}}$ 的混合策略鞍点, 且 $E(\boldsymbol{x}^*,\boldsymbol{y}^*)=_{\text{IFN}}E(\boldsymbol{x}^0,\boldsymbol{y}^0)$.

证明　因为 $(\boldsymbol{x}^*,\boldsymbol{y}^*)$ 和 $(\boldsymbol{x}^0,\boldsymbol{y}^0)$ 分别是第Ⅱ类三角直觉模糊数零和博弈 $\tilde{\boldsymbol{A}}$ 的混合策略鞍点, 根据定义 6.1, 对任意的 $\boldsymbol{x}\in X$, $\boldsymbol{y}\in Y$, 可得

$$E(\boldsymbol{x},\boldsymbol{y}^*)\leqslant_{\text{IFN}}E(\boldsymbol{x}^*,\boldsymbol{y}^*)\leqslant_{\text{IFN}}E(\boldsymbol{x}^*,\boldsymbol{y})$$

对任意的 $\boldsymbol{x}\in X$, $\boldsymbol{y}\in Y$, 可得

$$E(\boldsymbol{x},\boldsymbol{y}^0)\leqslant_{\text{IFN}}E(\boldsymbol{x}^0,\boldsymbol{y}^0)\leqslant_{\text{IFN}}E(\boldsymbol{x}^0,\boldsymbol{y})$$

从而有

$$E(\boldsymbol{x}^*,\boldsymbol{y}^0)\leqslant_{\text{IFN}}E(\boldsymbol{x}^0,\boldsymbol{y}^0)\leqslant_{\text{IFN}}E(\boldsymbol{x}^0,\boldsymbol{y}^*)\leqslant_{\text{IFN}}E(\boldsymbol{x}^*,\boldsymbol{y}^*)\leqslant_{\text{IFN}}E(\boldsymbol{x}^*,\boldsymbol{y}^0)$$

即

$$E(\boldsymbol{x}^*,\boldsymbol{y}^*)=_{\text{IFN}}E(\boldsymbol{x}^0,\boldsymbol{y}^0)=_{\text{IFN}}E(\boldsymbol{x}^*,\boldsymbol{y}^0)=_{\text{IFN}}E(\boldsymbol{x}^0,\boldsymbol{y}^*)$$

则对任意的 $\boldsymbol{x}\in X$, $\boldsymbol{y}\in Y$, 有

$$E(\boldsymbol{x},\boldsymbol{y}^*)\leqslant_{\text{IFN}}E(\boldsymbol{x}^*,\boldsymbol{y}^*)=_{\text{IFN}}E(\boldsymbol{x}^0,\boldsymbol{y}^*)\leqslant_{\text{IFN}}E(\boldsymbol{x}^0,\boldsymbol{y})$$

即 $(\boldsymbol{x}^0,\boldsymbol{y}^*)$ 是第Ⅱ类三角直觉模糊数零和博弈 $\tilde{\boldsymbol{A}}$ 的混合策略鞍点.

类似地, 可以证明

$$E(\boldsymbol{x},\boldsymbol{y}^0)\leqslant_{\text{IFN}}E(\boldsymbol{x}^0,\boldsymbol{y}^0)=_{\text{IFN}}E(\boldsymbol{x}^*,\boldsymbol{y}^0)\leqslant_{\text{IFN}}E(\boldsymbol{x}^*,\boldsymbol{y})$$

即 $(\boldsymbol{x}^*,\boldsymbol{y}^0)$ 是第Ⅱ类三角直觉模糊数零和博弈 $\tilde{\boldsymbol{A}}$ 的混合策略鞍点.

定理 6.1—定理 6.3 说明第Ⅱ类三角直觉模糊数零和博弈 $\tilde{\boldsymbol{A}}$ 具有与经典零和博弈相类似的性质.

式 (6.3) 中的集合 Y 和式 (6.4) 中的集合 X 是无限集, 为了减少求解难度与计算量, 希望只在有限个极点中进行求解, 为此先给出如下引理.

引理 6.1　(i) 设有一个 n 维第Ⅱ类三角直觉模糊数向量 $(\tilde{c}_1,\tilde{c}_2,\cdots,\tilde{c}_n)$, 其中每个

$\tilde{c}_j(j=1,2,\cdots,n)$ 都是第Ⅱ类三角直觉模糊数，且 $\boldsymbol{y}\in Y$，则

$$\min_{\boldsymbol{y}\in Y}\left\{\sum_{j=1}^{n}\tilde{c}_j y_j\right\}=_{\text{IFN}}\min_{1\leqslant j\leqslant n}\{\tilde{c}_j\} \tag{6.9}$$

(ii) 设有一个 m 维第Ⅱ类三角直觉模糊数向量 $(\tilde{d}_1,\tilde{d}_2,\cdots,\tilde{d}_m)$，其中每个 $\tilde{d}_i(i=1,2,\cdots,m)$ 都是第Ⅱ类三角直觉模糊数，且 $\boldsymbol{x}\in X$，则

$$\max_{\boldsymbol{x}\in X}\left\{\sum_{i=1}^{m}\tilde{d}_i x_i\right\}=_{\text{IFN}}\max_{1\leqslant i\leqslant m}\{\tilde{d}_i\} \tag{6.10}$$

证明　(i) 基于 2.3.1 小节和 2.3.2 小节给出的第Ⅱ类三角直觉模糊数的排序方法，设

$$\min_{1\leqslant j\leqslant n}\{\tilde{c}_j\}=_{\text{IFN}}\tilde{c}_l$$

则

$$\tilde{c}_j\geqslant_{\text{IFN}}\tilde{c}_l\quad(j=1,2,\cdots,n)$$

因而对任意的 $\boldsymbol{y}\in Y$，有

$$\tilde{c}_j y_j\geqslant_{\text{IFN}}\tilde{c}_l y_j\quad(j=1,2,\cdots,n)$$

将上面 n 个不等式相加，并且由 $\sum_{j=1}^{n}y_j=1$，可得

$$\sum_{j=1}^{n}\tilde{c}_j y_j\geqslant_{\text{IFN}}\sum_{j=1}^{n}\tilde{c}_l y_j=_{\text{IFN}}\tilde{c}_l$$

因此

$$\min_{\boldsymbol{y}\in Y}\left\{\sum_{j=1}^{n}\tilde{c}_j y_j\right\}\geqslant_{\text{IFN}}\tilde{c}_l \tag{6.11}$$

由于，$\boldsymbol{y}=(0,0,\cdots,0,1,0,\cdots,0)$ 是一个特殊的混合策略，其中第 l 个分量为 1，则

$$\tilde{c}_l=_{\text{IFN}}\tilde{c}_1\cdot 0+\tilde{c}_2\cdot 0+\cdots+\tilde{c}_l\cdot 1+\cdots+\tilde{c}_n\cdot 0\geqslant_{\text{IFN}}\min_{\boldsymbol{y}\in Y}\left\{\sum_{j=1}^{n}\tilde{c}_j y_j\right\} \tag{6.12}$$

由式 (6.11) 和式 (6.12) 可知

$$\min_{\boldsymbol{y}\in Y}\left\{\sum_{j=1}^{n}\tilde{c}_j y_j\right\}=_{\text{IFN}}\tilde{c}_l=_{\text{IFN}}\min_{1\leqslant j\leqslant n}\{\tilde{c}_j\}$$

(ii) 类似地，可得

$$\max_{\boldsymbol{x}\in X}\left\{\sum_{i=1}^{m}\tilde{d}_i x_i\right\}=_{\text{IFN}}\max_{1\leqslant i\leqslant m}\{\tilde{d}_i\}$$

定理 6.4　在第Ⅱ类三角直觉模糊数零和博弈 $\tilde{\boldsymbol{A}}$ 中，有

$$\max_{\boldsymbol{x}\in X}\min_{\boldsymbol{y}\in Y}\{E(\boldsymbol{x},\boldsymbol{y})\}=_{\text{IFN}}\max_{\boldsymbol{x}\in X}\min_{1\leqslant j\leqslant n}\left\{\sum_{i=1}^{m}\tilde{a}_{ij}x_i\right\} \tag{6.13}$$

$$\min_{y\in Y}\max_{x\in X}\{E(\boldsymbol{x},\boldsymbol{y})\}=_{\text{IFN}}\min_{y\in Y}\max_{1\leqslant i\leqslant m}\left\{\sum_{j=1}^{n}\tilde{a}_{ij}y_j\right\} \tag{6.14}$$

证明 根据式(6.9)和式(6.10)分别可得

$$\max_{x\in X}\min_{y\in Y}\{E(\boldsymbol{x},\boldsymbol{y})\}=_{\text{IFN}}\max_{x\in X}\min_{y\in Y}\left\{\sum_{j=1}^{n}\left(\sum_{i=1}^{m}\tilde{a}_{ij}x_i\right)y_j\right\}=_{\text{IFN}}\max_{x\in X}\min_{1\leqslant j\leqslant n}\left\{\sum_{i=1}^{m}\tilde{a}_{ij}x_i\right\}$$

和

$$\min_{y\in Y}\max_{x\in X}\{E(\boldsymbol{x},\boldsymbol{y})\}=_{\text{IFN}}\min_{y\in Y}\max_{x\in X}\left\{\sum_{i=1}^{m}\left(\sum_{j=1}^{n}\tilde{a}_{ij}y_j\right)x_i\right\}=_{\text{IFN}}\min_{y\in Y}\max_{1\leqslant i\leqslant m}\left\{\sum_{j=1}^{n}\tilde{a}_{ij}y_j\right\}$$

即定理 6.4 得证.

由于局中人的支付值为第 II 类三角直觉模糊数，并且局中人 p_1 的最小赢得和局中人 p_2 的最大损失也是第 II 类三角直觉模糊数，因此，类似于帕累托有效解或向量有效解的概念，第 II 类三角直觉模糊数零和博弈 $\tilde{\boldsymbol{A}}$ 的合理解可定义如下.

定义 6.2 设 $\tilde{v}=\langle(\underline{v},v,\overline{v});w_{\tilde{v}},u_{\tilde{v}}\rangle$ 和 $\tilde{\omega}=\langle(\underline{\omega},\omega,\overline{\omega});w_{\tilde{\omega}},u_{\tilde{\omega}}\rangle$ 为第 II 类三角直觉模糊数，假设存在 $\boldsymbol{x}^*\in X$ 和 $\boldsymbol{y}^*\in Y$. 对任意的 $\boldsymbol{x}\in X$ 和 $\boldsymbol{y}\in Y$，如果满足

(1) $\boldsymbol{x}^{*\mathrm{T}}\tilde{\boldsymbol{A}}\boldsymbol{y}\geqslant_{\text{IFN}}\tilde{v}$;

(2) $\boldsymbol{x}^{\mathrm{T}}\tilde{\boldsymbol{A}}\boldsymbol{y}^*\leqslant_{\text{IFN}}\tilde{\omega}$,

则称 $(\boldsymbol{x}^*,\boldsymbol{y}^*,\tilde{v},\tilde{\omega})$ 为第 II 类三角直觉模糊数零和博弈 $\tilde{\boldsymbol{A}}$ 的合理解，$\tilde{v}$ 和 $\tilde{\omega}$ 分别为局中人 p_1 和 p_2 的合理博弈值.

值得注意的是，定义 6.2 只给出第 II 类三角直觉模糊数零和博弈 $\tilde{\boldsymbol{A}}$ 合理解的定义，但不是最优解. 下面进一步给出第 II 类三角直觉模糊数零和博弈 $\tilde{\boldsymbol{A}}$ 的最优解的定义.

定义 6.3 设 $\tilde{V}$ 和 $\tilde{W}$ 分别为局中人 p_1 和局中人 p_2 所有合理博弈值 $\tilde{v}$ 和 $\tilde{\omega}$ 的集合，$\tilde{v}^*\in\tilde{V}$ 和 $\tilde{\omega}^*\in\tilde{W}$. 若不存在任何的合理值 $\tilde{v}\in\tilde{V}(\tilde{v}\neq\tilde{v}^*)$ 和 $\tilde{\omega}\in\tilde{W}(\tilde{\omega}\neq\tilde{\omega}^*)$ 使得

(1) $\tilde{v}\geqslant_{\text{IFN}}\tilde{v}^*$;

(2) $\tilde{\omega}\leqslant_{\text{IFN}}\tilde{\omega}^*$,

则称 $(\boldsymbol{x}^*,\boldsymbol{y}^*,\tilde{v}^*,\tilde{\omega}^*)$ 为第 II 类三角直觉模糊数零和博弈 $\tilde{\boldsymbol{A}}$ 的最优解，$\boldsymbol{x}^*$ 为局中人 p_1 的最大-最小策略，$\boldsymbol{y}^*$ 为局中人 p_2 的最小-最大策略，$\tilde{v}^*$ 和 $\tilde{\omega}^*$ 分别为局中人 p_1 的最小赢得与局中人 p_2 的最大损失，$\boldsymbol{x}^{*\mathrm{T}}\tilde{\boldsymbol{A}}\boldsymbol{y}^*$ 为第 II 类三角直觉模糊数零和博弈 $\tilde{\boldsymbol{A}}$ 的博弈值.

6.2 第 II 类三角直觉模糊数零和博弈的求解模型与方法

6.2.1 第 II 类三角直觉模糊数零和博弈的求解模型

根据定义 6.2 和定义 6.3 给出的第 II 类三角直觉模糊数零和博弈 $\tilde{\boldsymbol{A}}$ 的最优解，

局中人 p_1 的最大-最小策略 $\boldsymbol{x}^*$ 和局中人 p_2 的最小-最大策略 $\boldsymbol{y}^*$ 可通过求解下面一对带有第 II 类三角直觉模糊数的数学规划得到:

$$\max\{\tilde{v}\}$$
$$\text{s.t.}\begin{cases}\sum_{i=1}^{m}\tilde{a}_{ij}x_i y_j \geqslant_{\text{IFN}} \tilde{v} \quad (j=1,2,\cdots,n) \quad (\boldsymbol{y}\in Y)\\ x_1+x_2+\cdots+x_m=1\\ x_i\geqslant 0 \quad (i=1,2,\cdots,m)\end{cases} \tag{6.15}$$

和

$$\min\{\tilde{\omega}\}$$
$$\text{s.t.}\begin{cases}\sum_{j=1}^{n}\tilde{a}_{ij}x_i y_j \leqslant_{\text{IFN}} \tilde{\omega} \quad (i=1,2,\cdots,m) \quad (\boldsymbol{x}\in X)\\ y_1+y_2+\cdots+y_n=1\\ y_j\geqslant 0 \quad (j=1,2,\cdots,n)\end{cases} \tag{6.16}$$

根据定理 6.4, 式(6.15)和式(6.16)可转化为下面两个数学规划

$$\max\{\tilde{v}\}$$
$$\text{s.t.}\begin{cases}\sum_{i=1}^{m}\tilde{a}_{ij}x_i \geqslant_{\text{IFN}} \tilde{v} \quad (j=1,2,\cdots,n)\\ x_1+x_2+\cdots+x_m=1\\ x_i\geqslant 0 \quad (i=1,2,\cdots,m)\end{cases} \tag{6.17}$$

和

$$\min\{\tilde{\omega}\}$$
$$\text{s.t.}\begin{cases}\sum_{j=1}^{n}\tilde{a}_{ij}y_j \leqslant_{\text{IFN}} \tilde{\omega} \quad (i=1,2,\cdots,m)\\ y_1+y_2+\cdots+y_n=1\\ y_j\geqslant 0 \quad (j=1,2,\cdots,n)\end{cases} \tag{6.18}$$

6.2.2　第 II 类三角直觉模糊数零和博弈的求解方法

通过上面建立的第 II 类三角直觉模糊数零和博弈的求解模型可知, 第 II 类三角直觉模糊数零和博弈的求解主要是求解带有第 II 类三角直觉模糊数的直觉模糊数学规划, 即式(6.17)和式(6.18). 我们可以根据第 2 章介绍的直觉模糊数排序方法, 将式(6.17)和式(6.18)转化为确定性的数学规划问题进行求解, 从而得到第 II 类三角直觉模糊数零和博弈的解. 下面介绍基于定义 2.23 提出的第 II 类三角直觉模糊数 λ 加权均值面积排序方法和定义 2.28 提出的第 II 类三角直觉模糊数字典序

排序方法求解式(6.17)和式(6.18)．类似地，第Ⅱ类三角直觉模糊数的其他排序方法也可用于求解式(6.17)和式(6.18)．

1. 基于λ加权均值面积排序方法的第Ⅱ类三角直觉模糊数零和博弈求解方法

本小节利用定义 2.23 提出的第Ⅱ类三角直觉模糊数λ均值面积排序方法，讨论式(6.17)和式(6.18)的求解方法. 具体求解过程如下.

利用定义 2.23，可将式(6.17)转化为下面的数学规划

$$\max\{S_\lambda(\tilde{v})\}$$
$$\text{s.t.}\begin{cases}\sum_{i=1}^{m}S_\lambda(\tilde{a}_{ij})x_i\geqslant S_\lambda(\tilde{v})\quad(j=1,2,\cdots,n)\\x_1+x_2+\cdots+x_m=1\\x_i\geqslant 0\quad(i=1,2,\cdots,m)\end{cases}\tag{6.19}$$

利用式(2.51)—(2.53)，式(6.19)可以进一步转化为下面的数学规划

$$\max\left\{\frac{\underline{v}+2v+\overline{v}}{4}[\lambda w_{\tilde{v}}+(1-\lambda)(1-u_{\tilde{v}})]\right\}$$
$$\text{s.t.}\begin{cases}\sum_{i=1}^{m}\frac{\underline{a}_{ij}+2a_{ij}+\overline{a}_{ij}}{4}[\lambda w_{\tilde{a}_{ij}}+(1-\lambda)(1-u_{\tilde{a}_{ij}})]x_i\\\geqslant\frac{\underline{v}+2v+\overline{v}}{4}[\lambda w_{\tilde{v}}+(1-\lambda)(1-u_{\tilde{v}})]\quad(j=1,2,\cdots,n)\\\underline{v}\leqslant v,v\leqslant\overline{v}\\x_1+x_2+\cdots+x_m=1\\x_i\geqslant 0\quad(i=1,2,\cdots,m)\end{cases}\tag{6.20}$$

其中，$\underline{v}$, v, $\overline{v}$, $x_i(i=1,2,\cdots,m)$是决策变量，$w_{\tilde{v}}=\min\{w_{\tilde{a}_{ij}}\}(w_{\tilde{v}}\in[0,1])$，$u_{\tilde{v}}=\max\{u_{\tilde{a}_{ij}}\}$ $(u_{\tilde{v}}\in[0,1])$.

令

$$\vartheta=\frac{\underline{v}+2v+\overline{v}}{4}[\lambda w_{\tilde{v}}+(1-\lambda)(1-u_{\tilde{v}})]$$

对于给定的λ，式(6.20)进一步转化为下面的线性规划

$$\max\{\vartheta\}$$
$$\text{s.t.}\begin{cases}\sum_{i=1}^{m}\frac{\underline{a}_{ij}+2a_{ij}+\overline{a}_{ij}}{4}[\lambda w_{\tilde{a}_{ij}}+(1-\lambda)(1-u_{\tilde{a}_{ij}})]x_i\geqslant\vartheta\quad(j=1,2,\cdots,n)\\x_1+x_2+\cdots+x_m=1\\x_i\geqslant 0\quad(i=1,2,\cdots,m)\end{cases}\tag{6.21}$$

式(6.21)是关于变量 ϑ 和 $x_i(i=1,2,\cdots,m)$ 的线性规划. 利用单纯形法, 可以得到式(6.21)的最优解 $(\vartheta^*,\boldsymbol{x}^*)$.

不难证明, 式(6.21)的最优解 $\boldsymbol{x}^*$ 是式(6.17)的帕累托最优解. 因此, $\boldsymbol{x}^*$ 是局中人 p_1 的最大-最小策略, ϑ^* 是局中人 p_1 最小赢得值 $\tilde{v}^*$ 的 λ 加权均值面积.

类似地, 根据式(2.51)—(2.53), 式(6.18)可转化为下面的数学规划

$$\min\{S_\lambda(\tilde{\omega})\}$$
$$\text{s.t.}\begin{cases}\sum_{j=1}^{n} S_\lambda(\tilde{a}_{ij})y_j \leqslant S_\lambda(\tilde{\omega}) \quad (i=1,2,\cdots,m)\\ y_1+y_2+\cdots+y_n=1\\ y_j\geqslant 0 \quad (j=1,2,\cdots,n)\end{cases} \tag{6.22}$$

根据式(2.51)—(2.53), 式(6.22)可转化为下面的数学规划

$$\min\left\{\frac{\underline{\omega}+2\omega+\overline{\omega}}{4}[\lambda w_{\tilde{\omega}}+(1-\lambda)(1-u_{\tilde{\omega}})]\right\}$$
$$\text{s.t.}\begin{cases}\sum_{j=1}^{n}\frac{\underline{a}_{ij}+2a_{ij}+\overline{a}_{ij}}{4}[\lambda w_{\tilde{a}_{ij}}+(1-\lambda)(1-u_{\tilde{a}_{ij}})]y_j\\ \leqslant\frac{\underline{\omega}+2\omega+\overline{\omega}}{4}[\lambda w_{\tilde{\omega}}+(1-\lambda)(1-u_{\tilde{\omega}})] \quad (i=1,2,\cdots,m)\\ \underline{\omega}\leqslant\omega,\omega\leqslant\overline{\omega}\\ y_1+y_2+\cdots+y_n=1\\ y_j\geqslant 0 \quad (j=1,2,\cdots,n)\end{cases} \tag{6.23}$$

其中, $\underline{\omega},\omega,\overline{\omega},y_j(j=1,2,\cdots,n)$ 是决策变量, $w_{\tilde{\omega}}=\min\{w_{\tilde{a}_{ij}}\}(w_{\tilde{\omega}}\in[0,1])$, $u_{\tilde{\omega}}=\max\{u_{\tilde{a}_{ij}}\}$ $(u_{\tilde{\omega}}\in[0,1])$.

类似地, 令

$$\eta=\frac{\underline{\omega}+2\omega+\overline{\omega}}{4}[\lambda w_{\tilde{\omega}}+(1-\lambda)(1-u_{\tilde{\omega}})]$$

则式(6.23)可转化为下面的线性规划

$$\min\{\eta\}$$
$$\text{s.t.}\begin{cases}\sum_{j=1}^{n}\frac{\underline{a}_{ij}+2a_{ij}+\overline{a}_{ij}}{4}[\lambda w_{\tilde{a}_{ij}}+(1-\lambda)(1-u_{\tilde{a}_{ij}})]y_j\leqslant\eta \quad (i=1,2,\cdots,m)\\ y_1+y_2+\cdots+y_n=1\\ y_j\geqslant 0 \quad (j=1,2,\cdots,n)\end{cases} \tag{6.24}$$

利用线性规划单纯形法, 可得到(6.24)的最优解, 设为 $(\boldsymbol{y}^*,\eta^*)$. 不难证明, $\boldsymbol{y}^*$ 是式(6.18)的帕累托最优解. 因此, $\boldsymbol{y}^*$ 是局中人 p_2 的最小-最大策略, η^* 是局中人 p_2 最大损失 $\tilde{\omega}^*$ 的 λ 加权均值面积.

容易看出, 当 $w_{\tilde{a}_{ij}}=1$, $u_{\tilde{a}_{ij}}=0$ 时, 第Ⅱ类三角直觉模糊数 $\tilde{a}_{ij}=\langle(\underline{a}_{ij},a_{ij},\overline{a}_{ij});w_{\tilde{a}_{ij}},u_{\tilde{a}_{ij}}\rangle$ $(i=1,2,\cdots,m;j=1,2,\cdots,n)$ 退化为三角模糊数. 因此, 第Ⅱ类三角直觉模糊数零和博弈是支付值为三角模糊数零和博弈的推广.

2. 基于字典序排序方法的第Ⅱ类三角直觉模糊数零和博弈求解方法

本小节利用定义 2.28 给出的第Ⅱ类三角直觉模糊数的字典序排序方法, 讨论式(6.17)和(6.18)的求解方法[46]. 具体求解过程如下.

根据定义 2.28, 式(6.17)转化为下面的双目标规划

$$\max\{V_\lambda(\tilde{v})\},\min\{A_\lambda(\tilde{v})\}$$
$$\text{s.t.}\begin{cases}\sum_{i=1}^{m}V_\lambda(\tilde{a}_{ij}x_i)\geqslant V_\lambda(\tilde{v}) & (j=1,2,\cdots,n)\\ \sum_{i=1}^{m}A_\lambda(\tilde{a}_{ij}x_i)\leqslant A_\lambda(\tilde{v}) & (j=1,2,\cdots,n)\\ x_1+x_2+\cdots+x_m=1\\ x_i\geqslant 0 & (i=1,2,\cdots,m)\end{cases}\tag{6.25}$$

根据第Ⅱ类三角直觉模糊数的值指标和模糊度指标计算公式, 即式(2.74), (2.75), 可将式(6.25)转化为

$$\max\left\{\frac{\underline{v}+4v+\overline{v}}{6}[\lambda w_{\tilde{v}}+(1-\lambda)(1-u_{\tilde{v}})]\right\},\min\left\{\frac{\overline{v}-\underline{v}}{6}[\lambda w_{\tilde{v}}+(1-\lambda)(1-u_{\tilde{v}})]\right\}$$
$$\text{s.t.}\begin{cases}\sum_{i=1}^{m}\frac{\underline{a}_{ij}+4a_{ij}+\overline{a}_{ij}}{6}[\lambda w_{a_{ij}}+(1-\lambda)(1-u_{\tilde{a}_{ij}})]x_i\\ \geqslant\frac{\underline{v}+4v+\overline{v}}{6}[\lambda w_{\tilde{v}}+(1-\lambda)(1-u_{\tilde{v}})]\\ \sum_{i=1}^{m}\frac{\overline{a}_{ij}-\underline{a}_{ij}}{6}\left[\lambda w_{a_{ij}}+(1-\lambda)(1-u_{\tilde{a}_{ij}})\right]x_i\\ \leqslant\frac{\overline{v}-\underline{v}}{6}[\lambda w_{\tilde{v}}+(1-\lambda)(1-u_{\tilde{v}})] \quad (j=1,2,\cdots,n)\\ \underline{v}\leqslant v,v\leqslant\overline{v}\\ x_1+x_2+\cdots+x_m=1\\ x_i\geqslant 0 \quad (i=1,2,\cdots,m)\end{cases}\tag{6.26}$$

令

$$V_1=\frac{\underline{v}+4v+\overline{v}}{6}[\lambda w_{\tilde{v}}+(1-\lambda)(1-u_{\tilde{v}})]$$

和

$$A_1 = \frac{\overline{v} - \underline{v}}{6}[\lambda w_{\tilde{v}} + (1-\lambda)(1-u_{\tilde{v}})]$$

则式(6.26)转化为下面双目标线性规划

$$\max\{V_1\}, \min\{A_1\}$$
$$\text{s.t.}\begin{cases} \sum_{i=1}^{m} \frac{\underline{a}_{ij} + 4a_{ij} + \overline{a}_{ij}}{6}[\lambda w_{\tilde{a}_{ij}} + (1-\lambda)(1-u_{\tilde{a}_{ij}})]x_i \geqslant V_1 \quad (j=1,2,\cdots,n) \\ \sum_{i=1}^{m} \frac{\overline{a}_{ij} - \underline{a}_{ij}}{6}[\lambda w_{\tilde{a}_{ij}} + (1-\lambda)(1-u_{\tilde{a}_{ij}})]x_i \leqslant A_1 \quad (j=1,2,\cdots,n) \\ x_1 + x_2 + \cdots + x_m = 1 \\ x_i \geqslant 0 \quad (i=1,2,\cdots,m) \end{cases} \tag{6.27}$$

其中, V_1, A_1, $x_i(i=1,2,\cdots,m)$ 是决策变量.

根据定义 2.28, 求解式(6.27), 其求解步骤如下.

第一阶段: 构建并求解如下的线性规划

$$\max\{V_1\}$$
$$\text{s.t.}\begin{cases} \sum_{i=1}^{m} \frac{\underline{a}_{ij} + 4a_{ij} + \overline{a}_{ij}}{6}[\lambda w_{\tilde{a}_{ij}} + (1-\lambda)(1-u_{\tilde{a}_{ij}})]x_i \geqslant V_1 \quad (j=1,2,\cdots,n) \\ \sum_{i=1}^{m} \frac{\overline{a}_{ij} - \underline{a}_{ij}}{6}[\lambda w_{\tilde{a}_{ij}} + (1-\lambda)(1-u_{\tilde{a}_{ij}})]x_i \leqslant A_1 \quad (j=1,2,\cdots,n) \\ x_1 + x_2 + \cdots + x_m = 1 \\ x_i \geqslant 0 \quad (i=1,2,\cdots,m) \end{cases} \tag{6.28}$$

利用单纯形法, 得到式(6.28)的最优解为$(\boldsymbol{x}^0, V_1^0, A_1^0)$.

第二阶段: 构建并求解如下的线性规划

$$\min\{A_1\}$$
$$\text{s.t.}\begin{cases} \sum_{i=1}^{m} \frac{\underline{a}_{ij} + 4a_{ij} + \overline{a}_{ij}}{6}[\lambda w_{\tilde{a}_{ij}} + (1-\lambda)(1-u_{\tilde{a}_{ij}})]x_i \geqslant V_1 \quad (j=1,2,\cdots,n) \\ \sum_{i=1}^{m} \frac{\overline{a}_{ij} - \underline{a}_{ij}}{6}[\lambda w_{\tilde{a}_{ij}} + (1-\lambda)(1-u_{\tilde{a}_{ij}})]x_i \leqslant A_1 \quad (j=1,2,\cdots,n) \\ V_1 \geqslant V_1^0, A_1 \leqslant A_1^0 \\ x_1 + x_2 + \cdots + x_m = 1 \\ x_i \geqslant 0 \quad (i=1,2,\cdots,m) \end{cases} \tag{6.29}$$

求解可得式(6.29)的最优解为$(\boldsymbol{x}^*, V_1^*, A_1^*)$.

不难证明，$(\boldsymbol{x}^*, V_1^*, A_1^*)$是双目标线性规划(6.27)的帕累托最优解. 因此，$\boldsymbol{x}^*$是局中人p_1的最大-最小策略，V_1^*和A_1^*分别是局中人p_1最小赢得值$\tilde{v}^*$的值指标和模糊度指标.

类似地，根据定义2.28，式(6.18)可转化为下面的双目标规划

$$\min\{V_\lambda(\tilde{\omega})\}, \max\{A_\lambda(\tilde{\omega})\}$$
$$\text{s.t.}\begin{cases}\sum_{j=1}^{n} V_\lambda(\tilde{a}_{ij}y_j) \leqslant V_\lambda(\tilde{\omega}) \quad (i=1,2,\cdots,m) \\ \sum_{j=1}^{n} A_\lambda(\tilde{a}_{ij}y_j) \geqslant A_\lambda(\tilde{\omega}) \quad (i=1,2,\cdots,m) \\ y_1+y_2+\cdots+y_n=1 \\ y_j \geqslant 0 \quad (j=1,2,\cdots,n)\end{cases} \tag{6.30}$$

根据第Ⅱ类三角直觉模糊数的值指标和模糊度指标计算公式，即式(2.74)，(2.75)，可将式(6.30)转化为

$$\min\left\{\frac{\underline{\omega}+4\omega+\overline{\omega}}{6}[\lambda w_{\tilde{\omega}}+(1-\lambda)(1-u_{\tilde{\omega}})]\right\}, \max\left\{\frac{\overline{\omega}-\underline{\omega}}{6}[\lambda w_{\tilde{\omega}}+(1-\lambda)(1-u_{\tilde{\omega}})]\right\}$$
$$\text{s.t.}\begin{cases}\sum_{j=1}^{n}\frac{\underline{a}_{ij}+4a_{ij}+\overline{a}_{ij}}{6}[\lambda w_{\tilde{a}_{ij}}+(1-\lambda)(1-u_{\tilde{a}_{ij}})]y_j \\ \leqslant \frac{\underline{\omega}+4\omega+\overline{\omega}}{6}[\lambda w_{\tilde{\omega}}+(1-\lambda)(1-u_{\tilde{\omega}})] \quad (i=1,2,\cdots,m) \\ \sum_{j=1}^{n}\frac{\overline{a}_{ij}-\underline{a}_{ij}}{6}[\lambda w_{\tilde{a}_{ij}}+(1-\lambda)(1-u_{\tilde{a}_{ij}})]y_j \\ \geqslant \frac{\overline{\omega}-\underline{\omega}}{6}[\lambda w_{\tilde{\omega}}^2+(1-\lambda)(1-u_{\tilde{\omega}})^2] \quad (i=1,2,\cdots,m) \\ y_1+y_2+\cdots+y_n=1 \\ y_j \geqslant 0 \quad (j=1,2,\cdots,n)\end{cases} \tag{6.31}$$

令

$$V_2=\frac{\underline{\omega}+4\omega+\overline{\omega}}{6}[\lambda w_{\tilde{\omega}}+(1-\lambda)(1-u_{\tilde{\omega}})]$$

和

$$A_2=\frac{\overline{\omega}-\underline{\omega}}{6}[\lambda w_{\tilde{\omega}}+(1-\lambda)(1-u_{\tilde{\omega}})]$$

则式(6.31)转化为下面的双目标线性规划

$$\min\{V_2\},\max\{A_2\}$$

$$\text{s.t.}\begin{cases}\sum_{j=1}^{n}\dfrac{\underline{a}_{ij}+4a_{ij}+\overline{a}_{ij}}{6}[\lambda w_{\tilde{a}_{ij}}+(1-\lambda)(1-u_{\tilde{a}_{ij}})]y_j\leqslant V_2\quad(i=1,2,\cdots,m)\\ \sum_{j=1}^{n}\dfrac{\overline{a}_{ij}-\underline{a}_{ij}}{6}[\lambda w_{\tilde{a}_{ij}}+(1-\lambda)(1-u_{\tilde{a}_{ij}})]y_j\geqslant A_2\quad(i=1,2,\cdots,m)\\ y_1+y_2+\cdots+y_n=1\\ y_j\geqslant 0\quad(j=1,2,\cdots,n)\end{cases}\tag{6.32}$$

类似地，根据定义 2.28，可求解式(6.32)，其步骤如下.

第一阶段：构建并求解如下的线性规划

$$\min\{V_2\}$$

$$\text{s.t.}\begin{cases}\sum_{j=1}^{n}\dfrac{\underline{a}_{ij}+4a_{ij}+\overline{a}_{ij}}{6}[\lambda w_{\tilde{a}_{ij}}+(1-\lambda)(1-u_{\tilde{a}_{ij}})]y_j\leqslant V_2\quad(i=1,2,\cdots,m)\\ \sum_{j=1}^{n}\dfrac{\overline{a}_{ij}-\underline{a}_{ij}}{6}[\lambda w_{\tilde{a}_{ij}}+(1-\lambda)(1-u_{\tilde{a}_{ij}})]y_j\geqslant A_2\quad(i=1,2,\cdots,m)\\ y_1+y_2+\cdots+y_n=1\\ y_j\geqslant 0\quad(j=1,2,\cdots,n)\end{cases}\tag{6.33}$$

利用单纯形法，得到式(6.33)的最优解为$(\boldsymbol{y}^0,V_2^0,A_2^0)$.

第二阶段：构建并求解如下的线性规划

$$\max\{A_2\}$$

$$\text{s.t.}\begin{cases}\sum_{j=1}^{n}\dfrac{\underline{a}_{ij}+4a_{ij}+\overline{a}_{ij}}{4}[\lambda w_{\tilde{a}_{ij}}+(1-\lambda)(1-u_{\tilde{a}_{ij}})]y_j\leqslant V_2\quad(i=1,2,\cdots,m)\\ \sum_{j=1}^{n}\dfrac{\overline{a}_{ij}-\underline{a}_{ij}}{6}[\lambda w_{\tilde{a}_{ij}}+(1-\lambda)(1-u_{\tilde{a}_{ij}})]y_j\geqslant A_2\quad(i=1,2,\cdots,m)\\ V_2\leqslant V_2^0,A_2\geqslant A_0^0\\ y_1+y_2+\cdots+y_n=1\\ y_j\geqslant 0\quad(j=1,2,\cdots,n)\end{cases}\tag{6.34}$$

式(6.34)的最优解为$(\boldsymbol{y}^*,V_2^*,A_2^*)$. 不难证明，$(\boldsymbol{y}^*,V_2^*,A_2^*)$是双目标线性规划(6.32)的帕累托最优解. 因此，$\boldsymbol{y}^*$是局中人 p_2 的最小-最大策略，V_2^*和A_2^*分别是局中人 p_2 最大损失 $\tilde{\omega}^*$ 的值和模糊度.

6.3　数值实例分析

现有公司 C_1 和 C_2 欲占领某一产品市场，各自拟定下一年度产品的销售计划，以便增加自己产品在该市场上的销售量. 由于该市场对此产品的需求为固定量，故一家公司销售量增加，则会引起另一家公司销售量减少. 每家公司都在考虑采用两种策略来增加自己产品在该市场上的销售量. 策略 α_1：进行产品广告宣传；策略 α_2：改进产品包装. 两个公司之间策略的选择可以看成零和博弈，即公司 C_1 和公司 C_2 分别看成两个局中人. 由于市场环境的复杂性和信息的不确定性，两个公司管理者只能给出下一年度各种局势下销售结果的近似值，并且带有一定的犹豫程度. 假设公司 C_1 在所有局势下的支付值表示为如下的第Ⅱ类三角直觉模糊数矩阵

$$\tilde{\boldsymbol{A}}=\begin{pmatrix}\langle(175,180,190);0.6,0.2\rangle & \langle(150,156,158);0.6,0.1\rangle\\ \langle(80,90,100);0.9,0.1\rangle & \langle(175,180,190);0.6,0.2\rangle\end{pmatrix}$$

其中，第Ⅱ类三角直觉模糊数 $\langle(175,180,190);0.6,0.2\rangle$ 表示当公司 C_1 和公司 C_2 都采用对产品进行广告宣传策略时，公司 C_1 的销售量近似为180. 对于这个近似估计值管理者最大的满意度为 0.6，最小的不满意度为 0.2，犹豫度为 0.2. 矩阵 $\tilde{\boldsymbol{A}}$ 中其他的第Ⅱ类三角直觉模糊数可做类似的解释.

下面用基于 λ 均值面积排序方法的第Ⅱ类三角直觉模糊数零和博弈求解方法分析上述问题.

根据式(6.21)和式(6.24)，分别得到下面的两个线性规划

$$\max\{\vartheta\}$$
$$\text{s.t.}\begin{cases}181.25\times(0.8-0.2\lambda)x_1+81x_2\geqslant\vartheta\\ 155\times(0.9-0.3\lambda)x_1+181.25\times(0.8-0.2\lambda)x_2\geqslant\vartheta\\ x_1+x_2=1\\ x_1\geqslant0,x_2\geqslant0\end{cases}\tag{6.35}$$

和

$$\min\{\eta\}$$
$$\text{s.t.}\begin{cases}181.25\times(0.8-0.2\lambda)y_1+155\times(0.9-0.3\lambda)y_2\leqslant\eta\\ 81y_1+181.25\times(0.8-0.2\lambda)y_2\leqslant\eta\\ y_1+y_2=1\\ y_1\geqslant0,y_2\geqslant0\end{cases}\tag{6.36}$$

对于给定的权重 $\lambda\in[0,1]$，利用单纯形法，分别得到式(6.35)的最优解 $(\boldsymbol{x}^*,\vartheta^*)$ 和式(6.36)的最优解 $(\boldsymbol{y}^*,\eta^*)$，以及博弈值 $\boldsymbol{x}^{*\mathrm{T}}\tilde{\boldsymbol{A}}\boldsymbol{y}^*$，如表 6.1 所示.

表 6.1　式(6.35)和式(6.36)的最优解及对应的博弈值

λ	$\boldsymbol{x}^*$	ϑ^*	$\boldsymbol{y}^*$	η^*	$\boldsymbol{x}^{*\mathrm{T}}\tilde{\boldsymbol{A}}\boldsymbol{y}^*$
0.1	$(0.902,0.098)^{\mathrm{T}}$	135.5	$(0.098,0.902)^{\mathrm{T}}$	135.5	$\langle(154,160,163);0.6,0.2\rangle$
0.2	$(0.883,0.117)^{\mathrm{T}}$	131.1	$(0.117,0.883)^{\mathrm{T}}$	131.1	$\langle(154,160,164);0.6,0.2\rangle$
0.3	$(0.861,0.139)^{\mathrm{T}}$	126.7	$(0.139,0.861)^{\mathrm{T}}$	126.7	$\langle(155,160,165);0.6,0.2\rangle$
0.4	$(0.838,0.162)^{\mathrm{T}}$	122.5	$(0.162,0.838)^{\mathrm{T}}$	122.5	$\langle(155,161,165);0.6,0.2\rangle$
0.5	$(0.812,0.188)^{\mathrm{T}}$	118.2	$(0.188,0.812)^{\mathrm{T}}$	118.2	$\langle(155,161,166);0.6,0.2\rangle$
0.6	$(0.784,0.216)^{\mathrm{T}}$	114.1	$(0.216,0.784)^{\mathrm{T}}$	114.1	$\langle(155,161,166);0.6,0.2\rangle$
0.7	$(0.753,0.247)^{\mathrm{T}}$	110.1	$(0.247,0.753)^{\mathrm{T}}$	110.1	$\langle(155,161,166);0.6,0.2\rangle$
0.8	$(0.719,0.281)^{\mathrm{T}}$	106.2	$(0.281,0.719)^{\mathrm{T}}$	106.2	$\langle(155,160,166);0.6,0.2\rangle$
0.9	$(0.681,0.319)^{\mathrm{T}}$	102.4	$(0.319,0.681)^{\mathrm{T}}$	102.4	$\langle(154,160,166);0.6,0.2\rangle$

从表 6.1 可见, 当 $\lambda = 0.1$ 时, 公司 C_1 和公司 C_2 分别采用最大-最小策略 $\boldsymbol{x}^* = (0.902, 0.098)^{\mathrm{T}}$ 和最小-最大策略 $\boldsymbol{y}^* = (0.098, 0.902)^{\mathrm{T}}$ 时, 公司 C_1 的销售量近似为 135.5. 公司 C_1 的管理者对于近似销售量最大的满意度为 0.6, 最小的不满意度为 0.2. 也就是说, 他的犹豫度为 0.2. 这个结果说明了直觉模糊数零和博弈比模糊数零和博弈给局中人提供了更多的信息, 以便局中人选择更合理的策略.

表 6.1 表明: 当 $\lambda = 0.1$ 时, 公司 C_1 以 88.7%进行广告宣传, 以 11.3%改进产品包装. 而公司 C_2 则以 11.3%进行广告宣传, 以 88.7%改进产品包装. 这说明当企业确定了自己产品投向的目标市场后, 在竞争对手实力强大或实力彼此不相上下时, 最好采取与竞争对手相反的策略, 最大限度地发挥企业本身的资源优势, 这样才能打开销路, 提高市场占有率.

下面利用字典序排序方法的第 II 类三角直觉模糊数零和博弈的求解方法, 继续分析上述实例问题.

根据式(6.28)可得

$$
\max\{V_1\}
$$

$$
\text{s.t.}\begin{cases}
180.8\times(0.8-0.2\lambda)x_1+81x_2\geqslant V_1\\
155.3\times(0.9-0.3\lambda)x_1+180.8\times(0.8-0.2\lambda)x_2\geqslant V_1\\
2.5\times(0.8-0.2\lambda)x_1+3.3\times0.9x_2\leqslant A_1\\
1.3\times(0.9-0.3\lambda)x_1+3.5\times(0.8-0.2\lambda)x_2\leqslant A_1\\
x_1+x_2=1\\
x_1\geqslant0,x_2\geqslant0
\end{cases}\tag{6.37}
$$

取 $\lambda = 0.8$, 利用单纯形法, 求解可得式(6.35)的最优解为 $(\boldsymbol{x}^0, V_1^0, A_1^0)$, 其中,

$$
\boldsymbol{x}^0 = (0.724, 0.276)^{\mathrm{T}},\quad V_1^0 = 106.1,\quad A_1^0 = 1.98
$$

根据式(6.29)可得

$$\min\{A_1\}$$
$$\text{s.t.}\begin{cases}180.8\times(0.8-0.2\lambda)x_1+81x_2\geqslant V_1\\155.3\times(0.9-0.3\lambda)x_1+180.8\times(0.8-0.2\lambda)x_2\geqslant V_1\\2.5\times(0.8-0.2\lambda)x_1+3.3\times0.9\times x_2\leqslant A_1\\1.3\times(0.9-0.3\lambda)x_1+2.5\times(0.8-0.2\lambda)x_2\leqslant A_1\\V_1\geqslant V_1^0\\A_1\leqslant A_1^0\\x_1+x_2=1\\x_1\geqslant0,x_2\geqslant0\end{cases}\tag{6.38}$$

利用单纯形法求解式(6.36)，可得其最优解为$(\boldsymbol{x}^*,V_1^*,A_1^*)$，其中，

$$\boldsymbol{x}^*=(0.727,0.273)^{\mathrm{T}},\quad V_1^*=106.1,\quad A_1^*=1.97$$

因此，公司C_1的最大-最小策略为$\boldsymbol{x}^*=(0.727,0.273)^{\mathrm{T}}$，最小赢得$\tilde{v}^*$的值的指标为$V_1^*=106.1$，模糊度为$A_1^*=1.97$.

类似地，根据式(6.33)得到

$$\max\{V_2\}$$
$$\text{s.t.}\begin{cases}180.8\times(0.8-0.2\lambda)y_1+155.3\times(0.9-0.3\lambda)y_2\leqslant V_2\\81y_1+180.8\times(0.8-0.2\lambda)y_2\leqslant V_2\\2.5\times(0.8-0.2\lambda)y_1+1.3\times(0.9-0.3\lambda)y_2\geqslant A_2\\3.3\times0.9\times y_1+2.5\times(0.8-0.2\times0.8)y_2\geqslant A_2\\y_1+y_2=1\\y_1\geqslant0,y_2\geqslant0\end{cases}\tag{6.39}$$

类似地，取$\lambda=0.8$，用单纯形法可得到式(6.37)的最优解为$(\boldsymbol{y}^0,V_2^0,A_2^0)$，其中，

$$\boldsymbol{y}^0=(0.276,0.724)^{\mathrm{T}},\quad V_2^0=106.1,\quad A_2^0=0$$

根据式(6.35)可得

$$\min\{A_2\}$$
$$\text{s.t.}\begin{cases}180.8\times(0.8-0.2\lambda)y_1+155.3\times(0.9-0.3\lambda)y_2\leqslant V_2\\81y_1+180.8\times(0.8-0.2\lambda)y_2\leqslant V_2\\2.5\times(0.8-0.2\lambda)y_1+1.3(0.9-0.3\lambda)y_2\geqslant A_2\\3.3\times0.9\times y_1+2.5\times(0.8-0.2\lambda)y_2\geqslant A_2\\V_2\leqslant V_2^0,A_2\geqslant A_2^0\\y_1+y_2=1\\y_1\geqslant0,y_2\geqslant0\end{cases}\tag{6.40}$$

利用单纯形法求解式(6.40)无解，故最优解为$(\boldsymbol{y}^0, V_2^0, A_2^0)$，其中

$$\boldsymbol{y}^0 = (0.276, 0.724)^{\mathrm{T}}, \quad V_2^0 = 106.1, \quad A_2^0 = 0$$

因此，公司C_2的最小-最大策略为$\boldsymbol{y}^0 = (0.276, 0.724)^{\mathrm{T}}$，最大损失$\tilde{\omega}^*$的值的指标为$V(\tilde{\omega}^*) = 106.1$，模糊度为$A(\tilde{\omega}^*) = 0$。当公司$C_1$采取策略$\boldsymbol{x}^* = (0.727, 0.273)^{\mathrm{T}}$，公司$C_2$采取策略$\boldsymbol{y}^* = (0.276, 0.724)^{\mathrm{T}}$时，公司$C_1$的销售量为第Ⅱ类三角直觉模糊数$\boldsymbol{x}^{*\mathrm{T}}\boldsymbol{A}\boldsymbol{y}^* = \langle(155, 161, 166); 0.6, 0.2\rangle$，即公司$C_1$至少销售产品的数量近似为 161. 对于该近似销售量，公司C_1管理者最大的满意程度为 0.6，最小的不满意程度为 0.2，犹豫程度为 0.2. 公司C_2最多不能够销售的产品的数量近似为 161. 公司C_2管理者的最大的满意度为 0.6，最小的不满意度为 0.2，犹豫度为 0.2.

对于权重取其他值时，可类似得到C_1的最大-最小策略$\boldsymbol{x}^*$、最小赢得$\tilde{v}^*$的值和模糊度、C_2最小-最大策略$\boldsymbol{y}^*$、最大损失$\tilde{\omega}^*$的值和模糊度以及博弈值，如表 6.2 所示.

表 6.2　式(6.37)—(6.40)的最优解及对应的博弈值

λ	$\boldsymbol{x}^*$	V_1^*	A_1^*	$\boldsymbol{y}^*$	V_2^*	A_2^*	$\boldsymbol{x}^{*\mathrm{T}}\tilde{\boldsymbol{A}}\boldsymbol{y}^*$
0.1	$(0.917,0.083)^{\mathrm{T}}$	135.6	2.03	$(0.090,0.910)^{\mathrm{T}}$	135.6	0	$\langle(153,159,163);0.6,0.2\rangle$
0.2	$(0.892,0.108)^{\mathrm{T}}$	131.2	2.02	$(0.110,0.890)^{\mathrm{T}}$	131.2	0	$\langle(154,160,164);0.6,0.2\rangle$
0.3	$(0.874,0.126)^{\mathrm{T}}$	126.8	1.99	$(0.132,0.868)^{\mathrm{T}}$	126.8	0	$\langle(154,160,164);0.6,0.2\rangle$
0.4	$(0.849,0.151)^{\mathrm{T}}$	122.5	1.98	$(0.155,0.845)^{\mathrm{T}}$	122.5	0	$\langle(155,161,166);0.6,0.2\rangle$
0.5	$(0.819,0.181)^{\mathrm{T}}$	118.3	1.97	$(0.181,0.819)^{\mathrm{T}}$	118.3	0	$\langle(155,161,166);0.6,0.2\rangle$
0.6	$(0.795,0.205)^{\mathrm{T}}$	114.1	1.96	$(0.210,0.790)^{\mathrm{T}}$	114.1	0	$\langle(155,161,166);0.6,0.2\rangle$
0.7	$(0.759,0.241)^{\mathrm{T}}$	110.1	1.97	$(0.242,0.758)^{\mathrm{T}}$	110.1	1.08	$\langle(155,161,166);0.6,0.2\rangle$
0.8	$(0.727,0.273)^{\mathrm{T}}$	106.1	1.97	$(0.276,0.724)^{\mathrm{T}}$	106.1	0	$\langle(155,161,166);0.6,0.2\rangle$
0.9	$(0.687,0.313)^{\mathrm{T}}$	102.3	1.99	$(0.314,0.686)^{\mathrm{T}}$	102.3	0	$\langle(154,160,166);0.6,0.2\rangle$

通过表 6.1 和表 6.2 可以看出，根据不同的直觉模糊数排序方法，可得到直觉模糊数零和博弈$\tilde{\boldsymbol{A}}$不同的解，但其博弈值近似相等. 类似的其他直觉模糊数的排序方法也可以用于求解直觉模糊数零和博弈$\tilde{\boldsymbol{A}}$.

第 7 章　直觉模糊数约束二人零和博弈

第 4—6 章的直觉模糊零和博弈都是假定每个局中人可以按照 0—1 内的任意概率选取每个纯策略. 除了考虑支付矩阵的影响外, 局中人对策略的选择, 都没有附加任何的限制约束条件. 然而在实际博弈问题中, 由于各种各样的客观环境、条件等的限制, 各个局中人在策略的选择上受到了一定的约束. 本章研究带有直觉模糊信息的约束零和博弈的理论模型及求解方法, 主要研究支付值为直觉模糊数约束二人零和博弈与多目标异类数据约束二人零和博弈.

7.1　直觉模糊数约束二人零和博弈基本理论

7.1.1　直觉模糊数约束二人零和博弈解的定义及求解模型

由于各种客观原因或条件等限制, 局中人的策略选择受到一些约束, 不失一般性, 假设局中人 p_1 的策略约束集可表示为 $X=\{\boldsymbol{x}\mid \boldsymbol{B}^{\mathrm{T}}\boldsymbol{x}\leqslant\boldsymbol{c},\boldsymbol{x}\geqslant\boldsymbol{0}\}$, 其中 $\boldsymbol{c}=(c_1,c_2,\cdots,c_p)^{\mathrm{T}}$, $\boldsymbol{B}=(b_{il})_{m\times p}$, p 为一正整数. 类似地, 局中人 p_2 的策略约束集可表示为 $Y=\{\boldsymbol{y}\mid \boldsymbol{E}\boldsymbol{y}\geqslant\boldsymbol{d},\boldsymbol{y}\geqslant\boldsymbol{0}\}$, 其中 $\boldsymbol{d}=(d_1,d_2,\cdots,d_q)^{\mathrm{T}}$ 和 $\boldsymbol{E}=(e_{kj})_{q\times n}$, q 为一正整数. $\boldsymbol{x}=(x_1,x_2,\cdots,x_m)^{\mathrm{T}}$ 和 $\boldsymbol{y}=(y_1,y_2,\cdots,y_n)^{\mathrm{T}}$ 作为混合策略应满足条件 $\sum_{i=1}^{m}x_i=1$ 和 $\sum_{j=1}^{n}y_j=1$. 显然, 条件 $\sum_{i=1}^{m}x_i=1$ 等价为 $\sum_{i=1}^{m}x_i\leqslant 1$ 且 $-\sum_{i=1}^{m}x_i\leqslant -1$. 因此, p_1 的策略约束集 $X=\{\boldsymbol{x}\mid \boldsymbol{B}^{\mathrm{T}}\boldsymbol{x}\leqslant\boldsymbol{c},\boldsymbol{x}\geqslant\boldsymbol{0}\}$ 包含条件 $\sum_{i=1}^{m}x_i=1$. 类似地, 局中人 p_2 的策略约束集 $Y=\{\boldsymbol{y}\mid \boldsymbol{E}\boldsymbol{y}\geqslant\boldsymbol{d},\boldsymbol{y}\geqslant\boldsymbol{0}\}$ 包含条件 $\sum_{j=1}^{n}y_j=1$. 如果局中人 p_1 选取任一纯策略 $\alpha_i\in S_1(i=1,2,\cdots,m)$ 和局中人 p_2 选取任一纯策略 $\beta_j\in S_2(j=1,2,\cdots,n)$, 则局中人 p_1 的支付值为第 II 类三角直觉模糊数 $\tilde{a}_{ij}=\langle(\underline{a}_{ij},a_{ij},\overline{a}_{ij});w_{\tilde{a}_{ij}},u_{\tilde{a}_{ij}}\rangle(i=1,2,\cdots,m;j=1,2,\cdots,n)$, 局中人 p_1 在各种局势下的支付值可直观地用矩阵表示为 $\tilde{\boldsymbol{A}}=(\tilde{a}_{ij})_{m\times n}$. 由于是二人零和博弈, 因此局中人 p_2 的支付值矩阵为 $-\tilde{\boldsymbol{A}}$. 下面我们将策略带有约束、支付值为直觉模糊数的二人零和博弈简称为直觉模糊数约束二人零和博弈.

当局中人 p_1 选取任一混合策略 $\boldsymbol{x}\in X$ 和局中人 p_2 选取任一混合策略 $\boldsymbol{y}\in Y$ 时，局中人 p_1 的期望支付值为 $\tilde{E}(\boldsymbol{x},\boldsymbol{y})=\boldsymbol{x}^{\mathrm{T}}\tilde{\boldsymbol{A}}\boldsymbol{y}$. 根据式(2.15)和式(2.16)，$p_1$ 的期望支付值 $\tilde{E}(\boldsymbol{x},\boldsymbol{y})$ 可写成下面第 II 类三角直觉模糊数

$$\tilde{E}(\boldsymbol{x},\boldsymbol{y})=\boldsymbol{x}^{\mathrm{T}}\tilde{\boldsymbol{A}}\boldsymbol{y}=\sum_{i=1}^{m}\sum_{j=1}^{n}x_i\tilde{a}_{ij}y_j=\left\langle\left(\sum_{i=1}^{m}\sum_{j=1}^{n}x_i\underline{a}_{ij}y_j,\sum_{i=1}^{m}\sum_{j=1}^{n}x_i a_{ij}y_j,\sum_{i=1}^{m}\sum_{j=1}^{n}x_i\overline{a}_{ij}y_j\right);\wedge\{w_{\tilde{a}_{ij}}\},\vee\{u_{\tilde{a}_{ij}}\}\right\rangle$$

仍然不妨假定局中人是理性的，遵循“从最坏处着想，从最好处入手”的博弈原则. 根据最小-最大原则，可得直觉模糊数约束零和博弈解的定义如下.

定义 7.1　设有一局势 $(\boldsymbol{x}^*,\boldsymbol{y}^*)$，其中 $\boldsymbol{x}^*\in X$ 与 $\boldsymbol{y}^*\in Y$. 若

$$\max_{\boldsymbol{x}\in X}\min_{\boldsymbol{y}\in Y}\{\boldsymbol{x}^{\mathrm{T}}\tilde{\boldsymbol{A}}\boldsymbol{y}\}=\min_{\boldsymbol{y}\in Y}\max_{\boldsymbol{x}\in X}\{\boldsymbol{x}^{\mathrm{T}}\tilde{\boldsymbol{A}}\boldsymbol{y}\}=\boldsymbol{x}^{*\mathrm{T}}\tilde{\boldsymbol{A}}\boldsymbol{y}^*$$

则 $\boldsymbol{x}^*$ 称为局中人 p_1 的最优策略，$\boldsymbol{y}^*$ 称为局中人 p_2 的最优策略. $\tilde{v}^*=\boldsymbol{x}^{*\mathrm{T}}\tilde{\boldsymbol{A}}\boldsymbol{y}^*$ 为博弈值.

根据定义 7.1，可以构建如下直觉模糊数约束零和博弈的求解模型.

定理 7.1　直觉模糊数约束零和博弈 $\tilde{\boldsymbol{A}}=(\tilde{a}_{ij})_{m\times n}$ 中局中人 p_1 的最优策略 $\boldsymbol{x}^*$ 和局中人 p_2 的最优策略 $\boldsymbol{y}^*$ 转化为求解下列一对直觉模糊数学规划问题

$$\min\{\boldsymbol{c}^{\mathrm{T}}\boldsymbol{s}\}$$
$$\text{s.t.}\begin{cases}\boldsymbol{Bs}-\tilde{\boldsymbol{A}}\boldsymbol{y}\geqslant\boldsymbol{0}\\ \boldsymbol{Ey}\geqslant\boldsymbol{d}\\ \boldsymbol{s}\geqslant\boldsymbol{0}\\ \boldsymbol{y}\geqslant\boldsymbol{0}\end{cases}\tag{7.1}$$

和

$$\max\{\boldsymbol{d}^{\mathrm{T}}\boldsymbol{t}\}$$
$$\text{s.t.}\begin{cases}\boldsymbol{E}^{\mathrm{T}}\boldsymbol{t}-\tilde{\boldsymbol{A}}^{\mathrm{T}}\boldsymbol{x}\leqslant\boldsymbol{0}\\ \boldsymbol{B}^{\mathrm{T}}\boldsymbol{x}\leqslant\boldsymbol{c}\\ \boldsymbol{t}\geqslant\boldsymbol{0}\\ \boldsymbol{x}\geqslant\boldsymbol{0}\end{cases}\tag{7.2}$$

其中，$\boldsymbol{s}$ 与 $\boldsymbol{t}$ 是对偶变量. $\boldsymbol{s}$ 和 $\boldsymbol{t}$ 分别定义如下:

$$\boldsymbol{s}=(s_1,s_2,\cdots,s_n),\quad \boldsymbol{t}=(t_1,t_2,\cdots,t_m)$$

证明　根据定义 7.1，直觉模糊数约束零和博弈中局中人 p_1 的最优策略 $\boldsymbol{x}^*$ 和局中人 p_2 的最优策略 $\boldsymbol{y}^*$ 等价为求解下列一对直觉模糊数学规划问题

$$\max_{\boldsymbol{x}\in X}\{\boldsymbol{x}^{\mathrm{T}}(\tilde{\boldsymbol{A}}\boldsymbol{y})\}$$
$$\text{s.t.}\begin{cases}\boldsymbol{B}^{\mathrm{T}}\boldsymbol{x}\leqslant\boldsymbol{c}\\ \boldsymbol{E}\boldsymbol{y}\geqslant\boldsymbol{d}\\ \boldsymbol{e}^{\mathrm{T}}\boldsymbol{x}=1\\ \boldsymbol{x}\geqslant\boldsymbol{0}\end{cases}\tag{7.3}$$

和

$$\min_{\boldsymbol{y}\in Y}\{(\boldsymbol{x}^{\mathrm{T}}\tilde{\boldsymbol{A}})\boldsymbol{y}\}$$
$$\text{s.t.}\begin{cases}\boldsymbol{E}\boldsymbol{y}\geqslant\boldsymbol{d}\\ \boldsymbol{B}^{\mathrm{T}}\boldsymbol{x}\leqslant\boldsymbol{c}\\ \boldsymbol{e}\boldsymbol{y}=1\\ \boldsymbol{y}\geqslant\boldsymbol{0}\end{cases}\tag{7.4}$$

根据对偶理论，式(7.3)和式(7.4)转化为下面的直觉模糊规划模型

$$\min\{\boldsymbol{c}^{\mathrm{T}}\boldsymbol{s}\}$$
$$\text{s.t.}\begin{cases}\boldsymbol{B}\boldsymbol{s}-\tilde{\boldsymbol{A}}\boldsymbol{y}\geqslant\boldsymbol{0}\\ \boldsymbol{E}\boldsymbol{y}\geqslant\boldsymbol{d}\\ \boldsymbol{s}\geqslant\boldsymbol{0}\\ \boldsymbol{y}\geqslant\boldsymbol{0}\end{cases}\tag{7.5}$$

和

$$\max\{\boldsymbol{d}^{\mathrm{T}}\boldsymbol{t}\}$$
$$\text{s.t.}\begin{cases}\boldsymbol{E}^{\mathrm{T}}\boldsymbol{t}-\tilde{\boldsymbol{A}}^{\mathrm{T}}\boldsymbol{x}\leqslant\boldsymbol{0}\\ \boldsymbol{B}^{\mathrm{T}}\boldsymbol{x}\leqslant\boldsymbol{c}\\ \boldsymbol{t}\geqslant\boldsymbol{0}\\ \boldsymbol{x}\geqslant\boldsymbol{0}\end{cases}\tag{7.6}$$

定理 7.1 得证.

根据定义2.30的直觉模糊数排序方法，我们可以将求解直觉模糊规划(即式(7.1)和(7.2))转化为求解下列带有参数的线性规划

$$\min\{\boldsymbol{c}^{\mathrm{T}}\boldsymbol{s}\}$$
$$\text{s.t.}\begin{cases}\boldsymbol{B}\boldsymbol{s}-D_{\lambda}(\tilde{a}_{ij})\boldsymbol{y}\geqslant\boldsymbol{0}\\ \boldsymbol{E}\boldsymbol{y}\geqslant\boldsymbol{d}\\ \boldsymbol{s}\geqslant\boldsymbol{0}\\ \boldsymbol{y}\geqslant\boldsymbol{0}\end{cases}\tag{7.7}$$

与

$$\max\{\boldsymbol{d}^{\mathrm{T}}\boldsymbol{t}\}$$
$$\text{s.t.}\begin{cases}\boldsymbol{E}^{\mathrm{T}}\boldsymbol{t}-D_{\lambda}(\tilde{a}_{ij})\boldsymbol{y}\leqslant\boldsymbol{0}\\ \boldsymbol{B}^{\mathrm{T}}\boldsymbol{x}\leqslant\boldsymbol{c}\\ \boldsymbol{t}\geqslant\boldsymbol{0}\\ \boldsymbol{x}\geqslant\boldsymbol{0}\end{cases}\tag{7.8}$$

利用单纯形法求解，可得出线性规划(7.7)和(7.8)的最优解分别为$(\boldsymbol{s}^*,\boldsymbol{y}^*)$和$(\boldsymbol{t}^*,\boldsymbol{x}^*)$，则$\boldsymbol{x}^*$为局中人$p_1$的最优策略，$\boldsymbol{y}^*$为局中人$p_2$的最优策略. $\tilde{v}^*=\boldsymbol{x}^{*\mathrm{T}}\tilde{\boldsymbol{A}}\boldsymbol{y}^*$为直觉模糊数约束零和博弈的博弈值. 不难看出，式(7.7)和式(7.8)是一对互为对偶的线性规划，若式(7.7)和式(7.8)的解分别为$(\boldsymbol{t}^*,\boldsymbol{x}^*)$和$(\boldsymbol{s}^*,\boldsymbol{z}^*)$，则$w^*=\boldsymbol{d}^{\mathrm{T}}\boldsymbol{t}^*=\boldsymbol{c}^{\mathrm{T}}\boldsymbol{s}^*$.

7.1.2　数值实例分析

两家公司p_1与p_2为了占领某种商品市场展开了激烈的竞争. 公司p_1与p_2各有两种策略(方案)α_1, α_2和β_1, β_2. 公司p_1实施方案α_1,α_2时，需要配套的资金分别为80万元和50万元，但目前只有资金60万元. 公司p_2实施方案β_1,β_2时，需要配套资金分别为40万元和70万元，但目前资金只有50万元. 在各种局势中，局中人p_1估计的赢得可由直觉模糊支付矩阵$\tilde{\boldsymbol{A}}$给出，即

$$\tilde{\boldsymbol{A}}=\begin{pmatrix}\langle(20,30,40);0.8,0.1\rangle & \langle(-30,-20,-10);0.4,0.3\rangle\\ \langle(-10,10,20);0.5,0.4\rangle & \langle(30,40,50);0.6,0.2\rangle\end{pmatrix}$$

矩阵$\tilde{\boldsymbol{A}}$中元素$\tilde{a}_{11}=\langle(20,30,40);0.8,0.1\rangle$表示当公司$p_1$与$p_2$分别采用方案$\alpha_1$与$\beta_1$时，$p_1$赢得至少是20万元但不会超过40万元，且最大隶属度为0.8，最小非隶属度为0.1. 其他可类似地解释. 试确定两家公司的最优策略.

显然，可把这个问题看作直觉模糊数约束零和博弈. 根据题设，可得公司p_1与p_2的策略约束集分别为

$$X=\{\boldsymbol{x}=(x_1,x_2)^{\mathrm{T}}\mid 80x_1+50x_2\leqslant 60,x_1+x_2\leqslant 1,-x_1-x_2\leqslant -1,x_1\geqslant 0,x_2\geqslant 0\}$$

和

$$Y=\{\boldsymbol{y}=(y_1,y_2)^{\mathrm{T}}\mid -40y_1-70y_2\geqslant -50,y_1+y_2\geqslant 1,-y_1-y_2\geqslant -1,y_1\geqslant 0,y_2\geqslant 0\}$$

从而可得p_1,p_2策略约束集的系数矩阵与系数向量分别为

$$\boldsymbol{B}=\begin{pmatrix}80 & 1 & -1\\ 50 & 1 & -1\end{pmatrix},\quad \boldsymbol{E}=\begin{pmatrix}-40 & 1 & -1\\ -70 & 1 & -1\end{pmatrix}^{\mathrm{T}}$$

$$\boldsymbol{c}=(60,1,-1)^{\mathrm{T}},\quad \boldsymbol{d}=(-50,1,-1)^{\mathrm{T}}$$

根据式(7.7)和定义 2.31 中的直觉模糊数的排序方法, 可得参数线性规划

$$\min\{60s_1+s_2-s_3\}$$
$$\text{s.t.}\begin{cases}80s_1+s_2-s_3-\left(-\dfrac{7}{6}\lambda+10.5\right)y_1-\left(4\lambda-\dfrac{28}{3}\right)y_2\geqslant 0\\ 50s_1+s_2-s_3-\left(\dfrac{1}{12}\lambda-\dfrac{1}{2}\right)y_1-\left(-\dfrac{10}{3}\lambda+\dfrac{40}{3}\right)y_2\geqslant 0\\ -40y_1-70y_2\geqslant -50\\ y_1+y_2\geqslant 1\\ -y_1-y_2\geqslant -1\\ y_1\geqslant 0,y_2\geqslant 0,s_1\geqslant 0,s_2\geqslant 0,s_3\geqslant 0\end{cases}\tag{7.9}$$

类似地, 由式(7.8)和定义 2.31 中直觉模糊数的排序方法, 可得参数线性规划

$$\max\{-50t_1+t_2-t_3\}$$
$$\text{s.t.}\begin{cases}-40t_1+t_2-t_3-\left(-\dfrac{7}{6}\lambda+10.5\right)x_1-\left(\dfrac{1}{12}\lambda-\dfrac{1}{2}\right)x_2\leqslant 0\\ -70t_1+t_2-t_3-\left(4\lambda-\dfrac{28}{3}\right)x_1-\left(-\dfrac{10}{3}\lambda+\dfrac{40}{3}\right)x_2\leqslant 0\\ 80x_1+50x_2\leqslant 60\\ x_1+x_2\leqslant 1\\ -x_1-x_2\leqslant -1\\ x_1\geqslant 0,x_2\geqslant 0,t_1\geqslant 0,t_2\geqslant 0,t_3\geqslant 0\end{cases}\tag{7.10}$$

对于给定的参数 λ, 可得式(7.9)和(7.10)的最优解如表 7.1 所示.

表 7.1 公司 p_1 和 p_2 的最优策略与 w^*

参数 λ	p_1 最优策略 $\boldsymbol{x}^{*\mathrm{T}}$	p_2 最优策略 $\boldsymbol{y}^{*\mathrm{T}}$	w^*
0	(0.3333,0.6667)	(1,0)	3.1667
1/3	(0.3333,0.6667)	(1,0)	3.0556
1/2	(0.3333,0.6667)	(1,0)	3.0000
2/3	(0.3333,0.6667)	(1,0)	2.9444
1	(0.3333,0.6667)	(1,0)	2.8333

对于给定的参数 $\lambda\in[0,1]$, 从表 7.1 可得到公司 p_1 与 p_2 的最优策略. 但对于任意的 $\lambda\in[0,1]$, 公司 p_1 与 p_2 的最优策略不变. 这只能说明该数值实例中局中人的最

优策略不受个人偏好影响，而对于一般的直觉模糊数约束零和博弈问题，局中人的最优策略会受到参数 $\lambda\in[0,1]$ 的影响.

7.2　多目标异类数据约束二人零和博弈

在现实零和博弈问题中，局中人对策略的选择往往需要考虑多个目标，针对每个目标在每个局势下具有对应的支付值. 在一些问题中，不同目标的支付值需要用不同的数据表示，这使得单目标的零和博弈模型已不能对这些问题进行全面描述. 本节研究支付值为异类数据且局中人的策略选择带有约束的多目标零和博弈，简称为多目标异类数据约束零和博弈.

7.2.1　多目标异类数据约束零和博弈解的定义

设局中人 p_1 与 p_2 有 N 个目标需要考虑. 当局中人 p_1 选取纯策略 $\alpha_i\in S_1$，局中人 p_2 选取纯策略 $\beta_j\in S_2$ 时，形成博弈局势 (α_i,β_j)，此时 p_1 获得第 $k(k=1,2,\cdots,N)$ 个目标的支付值为 $\tilde{a}_{ij}^k$，而 p_2 损失支付值为 $-\tilde{a}_{ij}^k$. 局中人 p_1 的 N 个目标的支付矩阵记为 $\boldsymbol{A}^k(k=1,2,\cdots,N)$.

仍假设局中人 p_1 的策略约束集表示为 $X=\left\{\boldsymbol{x}\middle|\boldsymbol{B}^{\mathrm{T}}\boldsymbol{x}\leqslant\boldsymbol{c},x_i\geqslant 0,\sum_{i=1}^m x_i=1\right\}$，局中人 p_2 的策略约束集表示为 $Y=\left\{\boldsymbol{y}\middle|\boldsymbol{E}\boldsymbol{y}\geqslant\boldsymbol{d},y_j\geqslant 0,\sum_{j=1}^n y_j=1\right\}$. 如果局中人 p_1 选取任一混合策略 $\boldsymbol{x}\in X$，局中人 p_2 选取任一混合策略 $\boldsymbol{y}\in Y$，则 p_1 的第 k 个目标的期望支付值为

$$E^k(\boldsymbol{x},\boldsymbol{y})=\boldsymbol{x}^{\mathrm{T}}\boldsymbol{A}^k\boldsymbol{y}=\sum_{i=1}^m\sum_{j=1}^n x_i\tilde{a}_{ij}^k y_j\quad(k=1,2,\cdots,N)$$

由于局中人有多个目标，下面利用帕累托解定义多目标异类数据约束零和博弈解的概念.

对局中人 p_1 的任意策略 $\boldsymbol{x}\in X$，定义其第 k 个目标的安全支付值(或 p_2 的损失下值)为

$$\underline{E}_1^k(\boldsymbol{x})=\min_{\boldsymbol{y}\in Y}\{E^k(\boldsymbol{x},\boldsymbol{y})\}\quad(k=1,2,\cdots,N)$$

将 p_1 所有 N 个目标的安全支付值记为向量 $\underline{\boldsymbol{E}}_1(\boldsymbol{x})=(\underline{E}_1^1(\boldsymbol{x}),\underline{E}_1^2(\boldsymbol{x}),\cdots,\underline{E}_1^N(\boldsymbol{x}))^{\mathrm{T}}$.

类似地，对局中人 p_2 的任意策略 $\boldsymbol{y}\in Y$，定义其第 k 个目标的安全支付值(或 p_1 的赢得上值)为

$$\overline{E}_2^k(\boldsymbol{y})=\max_{\boldsymbol{x}\in X}\{E^k(\boldsymbol{x},\boldsymbol{y})\}\quad (k=1,2,\cdots,N)$$

将 p_2 所有 N 个目标的安全支付值记为向量 $\overline{\boldsymbol{E}}_2(\boldsymbol{y})=(\overline{E}_2^1(\boldsymbol{y}),\overline{E}_2^2(\boldsymbol{y}),\cdots,\overline{E}_2^N(\boldsymbol{y}))^{\mathrm{T}}$.

定义 7.2 设 $\boldsymbol{x}^*\in X$ 为局中人 p_1 的一个混合策略. 若不存在 p_1 的任何策略 $\boldsymbol{x}\in X$ 使得 $\underline{\boldsymbol{E}}_1(\boldsymbol{x})\geqslant\underline{\boldsymbol{E}}_1(\boldsymbol{x}^*)$, 即对任意 k, 有 $\underline{E}_1^k(\boldsymbol{x})\geqslant\underline{E}_1^k(\boldsymbol{x}^*)(k=1,2,\cdots,N)$ 且至少有一个不等式严格成立, 则称 $\boldsymbol{x}^*$ 为局中人 p_1 的帕累托最优安全策略.

将 p_1 的所有帕累托最优安全策略的集合记为 X_s.

定义 7.3 设 $\boldsymbol{y}^*\in Y$ 为局中人 p_2 的一个混合策略. 若不存在 p_2 的任何策略 $\boldsymbol{y}\in Y$ 使得 $\overline{\boldsymbol{E}}_2(\boldsymbol{y})\leqslant\overline{\boldsymbol{E}}_2(\boldsymbol{y}^*)$, 即对任意 k, 有 $\overline{E}_2^k(\boldsymbol{y})\leqslant\overline{E}_2^k(\boldsymbol{y}^*)(k=1,2,\cdots,N)$ 且至少有一个不等式严格成立, 则称 $\boldsymbol{y}^*$ 为局中人 p_2 的帕累托最优安全策略.

将 p_2 的所有帕累托最优安全策略的集合记为 Y_s.

定义 7.4 设 $(\boldsymbol{x}^*,\boldsymbol{y}^*)$ 为一个混合策略局势, 其中 $\boldsymbol{x}^*\in X_s$, $\boldsymbol{y}^*\in Y_s$. 若

$$\underline{\boldsymbol{E}}_1(\boldsymbol{x}^*)=\overline{\boldsymbol{E}}_2(\boldsymbol{y}^*)$$

则称 $(\boldsymbol{x}^*,\boldsymbol{y}^*)$ 为多目标约束零和博弈的帕累托最优鞍点, $\boldsymbol{x}^*$ 与 $\boldsymbol{y}^*$ 分别称为局中人 p_1 和 p_2 的帕累托最优策略.

7.2.2 多目标异类数据约束零和博弈求解模型

假设各局中人都在考虑对方的每个纯策略下, 选择使自己的期望支付达到最大的混合策略. 根据定义 7.4, 局中人 p_1 的帕累托最优策略 $\boldsymbol{x}^*$、最小赢得 $\underline{\boldsymbol{E}}_1(\boldsymbol{x}^*)$ 和局中人 p_2 的帕累托最优策略 $\boldsymbol{y}^*$、最大损失 $\overline{\boldsymbol{E}}_2(\boldsymbol{y}^*)$ 可分别由求解下面一对带有异类数据的多目标数学规划得到[47]

$$\max_{\boldsymbol{x}\in X}\{\boldsymbol{x}^{\mathrm{T}}\boldsymbol{A}^1\boldsymbol{y},\boldsymbol{x}^{\mathrm{T}}\boldsymbol{A}^2\boldsymbol{y},\cdots,\boldsymbol{x}^{\mathrm{T}}\boldsymbol{A}^N\boldsymbol{y}\}$$
$$\text{s.t.}\begin{cases}\boldsymbol{B}^{\mathrm{T}}\boldsymbol{x}\leqslant\boldsymbol{c}\\ \boldsymbol{E}\boldsymbol{y}\geqslant\boldsymbol{d}\\ \boldsymbol{e}^{\mathrm{T}}\boldsymbol{x}=1\\ \boldsymbol{x}\geqslant\boldsymbol{0}\end{cases}\tag{7.11}$$

和

$$\min_{\boldsymbol{y}\in Y}\{\boldsymbol{x}^{\mathrm{T}}\boldsymbol{A}^1\boldsymbol{y},\boldsymbol{x}^{\mathrm{T}}\boldsymbol{A}^2\boldsymbol{y},\cdots,\boldsymbol{x}^{\mathrm{T}}\boldsymbol{A}^N\boldsymbol{y}\}$$
$$\text{s.t.}\begin{cases}\boldsymbol{E}\boldsymbol{y}\geqslant\boldsymbol{d}\\ \boldsymbol{e}\boldsymbol{y}=1\\ \boldsymbol{B}^{\mathrm{T}}\boldsymbol{x}\leqslant\boldsymbol{c}\\ \boldsymbol{y}\geqslant\boldsymbol{0}\end{cases}\tag{7.12}$$

根据不同数据的排序方法，我们可以将求解异类数据的多目标约束零和博弈模型转化为清晰的多目标约束零和博弈模型.

为方便表述，下面假设局中人 p_1 和 p_2 有三个目标，支付值分别用直觉模糊集、直觉模糊数和区间直觉模糊集表示，相应的支付矩阵分别记为 $\boldsymbol{A}^1$, $\boldsymbol{A}^2$ 和 $\boldsymbol{A}^3$. 则式(7.11)和式(7.12)转化为

$$\max_{x\in X}\{\boldsymbol{x}^{\mathrm{T}}\boldsymbol{A}^1\boldsymbol{y},\boldsymbol{x}^{\mathrm{T}}\boldsymbol{A}^2\boldsymbol{y},\boldsymbol{x}^{\mathrm{T}}\boldsymbol{A}^3\boldsymbol{y}\}$$
$$\text{s.t.}\begin{cases}\boldsymbol{B}^{\mathrm{T}}\boldsymbol{x}\leqslant\boldsymbol{c}\\\boldsymbol{E}\boldsymbol{y}\geqslant\boldsymbol{d}\\\boldsymbol{e}^{\mathrm{T}}\boldsymbol{x}=1\\\boldsymbol{x}\geqslant\boldsymbol{0}\end{cases}\tag{7.13}$$

和

$$\min_{y\in Y}\{\boldsymbol{x}^{\mathrm{T}}\boldsymbol{A}^1\boldsymbol{y},\boldsymbol{x}^{\mathrm{T}}\boldsymbol{A}^2\boldsymbol{y},\boldsymbol{x}^{\mathrm{T}}\boldsymbol{A}^3\boldsymbol{y}\}$$
$$\text{s.t.}\begin{cases}\boldsymbol{E}\boldsymbol{y}\geqslant\boldsymbol{d}\\\boldsymbol{e}\boldsymbol{y}=1\\\boldsymbol{B}^{\mathrm{T}}\boldsymbol{x}\leqslant\boldsymbol{c}\\\boldsymbol{y}\geqslant\boldsymbol{0}\end{cases}\tag{7.14}$$

根据定义 2.31 的直觉模糊数排序方法、式(1.6)的直觉模糊集排序方法和式(1.16)的区间直觉模糊集排序方法，令 $v_1=\boldsymbol{x}^{\mathrm{T}}L(\boldsymbol{A}^1)\boldsymbol{y}$, $v_2=\boldsymbol{x}^{\mathrm{T}}D(\boldsymbol{A}^2)\boldsymbol{y}$ 与 $v_3=\boldsymbol{x}^{\mathrm{T}}R(\boldsymbol{A}^3)\boldsymbol{y}$, 式(7.13)可转化为

$$\max_{x\in X}\{v_1,v_2,v_3\}$$
$$\text{s.t.}\begin{cases}\boldsymbol{B}^{\mathrm{T}}\boldsymbol{x}\leqslant\boldsymbol{c}\\\boldsymbol{E}\boldsymbol{y}\geqslant\boldsymbol{d}\\\boldsymbol{e}^{\mathrm{T}}\boldsymbol{x}=1\\\boldsymbol{x}^{\mathrm{T}}L(\boldsymbol{A}^1)\boldsymbol{y}=v_1\\\boldsymbol{x}^{\mathrm{T}}D(\boldsymbol{A}^2)\boldsymbol{y}=v_2\\\boldsymbol{x}^{\mathrm{T}}R(\boldsymbol{A}^3)\boldsymbol{y}=v_3\\\boldsymbol{x}\geqslant\boldsymbol{0}\end{cases}\tag{7.15}$$

类似地，令 $w_1=\boldsymbol{x}^{\mathrm{T}}L(\boldsymbol{A}^1)\boldsymbol{y}$, $w_2=\boldsymbol{x}^{\mathrm{T}}D(\boldsymbol{A}^2)\boldsymbol{y}$ 与 $w_3=\boldsymbol{x}^{\mathrm{T}}R(\boldsymbol{A}^3)\boldsymbol{y}$, 式(7.14)可转化为

$$\min_{y\in Y}\{w_1,w_2,w_3\}$$
$$\text{s.t.}\begin{cases}\boldsymbol{e}\boldsymbol{y}=1\\ \boldsymbol{B}^{\mathrm{T}}\boldsymbol{x}\leqslant\boldsymbol{c}\\ \boldsymbol{E}\boldsymbol{y}\geqslant\boldsymbol{d}\\ \boldsymbol{x}^{\mathrm{T}}L(\boldsymbol{A}^1)\boldsymbol{y}=w_1\\ \boldsymbol{x}^{\mathrm{T}}D(\boldsymbol{A}^2)\boldsymbol{y}=w_2\\ \boldsymbol{x}^{\mathrm{T}}R(\boldsymbol{A}^3)\boldsymbol{y}=w_3\\ \boldsymbol{y}\geqslant\boldsymbol{0}\end{cases}\tag{7.16}$$

下面，利用理想点法来求解上述多目标非线性规划问题[48].

对于式(7.15)，分别求解三个单目标规划如下

$$\max_{x\in X}\{v_1\}\qquad\max_{x\in X}\{v_2\}\qquad\max_{x\in X}\{v_3\}$$
$$\text{s.t.}\begin{cases}\boldsymbol{B}^{\mathrm{T}}\boldsymbol{x}\leqslant\boldsymbol{c}\\ \boldsymbol{E}\boldsymbol{y}\geqslant\boldsymbol{d}\\ \boldsymbol{e}^{\mathrm{T}}\boldsymbol{x}=1\\ \boldsymbol{x}^{\mathrm{T}}L(\boldsymbol{A}^1)\boldsymbol{y}=v_1\\ \boldsymbol{x}\geqslant\boldsymbol{0}\end{cases}\quad\text{s.t.}\begin{cases}\boldsymbol{B}^{\mathrm{T}}\boldsymbol{x}\leqslant\boldsymbol{c}\\ \boldsymbol{E}\boldsymbol{y}\geqslant\boldsymbol{d}\\ \boldsymbol{e}^{\mathrm{T}}\boldsymbol{x}=1\\ \boldsymbol{x}^{\mathrm{T}}D(\boldsymbol{A}^2)\boldsymbol{y}=v_2\\ \boldsymbol{x}\geqslant\boldsymbol{0}\end{cases}\quad\text{s.t.}\begin{cases}\boldsymbol{B}^{\mathrm{T}}\boldsymbol{x}\leqslant\boldsymbol{c}\\ \boldsymbol{E}\boldsymbol{y}\geqslant\boldsymbol{d}\\ \boldsymbol{e}^{\mathrm{T}}\boldsymbol{x}=1\\ \boldsymbol{x}^{\mathrm{T}}D(\boldsymbol{A}^3)\boldsymbol{y}=v_3\\ \boldsymbol{x}\geqslant\boldsymbol{0}\end{cases}\tag{7.17}$$

设其最优目标值分别为 $v_i^*(i=1,2,3)$.

类似地，对于式(7.16)，分别求解三个单目标规划如下

$$\min_{y\in Y}\{w_1\}\qquad\min_{y\in Y}\{w_2\}\qquad\min_{y\in Y}\{w_3\}$$
$$\text{s.t.}\begin{cases}\boldsymbol{E}\boldsymbol{y}\geqslant\boldsymbol{d}\\ \boldsymbol{B}^{\mathrm{T}}\boldsymbol{x}\leqslant\boldsymbol{c}\\ \boldsymbol{e}\boldsymbol{y}=1\\ \boldsymbol{x}^{\mathrm{T}}L(\boldsymbol{A}^1)\boldsymbol{y}=w_1\\ \boldsymbol{y}\geqslant\boldsymbol{0}\end{cases}\quad\text{s.t.}\begin{cases}\boldsymbol{E}\boldsymbol{y}\geqslant\boldsymbol{d}\\ \boldsymbol{B}^{\mathrm{T}}\boldsymbol{x}\leqslant\boldsymbol{c}\\ \boldsymbol{e}\boldsymbol{y}=1\\ \boldsymbol{x}^{\mathrm{T}}L(\boldsymbol{A}^2)\boldsymbol{y}=w_2\\ \boldsymbol{y}\geqslant\boldsymbol{0}\end{cases}\quad\text{s.t.}\begin{cases}\boldsymbol{E}\boldsymbol{y}\geqslant\boldsymbol{d}\\ \boldsymbol{B}^{\mathrm{T}}\boldsymbol{x}\leqslant\boldsymbol{c}\\ \boldsymbol{e}\boldsymbol{y}=1\\ \boldsymbol{x}^{\mathrm{T}}L(\boldsymbol{A}^3)\boldsymbol{y}=w_3\\ \boldsymbol{y}\geqslant\boldsymbol{0}\end{cases}\tag{7.18}$$

设其最优目标值分别为 $w_j^*(j=1,2,3)$.

我们称 $\boldsymbol{v}^*=(v_1^*,v_2^*,v_3^*)$ 和 $\boldsymbol{w}^*=(w_1^*,w_2^*,w_3^*)$ 为多目标规划(即式(7.15)和式(7.16))值域中的一个理想点. 这在一般情况下很难达到，故在期望的某种度量之下，寻求离 $\boldsymbol{v}^*$ 最近的 $\boldsymbol{v}$ 和 $\boldsymbol{w}^*$ 最近的 $\boldsymbol{w}$ 作为近似值，文献[48]给出了一种最短距离理想点法.

首先，构造评价函数

$$\varphi(v)=\sqrt{\sum_{i=1}^{N}(v_i-v_i^*)^2}$$

和

$$\varphi(w)=\sqrt{\sum_{j=1}^{N}(w_j-w_j^*)^2}$$

然后分别求解

$$\min_{\boldsymbol{x}\in X}\varphi[v(\boldsymbol{x})]=\sqrt{\sum_{i=1}^{3}[v_i(\boldsymbol{x})-v_i^*]^2}$$

$$\text{s.t.}\begin{cases}\boldsymbol{B}^{\mathrm{T}}\boldsymbol{x}\leqslant\boldsymbol{c}\\\boldsymbol{e}^{\mathrm{T}}\boldsymbol{x}=1\\\boldsymbol{x}\geqslant\boldsymbol{0}\end{cases}\tag{7.19}$$

和

$$\min_{\boldsymbol{y}\in Y}\varphi[w(\boldsymbol{y})]=\sqrt{\sum_{j=1}^{3}[w_j(y)-w_j^*]^2}$$

$$\text{s.t.}\begin{cases}\boldsymbol{E}\boldsymbol{y}\geqslant\boldsymbol{d}\\\boldsymbol{e}\boldsymbol{y}=1\\\boldsymbol{y}\geqslant\boldsymbol{0}\end{cases}\tag{7.20}$$

定理 7.2[48]　若 $\boldsymbol{x}^*$ 是式(7.19)的最优解, 那么 $\boldsymbol{x}^*$ 是式(7.15)的帕累托最优解. 若 $\boldsymbol{y}^*$ 是问题(7.20)的最优解, 那么 $\boldsymbol{y}^*$ 是式(7.16)的帕累托最优解.

7.2.3　数值实例分析

两家公司 p_1 与 p_2 为了占领某种商品的销售量、市场占有率和铺货率展开了激烈的竞争. 由于该目标市场对此产品的需求量基本稳定, 故一家公司的销售量、市场占有率和铺货率的增加会引起另一家公司销售量、市场占有率和铺货率的减少, 但销售量、市场占有率和铺货率不一定呈比例关系. 公司 p_1 与 p_2 都在考虑采取下面两种策略来增加销售量、市场占有率和铺货率. 策略 $\alpha_1(\beta_1)$: 加强产品广告宣传; 策略 $\alpha_2(\beta_2)$: 适当降低产品价格. 记公司 p_1 与 p_2 的策略集分别为 (α_1,α_2) 和 (β_1,β_2). 公司 p_1 实施方案 (α_1,α_2) 时, 需要配套资金分别为 80 万元和 50 万元, 但目前资金只有 60 万元. 公司 p_2 实施方案 (β_1,β_2) 时需要配套资金分别为 40 万元和 65 万元, 但目前资金只有 50 万元. 不妨设在两种策略下, 销售量提高率 $f_1(\%)$、市场占有率 $f_2(\%)$ 和铺货率 $f_3(\%)$ 的支付矩阵 $\boldsymbol{A}^1$, $\boldsymbol{A}^2$, $\boldsymbol{A}^3$ 可分别由如下的直觉模糊集、直觉模糊数和区间值直觉模糊集表示

$$\boldsymbol{A}^1=\begin{pmatrix}\langle 0.2,0.5\rangle & \langle 0.2,0.4\rangle\\\langle 0.2,0.3\rangle & \langle 0.2,0.6\rangle\end{pmatrix}$$

$$\boldsymbol{A}^2=\begin{pmatrix}\langle(0.3,0.4,0.6);0.6,0.3\rangle & \langle(0.2,0.4,0.7);0.7,0.1\rangle\\\langle(0.4,0.5,0.7);0.6,0.2\rangle & \langle(0.3,0.4,0.5);0.8,0.1\rangle\end{pmatrix}$$

$$A^3=\begin{pmatrix}([0.4,0.5],[0.3,0.4]) & ([0.1,0.6],[0.2,0.4])\\ ([0.4,0.5],[0.2,0.4]) & ([0.2,0.5],[0.4,0.4])\end{pmatrix}$$

支付矩阵 $\boldsymbol{A}^1$ 中元素 $\hat{a}_{11}=\langle 0.2,0.5\rangle$ 表示当公司 p_1 与 p_2 分别采用策略 α_1 与 β_1 时，p_1 销售量提高至少 20%但不会超过 50%，对公司 p_2 而言，其销售量至少减少 20%，最多减少 50%. 其他元素可类似地解释.

支付矩阵 $\boldsymbol{A}^2$ 中元素 $\tilde{a}_{11}=\langle (0.3,0.4,0.6);0.6,0.3\rangle$ 表示当公司 p_1 与 p_2 分别采用策略 α_1 与 β_1 时，p_1 的市场占有率至少上升 30%，最多上升 60%，对公司 p_2 而言，其市场占有率至少下降 30%，至多下降 60%. 其他元素可类似地解释.

支付矩阵 $\boldsymbol{A}^3$ 中元素 $\bar{a}_{11}=([0.1,0.3],[0.3,0.5])$ 表示当公司 p_1 与 p_2 分别采用策略 α_1 与 β_1 时，p_1 的铺货率至少上升 10%—30%，最多上升 30%—50%，对公司 p_2 而言，其铺货率至少下降 10%—30%，至多下降 30%—50%. 其他元素可类似地解释. 试确定两家公司的最优策略.

显然，可把这个问题看作多目标异类数据零和博弈. 根据题设，可得公司 p_1 与 p_2 的策略约束集分别为

$$X=\{\boldsymbol{x}=(x_1,x_2)^{\mathrm{T}}\mid 80x_1+50x_2\leqslant 60, x_1+x_2\leqslant 1, -x_1-x_2\leqslant -1, x_1\geqslant 0, x_2\geqslant 0\}$$

和

$$Y=\{\boldsymbol{y}=(y_1,y_2)^{\mathrm{T}}\mid -40y_1-65y_2\geqslant -50, y_1+y_2\geqslant 1, -y_1-y_2\geqslant -1, y_1\geqslant 0, y_2\geqslant 0\}$$

从而可得到 p_1,p_2 策略约束集的系数矩阵与系数向量分别为

$$\boldsymbol{B}=\begin{pmatrix}80 & 1 & -1\\ 50 & 1 & -1\end{pmatrix},\quad \boldsymbol{E}=\begin{pmatrix}-40 & 1 & -1\\ -65 & 1 & -1\end{pmatrix}^{\mathrm{T}}$$

$$\boldsymbol{c}=(60,1,-1)^{\mathrm{T}},\quad \boldsymbol{d}=(-50,1,-1)^{\mathrm{T}}$$

根据式(7.15)和(7.16)，两个多目标规划构造如下

$$\max_{\boldsymbol{x}\in X}\{v_1,v_2,v_3\}$$
$$\text{s.t.}\begin{cases}80x_1+50x_2\leqslant 60\\ x_1+x_2\leqslant 1\\ -x_1-x_2\leqslant -1\\ 0.26x_1y_1+0.22x_2y_1+0.24x_1y_2+0.28x_2y_2=v_1\\ 0.10x_1y_1+0.15x_2y_1+0.10x_1y_2+0.14x_2y_2=v_2\\ 0.26x_1y_1+0.29x_2y_1+0.18x_1y_2+0.09x_2y_2=v_3\\ x_1\geqslant 0, x_2\geqslant 0\end{cases}\tag{7.21}$$

和

$$
\min_{y\in Y}\{w_1,w_2,w_3\}
$$

$$
\text{s.t.}\begin{cases}-40y_1-65y_2\geqslant -50\\ y_1+y_2\geqslant 1\\ -y_1-y_2\geqslant -1\\ 0.26x_1y_1+0.24x_2y_1+0.22x_1y_2+0.28x_2y_2=w_1\\ 0.10x_1y_1+0.10x_2y_1+0.15x_1y_2+0.14x_2y_2=w_2\\ 0.26x_1y_1+0.18x_2y_1+0.29x_1y_2+0.09x_2y_2=w_3\\ y_1\geqslant 0,y_2\geqslant 0\end{cases} \tag{7.22}
$$

根据式(7.17)，求解三个单目标规划，利用 LINGO 可求得最优目标值 $(v_1^*,v_2^*,v_3^*)=(0.23,0.15,0.29)$，再根据式(7.19)，利用 LINGO 可求得公司 p_1 的最优策略 $\boldsymbol{x}^*=(0,1)^{\mathrm{T}}$.

类似地，根据式(7.18)，求解三个单目标规划，利用 LINGO 可求得最优目标值 $(w_1^*,w_2^*,w_3^*)=(0.22,0.15,0.21)$，再根据式(7.20)，利用 LINGO 可求得公司 p_2 的最优策略 $\boldsymbol{y}^*=(0.63,0.37)^{\mathrm{T}}$.

第 8 章　直觉模糊数二人非零和博弈

二人非零和博弈是一种非常重要的非合作博弈, 已经成功应用于政治、经济、管理等领域. 在许多实际博弈问题中, 由于信息的不确定性, 局中人很难精确地估计各个局势下的支付值. 为了使二人非零和博弈理论更适用于现实的非合作博弈问题, 研究者应用模糊集来描述二人非零和博弈问题中的不精确信息, 研究了支付值为模糊数的二人非零和博弈. 本章拓展 Maeda 关于支付值为模糊数的二人非零和博弈模型[49], 研究带有直觉模糊信息的二人非零和博弈的相关理论模型及求解方法, 主要研究支付值是直觉模糊数的二人非零和博弈与目标为直觉模糊集和支付值是直觉模糊数的二人非零和博弈.

8.1　直觉模糊数二人非零和博弈的理论模型与方法

8.1.1　直觉模糊数二人非零和博弈解的定义及性质

当局中人 p_1 和 p_2 分别选取纯策略 $\alpha_i \in S_1$, $\beta_j \in S_2$ 时, 局中人 p_1 和 p_2 在每个纯策略局势 (α_i, β_j) 下的支付值是直觉模糊数, 分别表示为 $\tilde{a}_{ij}$ 和 $\tilde{b}_{ij}(i=1,2,\cdots,m;$ $j=1,2,\cdots,n)$. 因此, 局中人 p_1 和 p_2 的支付矩阵分别表示为 $\tilde{\boldsymbol{A}}=(\tilde{a}_{ij})_{m\times n}$ 和 $\tilde{\boldsymbol{B}}=(\tilde{b}_{ij})_{m\times n}$. 称 $\Gamma(X,Y,\tilde{\boldsymbol{A}},\tilde{\boldsymbol{B}})$ 为直觉模糊数二人非零和博弈.

在混合策略 $(\boldsymbol{x},\boldsymbol{y})(\boldsymbol{x}\in X,\boldsymbol{y}\in Y)$ 下, 局中人 p_1 和 p_2 的期望支付值分别为 $\tilde{E}_1(\boldsymbol{x},\boldsymbol{y})=$ $\boldsymbol{x}^{\mathrm{T}}\tilde{\boldsymbol{A}}\boldsymbol{y}$ 和 $\tilde{E}_2(\boldsymbol{x},\boldsymbol{y})=\boldsymbol{x}^{\mathrm{T}}\tilde{\boldsymbol{B}}\boldsymbol{y}$, 其中 $\tilde{E}_1(\boldsymbol{x},\boldsymbol{y})$ 和 $\tilde{E}_2(\boldsymbol{x},\boldsymbol{y})$ 为直觉模糊数.

定义 8.1[50] (纳什均衡解)　若存在 $(\boldsymbol{x}^*,\boldsymbol{y}^*)\in X\times Y$ 满足

(1) $\boldsymbol{x}^{\mathrm{T}}\tilde{\boldsymbol{A}}\boldsymbol{y}^* \leqslant_{\mathrm{IFN}} \boldsymbol{x}^{*\mathrm{T}}\tilde{\boldsymbol{A}}\boldsymbol{y}^*, \boldsymbol{x}\in X$;

(2) $\boldsymbol{x}^{*\mathrm{T}}\tilde{\boldsymbol{B}}\boldsymbol{y} \leqslant_{\mathrm{IFN}} \boldsymbol{x}^{*\mathrm{T}}\tilde{\boldsymbol{B}}\boldsymbol{y}^*, \boldsymbol{y}\in Y$,

则 $(\boldsymbol{x}^*,\boldsymbol{y}^*)\in X\times Y$ 称为直觉模糊数二人非零和博弈 Γ 的纳什均衡策略, $\boldsymbol{x}^*$ 和 $\boldsymbol{y}^*$ 分别称为局中人 p_1 和 p_2 的最优策略, $\tilde{u}^*=\boldsymbol{x}^{*\mathrm{T}}\tilde{\boldsymbol{A}}\boldsymbol{y}^*$ 和 $\tilde{v}^*=\boldsymbol{x}^{*\mathrm{T}}\tilde{\boldsymbol{B}}\boldsymbol{y}^*$ 分别称为局中人 p_1 和 p_2 的博弈值, $(\boldsymbol{x}^*,\boldsymbol{y}^*,\tilde{u}^*,\tilde{v}^*)$ 称为直觉模糊数二人非零和博弈 Γ 的纳什均衡解.

8.1.2　直觉模糊数二人非零和博弈求解模型

根据定义 8.1, 我们可以得到定理 8.1.

定理 8.1[51]　$(\boldsymbol{x}^*,\boldsymbol{y}^*)$ 为直觉模糊数二人非零和博弈 Γ 的均衡策略的充分必要条件是 $(\boldsymbol{x}^*,\boldsymbol{y}^*,\tilde{u}^*,\tilde{v}^*)$ 为如下直觉模糊规划模型的最优解

$$\max\{\boldsymbol{x}^{\mathrm{T}}(\tilde{\boldsymbol{A}}+\tilde{\boldsymbol{B}})\boldsymbol{y}-\tilde{u}-\tilde{v}\}$$
$$\text{s.t.}\begin{cases}\tilde{\boldsymbol{A}}\boldsymbol{y}\leqslant_{\mathrm{IFN}}\tilde{u}\boldsymbol{e}_m\\ \tilde{\boldsymbol{B}}^{\mathrm{T}}\boldsymbol{x}\leqslant_{\mathrm{IFN}}\tilde{v}\boldsymbol{e}_n\\ \boldsymbol{x}^{\mathrm{T}}\boldsymbol{e}_m=1\\ \boldsymbol{y}^{\mathrm{T}}\boldsymbol{e}_n=1\\ \boldsymbol{x}\geqslant\boldsymbol{0},\boldsymbol{y}\geqslant\boldsymbol{0}\end{cases}\tag{8.1}$$

其中，$\boldsymbol{e}_m$ 是 m 维单位向量，$\boldsymbol{e}_n$ 是 n 维单位向量，$\tilde{u}^*=\boldsymbol{x}^{*\mathrm{T}}\tilde{\boldsymbol{A}}\boldsymbol{y}^*$, $\tilde{v}^*=\boldsymbol{x}^{*\mathrm{T}}\tilde{\boldsymbol{B}}\boldsymbol{y}^*$.

证明　根据直觉模糊规划(8.1)的约束条件及第 2 章直觉模糊数排序方法，可得

$$\boldsymbol{x}^{\mathrm{T}}\tilde{\boldsymbol{A}}\boldsymbol{y}\leqslant_{\mathrm{IFN}}\boldsymbol{x}^{\mathrm{T}}\tilde{u}\boldsymbol{e}_m$$

和

$$\boldsymbol{y}^{\mathrm{T}}\tilde{\boldsymbol{B}}\boldsymbol{x}\leqslant_{\mathrm{IFN}}\boldsymbol{y}^{\mathrm{T}}\tilde{v}\boldsymbol{e}_n$$

结合 $\boldsymbol{x}^{\mathrm{T}}\boldsymbol{e}_m=1$ 与 $\boldsymbol{y}^{\mathrm{T}}\boldsymbol{e}_n=1$，从而可得

$$\boldsymbol{x}^{\mathrm{T}}\tilde{\boldsymbol{A}}\boldsymbol{y}\leqslant_{\mathrm{IFN}}\tilde{u}$$

和

$$\boldsymbol{y}^{\mathrm{T}}\tilde{\boldsymbol{B}}\boldsymbol{x}\leqslant_{\mathrm{IFN}}\tilde{v}$$

因此，$\boldsymbol{x}^{*\mathrm{T}}(\tilde{\boldsymbol{A}}+\tilde{\boldsymbol{B}})\boldsymbol{y}^*-\tilde{u}^*-\tilde{v}^*\leqslant_{\mathrm{IFN}}0$.

根据定义 8.1，直觉模糊数二人非零和博弈 Γ 的均衡解可通过下面的直觉模糊规划得到

$$\max\{\boldsymbol{x}^{\mathrm{T}}\tilde{\boldsymbol{A}}\boldsymbol{y}^*+\boldsymbol{x}^{*\mathrm{T}}\tilde{\boldsymbol{B}}\boldsymbol{y}\}$$
$$\text{s.t.}\begin{cases}\boldsymbol{x}^{\mathrm{T}}\boldsymbol{e}_m=1\\ \boldsymbol{y}^{\mathrm{T}}\boldsymbol{e}_n=1\\ \boldsymbol{x}\geqslant\boldsymbol{0},\boldsymbol{y}\geqslant\boldsymbol{0}\end{cases}\tag{8.2}$$

设 $\tilde{u}=_{\mathrm{IFN}}\max\limits_{x\in X}\{\boldsymbol{x}^{\mathrm{T}}\tilde{\boldsymbol{A}}\boldsymbol{y}^*\}$ 和 $\tilde{v}=_{\mathrm{IFN}}\max\limits_{y\in Y}\{\boldsymbol{x}^{*\mathrm{T}}\tilde{\boldsymbol{B}}\boldsymbol{y}\}$，对任意的 $\boldsymbol{x}\geqslant\boldsymbol{0}$，有

$$\tilde{u}\geqslant_{\mathrm{IFN}}\boldsymbol{x}^{\mathrm{T}}\tilde{\boldsymbol{A}}\boldsymbol{y}^*\geqslant_{\mathrm{IFN}}\boldsymbol{x}^{\mathrm{T}}\tilde{\boldsymbol{A}}\boldsymbol{y}$$

因此，$\tilde{u}\boldsymbol{e}_m\geqslant_{\mathrm{IFN}}\tilde{\boldsymbol{A}}\boldsymbol{y}$.

同样地，对任意的 $\boldsymbol{y}\geqslant\boldsymbol{0}$，有

$$\tilde{v}\geqslant_{\mathrm{IFN}}\boldsymbol{x}^{*\mathrm{T}}\tilde{\boldsymbol{B}}\boldsymbol{y}\geqslant_{\mathrm{IFN}}\boldsymbol{x}^{\mathrm{T}}\tilde{\boldsymbol{B}}\boldsymbol{y}$$

因此, $\tilde{v}\boldsymbol{e}_n \geqslant_{\text{IFN}} \tilde{\boldsymbol{B}}^{\text{T}}\boldsymbol{x}$. 直觉模糊规划(8.2)变为

$$\min\{(\tilde{u}-\boldsymbol{x}^{\text{T}}\tilde{\boldsymbol{A}}\boldsymbol{y})+(\tilde{v}-\boldsymbol{x}^{\text{T}}\tilde{\boldsymbol{B}}\boldsymbol{y})\}$$
$$\text{s.t.}\begin{cases}\tilde{\boldsymbol{A}}\boldsymbol{y}\leqslant_{\text{IFN}}\tilde{u}\boldsymbol{e}_m\\ \tilde{\boldsymbol{B}}^{\text{T}}\boldsymbol{x}\leqslant_{\text{IFN}}\tilde{v}\boldsymbol{e}_n\\ \boldsymbol{x}^{\text{T}}\boldsymbol{e}_m=1\\ \boldsymbol{y}^{\text{T}}\boldsymbol{e}_n=1\\ \boldsymbol{x}\geqslant\boldsymbol{0},\boldsymbol{y}\geqslant\boldsymbol{0}\end{cases}\tag{8.3}$$

不难看出, 直觉模糊规划(8.3)与直觉模糊规划(8.1)是等价的.

利用式(2.46)—(2.48)与定义 2.23, 直觉模糊规划(8.3)可转化为下面带参数的非线性规划

$$\max\left\{\sum_{j=1}^{n}\sum_{i=1}^{m}x_i(S_\lambda(\tilde{a}_{ij})+S_\lambda(\tilde{b}_{ij}))y_j-S_\lambda(\tilde{u})-S_\lambda(\tilde{v})\right\}$$
$$\text{s.t.}\begin{cases}\sum_{j=1}^{n}S_\lambda(\tilde{a}_{ij})y_j\leqslant S_\lambda(\tilde{u})\quad(i=1,2,\cdots,m)\\ \sum_{i=1}^{m}S_\lambda(\tilde{b}_{ij})^{\text{T}}x_i\leqslant S_\lambda(\tilde{v})\quad(j=1,2,\cdots,n)\\ x_1+x_2+\cdots+x_m=1\\ y_1+y_2+\cdots+y_n=1\\ x_i\geqslant 0,y_j\geqslant 0\quad(i=1,2,\cdots,m;j=1,2,\cdots,n)\end{cases}\tag{8.4}$$

综上所述, 求解直觉模糊数二人非零和博弈的均衡解只需要求解上述带参数的非线性规划模型(8.4)的最优解. 若$(\boldsymbol{x}^*,\boldsymbol{y}^*,S_\lambda(\tilde{u}^*),S_\lambda(\tilde{v}^*))$是带参数的非线性规划模型(8.4)的最优解, 则$(\boldsymbol{x}^*,\boldsymbol{y}^*)$是直觉模糊数二人非零和博弈的均衡解, $S_\lambda(\tilde{u}^*)$和$S_\lambda(\tilde{v}^*)$分别为局中人p_1和p_2的博弈值的加权均值面积.

8.1.3　数值实例分析

现有两个商业零售商(局中人)p_1和p_2, 为了提高客户的满意度, 需要各自做出决策. 由于局中人对客户满意度的判断会受到个人偏好、经验、直觉等主观因素的影响, 因此对于客户满意度的评价值只能给出近似值, 并且带有一定的不确定性, 即犹豫程度. 假设两个商业零售商p_1和p_2都是理性的决策人, 即他们在没有合作的情况下, 都选择最优策略来最大化自己的利润. 两个商业零售商考虑采用下面的两种策略. 策略$\alpha_1(\beta_1)$: 建立专业化的服务体系; 策略$\alpha_2(\beta_2)$: 为客户

提供满意的产品. 两个局中人 p_1 和 p_2 的策略选择可以看成一个二人非零和博弈问题, 即局中人 p_1 和 p_2 在各个局势下的支付值可以用直觉模糊数表示

$$\tilde{\boldsymbol{A}}=\begin{pmatrix}\tilde{a}_{11} & \tilde{a}_{12}\\ \tilde{a}_{21} & \tilde{a}_{22}\end{pmatrix}$$

和

$$\tilde{\boldsymbol{B}}=\begin{pmatrix}\tilde{b}_{11} & \tilde{b}_{12}\\ \tilde{b}_{21} & \tilde{b}_{22}\end{pmatrix}$$

其中, $\tilde{a}_{11}=\langle(184,192,196),(180,192,204)\rangle$ 是一个第 I 类三角直觉模糊数, 它的隶属函数和非隶属函数分别为

$$\mu_{\tilde{a}_{11}}(x)=\begin{cases}0 & (x<184)\\ \dfrac{1}{8}(x-184) & (184\leqslant x<192)\\ 1 & (x=192)\\ \dfrac{1}{4}(196-x) & (192<x\leqslant 196)\\ 0 & (x>196)\end{cases}$$

和

$$\upsilon_{\tilde{a}_{11}}(x)=\begin{cases}1 & (x<180)\\ \dfrac{1}{12}(192-x) & (180\leqslant x<192)\\ 0 & (x=192)\\ \dfrac{1}{12}(x-192) & (192<x\leqslant 204)\\ 1 & (x>204)\end{cases}$$

$\tilde{a}_{12}=\langle(160,170,180,190),f_{12l},f_{12r},(155,165,180,200),g_{12l},g_{12r}\rangle$ 是一个第 I 类直觉模糊数, 它的隶属函数和非隶属函数分别为

$$\mu_{\tilde{a}_{12}}(x)=\begin{cases}0 & (x<160)\\ \dfrac{1}{100}(x-160)^2 & (160\leqslant x<170)\\ 1 & (170\leqslant x\leqslant 180)\\ \dfrac{1}{10}(190-x) & (180<x\leqslant 190)\\ 0 & (x>190)\end{cases}$$

和

$$\upsilon_{\tilde{a}_{12}}(x)=\begin{cases}1 & (x<155)\\ \dfrac{1}{100}(165-x)^2 & (155\leqslant x<165)\\ 0 & (165\leqslant x\leqslant 180)\\ \dfrac{1}{20}(x-180) & (180<x\leqslant 200)\\ 1 & (x>200)\end{cases}$$

$\tilde{a}_{21}=\langle(145,155,190),(140,155,190)\rangle$ 是一个第 I 类三角直觉模糊数，它的隶属函数和非隶属函数分别为

$$\mu_{\tilde{a}_{21}}(x)=\begin{cases}0 & (x<145)\\ \dfrac{1}{10}(x-145) & (145\leqslant x<155)\\ 1 & (x=155)\\ \dfrac{1}{35}(190-x) & (155<x\leqslant 190)\\ 0 & (x>190)\end{cases}$$

和

$$\upsilon_{\tilde{a}_{21}}(x)=\begin{cases}1 & (x<140)\\ \dfrac{1}{15}(155-x) & (140\leqslant x<155)\\ 0 & (x=155)\\ \dfrac{1}{35}(x-155) & (155<x\leqslant 190)\\ 1 & (x>190)\end{cases}$$

$\tilde{a}_{22}=\langle(140,150,170,190),(130,145,180,190)\rangle$ 是一个第 I 类梯形直觉模糊数，它的隶属函数和非隶属函数分别为

$$\mu_{\tilde{a}_{22}}(x)=\begin{cases}0 & (x<140)\\ \dfrac{1}{10}(x-140) & (140\leqslant x<150)\\ 1 & (150\leqslant x\leqslant 170)\\ \dfrac{1}{20}(190-x) & (170<x\leqslant 190)\\ 0 & (x>190)\end{cases}$$

和

$$\upsilon_{\tilde{a}_{22}}(x)=\begin{cases}1 & (x<130)\\ \dfrac{1}{15}(145-x) & (130\leqslant x<145)\\ 0 & (145\leqslant x\leqslant 180)\\ \dfrac{1}{10}(x-180) & (180<x\leqslant 190)\\ 1 & (x>190)\end{cases}$$

$\tilde{b}_{11}=\langle(150,170,180),f'_{11l},f'_{11r},(140,165,175,185),g'_{11l},g'_{11r}\rangle$ 是一个第Ⅰ类直觉模糊数，它的隶属函数和非隶属函数分别为

$$\mu_{\tilde{b}_{11}}(x)=\begin{cases}0 & (x<150)\\ \dfrac{1}{20}(x-150) & (150\leqslant x<170)\\ 1 & (x=170)\\ \dfrac{1}{100}(180-x)^2 & (170<x\leqslant 180)\\ 0 & (x>180)\end{cases}$$

和

$$\upsilon_{\tilde{b}_{11}}(x)=\begin{cases}1 & (x<140)\\ \dfrac{1}{25}(165-x) & (140\leqslant x<165)\\ 0 & (165\leqslant x\leqslant 175)\\ \dfrac{1}{100}(x-175)^2 & (175<x\leqslant 185)\\ 1 & (x>185)\end{cases}$$

$\tilde{b}_{12}=\langle(140,150,160,170),(135,150,160,175)\rangle$ 是一个第Ⅰ类梯形直觉模糊数，它的隶属函数和非隶属函数分别为

$$\mu_{\tilde{b}_{12}}(x)=\begin{cases}0 & (x<140)\\ \dfrac{1}{10}(x-140) & (140\leqslant x<150)\\ 1 & (150\leqslant x\leqslant 160)\\ \dfrac{1}{10}(170-x) & (160<x\leqslant 170)\\ 0 & (x>170)\end{cases}$$

和

$$\upsilon_{\tilde{b}_{12}}(x)=\begin{cases}1 & (x<135)\\ \dfrac{1}{15}(150-x) & (135\leqslant x<150)\\ 0 & (150\leqslant x\leqslant 160)\\ \dfrac{1}{15}(x-160) & (160<x\leqslant 175)\\ 1 & (x>175)\end{cases}$$

$\tilde{b}_{21}=\langle(130,150,160),(125,150,170)\rangle$ 是一个第 I 类三角直觉模糊数，它的隶属函数和非隶属函数分别为

$$\mu_{\tilde{b}_{21}}(x)=\begin{cases}0 & (x<130)\\ \dfrac{1}{20}(x-130) & (130\leqslant x<150)\\ 1 & (x=150)\\ \dfrac{1}{10}(160-x) & (150<x\leqslant 160)\\ 0 & (x>160)\end{cases}$$

和

$$\upsilon_{\tilde{b}_{21}}(x)=\begin{cases}1 & (x<125)\\ \dfrac{1}{25}(150-x) & (125\leqslant x<150)\\ 0 & (x=150)\\ \dfrac{1}{20}(x-150) & (150<x\leqslant 170)\\ 1 & (x>170)\end{cases}$$

$\tilde{b}_{22}=\langle(144,164,170),(138,164,180)\rangle$ 是一个第 I 类三角直觉模糊数，它的隶属函数和非隶属函数分别为

$$\mu_{\tilde{b}_{22}}(x)=\begin{cases}0 & (x<144)\\ \dfrac{1}{20}(x-144) & (144\leqslant x<164)\\ 1 & (x=164)\\ \dfrac{1}{6}(170-x) & (164<x\leqslant 170)\\ 0 & (x>170)\end{cases}$$

和

$$\upsilon_{\tilde{b}_{22}}(x)=\begin{cases}1 & (x<138)\\ \dfrac{1}{26}(164-x) & (138\leqslant x<164)\\ 0 & (x=164)\\ \dfrac{1}{16}(x-164) & (164<x\leqslant 180)\\ 1 & (x>180)\end{cases}$$

根据定义 2.22, 可得到直觉模糊支付矩阵 $\tilde{\boldsymbol{A}}$ 和 $\tilde{\boldsymbol{B}}$ 的加权均值面积分别为

$$S_\lambda(\tilde{\boldsymbol{A}})=\begin{pmatrix}S_\lambda(\tilde{a}_{11}) & S_\lambda(\tilde{a}_{12})\\ S_\lambda(\tilde{a}_{21}) & S_\lambda(\tilde{a}_{22})\end{pmatrix}=\begin{pmatrix}192-\lambda & \left(\dfrac{20}{3}-27.5\right)\lambda+17.5-\dfrac{10}{3}\\ 160+1.25\lambda & 161.25+1.25\lambda\end{pmatrix}$$

和

$$S_\lambda(\tilde{\boldsymbol{B}})=\begin{pmatrix}S_\lambda(\tilde{b}_{11}) & S_\lambda(\tilde{b}_{12})\\ S_\lambda(\tilde{b}_{21}) & S_\lambda(\tilde{b}_{22})\end{pmatrix}=\begin{pmatrix}\left(6.25-\dfrac{20}{3}\right)\lambda+163.75+\dfrac{10}{3} & 155\\ 148.75-1.25\lambda & 161.5-\lambda\end{pmatrix}$$

根据数学规划, 即式(8.4), 可建立下面的带参数非线性规划模型

$$\max\left\{\left[\left(5.25-\frac{20}{3}\right)\lambda+355.75+\frac{10}{3}\right]x_1y_1+\left[\left(\frac{20}{3}-27.5\right)\lambda+332.5-\frac{10}{3}\right]x_1y_2\right.$$
$$\left.+308.75x_2y_1+(0.25\lambda+322.75)x_2y_2-S_\lambda(\tilde{u})-S_\lambda(\tilde{v})\right\}$$

$$\text{s.t.}\begin{cases}(192-\lambda)y_1+\left[\left(\dfrac{20}{3}-27.5\right)\lambda+177.5-\dfrac{10}{3}\right]y_2\leqslant S_\lambda(\tilde{u})\\ (160+1.25\lambda)y_1+(161.25+1.25\lambda)y_2\leqslant S_\lambda(\tilde{u})\\ \left[\left(6.25-\dfrac{20}{3}\right)\lambda+163.75+\dfrac{10}{3}\right]x_1+(148.75-1.25\lambda)x_2\leqslant S_\lambda(\tilde{v})\\ 155x_1+(161.5-\lambda)x_2\leqslant S_\lambda(\tilde{v})\\ x_1+x_2=1\\ y_1+y_2=1\\ x_1,x_2,y_1,y_2\geqslant 0\end{cases}\tag{8.5}$$

当参数 $\lambda=0.5$ 时, 利用 MATLAB 求解上述非线性规划, 即式(8.5), 可得到局中人 p_1 和 p_2 的均衡解 $(\boldsymbol{x}^*,\boldsymbol{y}^*,S_\lambda(\tilde{u}^*),S_\lambda(\tilde{v}^*))$, 其中,

$$\boldsymbol{x}^*=(x_1,x_2)^{\mathrm{T}}=(0.5202,0.4798)^{\mathrm{T}},\quad \boldsymbol{y}^*=(y_1,y_2)^{\mathrm{T}}=(0,1)^{\mathrm{T}}$$

$$S_\lambda(\tilde{u}^*)=163.75 \quad 和 \quad S_\lambda(\tilde{v}^*)=157.8788$$

$\boldsymbol{x}^*=(x_1,x_2)^{\mathrm{T}}=(0.5202,0.4798)^{\mathrm{T}}$ 表示局中人 p_1 分别以 0.5 的概率选择纯策略 α_1 和 α_2，$\boldsymbol{y}^*=(y_1,y_2)^{\mathrm{T}}=(0,1)^{\mathrm{T}}$ 表示局中人 p_2 不选择纯策略 β_1，而选择纯策略 β_2.

类似地，对任意给定的 $\lambda\in[0,1]$，都可以分别求解得到局中人 p_1 和 p_2 的均衡策略和相应博弈值的加权均值面积，如表 8.1 所示.

表 8.1　局中人 p_1 和 p_2 的均衡策略和相应博弈值的加权均值面积

λ	$\boldsymbol{x}^{*\mathrm{T}}$	$S_\lambda(\tilde{u}^*)$	$\boldsymbol{y}^{*\mathrm{T}}$	$S_\lambda(\tilde{v}^*)$
0.0	(0.5134,0.4866)	174.167	(0,1)	158.1627
0.1	(0.5148,0.4852)	172.082	(0,1)	158.1055
0.2	(0.5161,0.4839)	170.000	(0,1)	158.0484
0.3	(0.5175,0.4825)	167.917	(0,1)	157.9916
0.4	(0.5188,0.4812)	165.833	(0,1)	157.9351
0.5	(0.5102,0.4798)	163.750	(0,1)	157.8788
0.6	(0.5116,0.4784)	161.9866	(0.0107,0.9893)	157.8227
0.7	(0.5229,0.4771)	162.0286	(0.0771,0.9229)	157.7671
0.8	(0.5243,0.4757)	162.0801	(0.1359,0.8641)	157.7115
0.9	(0.5156,0.4744)	162.1396	(0.1883,0.8117)	157.6565
1.0	(0.5270,0.4730)	162.2056	(0.2356,0.7644)	157.6014

从表 8.1 容易看出，当局中人的风险偏好参数 λ 取不同值时，局中人 p_1 和 p_2 的均衡策略和相应博弈值的加权均值面积也会随着变化，这为局中人的决策提供了更加合理性的方法.

8.2　混合直觉模糊二人非零和博弈的理论模型与方法

8.2.1　双重直觉模糊不等式

双重直觉模糊不等式指的是系数为直觉模糊数，不等式中的符号为直觉模糊大于或直觉模糊小于. 设直觉模糊数组成的集合为 Θ，$\tilde{\boldsymbol{A}}$，$\tilde{\boldsymbol{v}}$ 和 $\tilde{\boldsymbol{w}}$ 分别为 $m\times n$ 矩阵、m 维向量和 n 维向量，且 $\tilde{\boldsymbol{A}}$，$\tilde{\boldsymbol{v}}$ 和 $\tilde{\boldsymbol{w}}$ 中的元素都属于 Θ. 双重直觉模糊不等式表示为 $\tilde{\boldsymbol{A}}\boldsymbol{x}\geqslant_{\mathrm{IFN}\tilde{r},\tilde{s}}\tilde{\boldsymbol{w}}$ 和 $\tilde{\boldsymbol{A}}\boldsymbol{y}\leqslant_{\mathrm{IFN}\tilde{r},\tilde{s}}\tilde{\boldsymbol{w}}$，其中 $\tilde{\boldsymbol{p}}$，$\tilde{\boldsymbol{q}}$，$\tilde{\boldsymbol{r}}$，$\tilde{\boldsymbol{s}}$ 是直觉模糊向量，表示容忍度.

双重直觉模糊不等式 $\tilde{\boldsymbol{A}}\boldsymbol{x}\geqslant_{\mathrm{IFN}\tilde{r},\tilde{s}}\tilde{\boldsymbol{w}}$ 和 $\tilde{\boldsymbol{A}}\boldsymbol{y}\leqslant_{\mathrm{IFN}\tilde{r},\tilde{s}}\tilde{\boldsymbol{w}}$ 等价为

$$\tilde{\boldsymbol{A}}\boldsymbol{x} \geqslant_{\mathrm{IFN}\,\tilde{\boldsymbol{r}},\tilde{\boldsymbol{s}}} \tilde{\boldsymbol{w}} \Rightarrow \begin{cases} \tilde{\boldsymbol{A}}_i\boldsymbol{x} \geqslant_{\mathrm{IFN}} \tilde{v}_i - \tilde{p}_i(1-\xi) \\ \tilde{\boldsymbol{A}}_i\boldsymbol{x} \geqslant_{\mathrm{IFN}} (\tilde{v}_i - \tilde{p}_i) + \tilde{q}_i(1-\eta) \end{cases} \tag{8.6}$$

和

$$\tilde{\boldsymbol{A}}\boldsymbol{y} \geqslant_{\mathrm{IFN}\,\tilde{\boldsymbol{r}},\tilde{\boldsymbol{s}}} \tilde{\boldsymbol{w}} \Rightarrow \begin{cases} \tilde{\boldsymbol{A}}_j\boldsymbol{y} \geqslant_{\mathrm{IFN}} \tilde{v}_j - \tilde{p}_j(1-\xi) \\ \tilde{\boldsymbol{A}}_j\boldsymbol{y} \geqslant_{\mathrm{IFN}} (\tilde{v}_j - \tilde{p}_j) + \tilde{q}_j(1-\eta) \end{cases} \tag{8.7}$$

其中，$\tilde{\boldsymbol{A}}_i$ 和 $\tilde{\boldsymbol{A}}_j$ 分别表示 $\tilde{\boldsymbol{A}}=(i=1,2,\cdots,m;j=1,2,\cdots,n)$ 的第 i 行和第 j 列. $\tilde{v}_i$，$\tilde{p}_i$，$\tilde{q}_i(i=1,2,\cdots,m)$ 分别表示直觉模糊向量 $\tilde{\boldsymbol{v}}$，$\tilde{\boldsymbol{p}}$ 和 $\tilde{\boldsymbol{q}}$ 的第 i 个元素. 相似地，$\tilde{w}_j$，$\tilde{r}_j$，$\tilde{s}_j(j=1,2,\cdots,n)$ 分别表示直觉模糊向量 $\tilde{\boldsymbol{w}}$，$\tilde{\boldsymbol{r}}$ 和 $\tilde{\boldsymbol{s}}$ 的第 j 个元素. ξ 和 η 分别代表最小满意度和最大拒绝度，满足 $0\leqslant\xi\leqslant1$，$0\leqslant\eta\leqslant1$ 和 $\xi+\eta\leqslant1$.

8.2.2　混合直觉模糊二人非零和博弈的均衡解及其求解方法

当局中人 p_1 和 p_2 分别选取纯策略 $\alpha_i\in S_1$，$\beta_j\in S_2$ 时，局中人 p_1 和 p_2 在每个纯策略局势 (α_i,β_j) 下的支付值为第 I 类直觉模糊数 $\tilde{a}_{ij}$ 和 $\tilde{b}_{ij}(i=1,2,\cdots,m;j=1,2,\cdots,n)$，因此，局中人 p_1 和 p_2 的支付矩阵分别表示为 $\tilde{\boldsymbol{A}}=(\tilde{a}_{ij})_{m\times n}$ 和 $\tilde{\boldsymbol{B}}=(\tilde{b}_{ij})_{m\times n}$.

设直觉模糊数 $\tilde{v}$ 和 $\tilde{w}$ 分别表示局中人 p_1 和 p_2 的目标值. 我们称目标为直觉模糊集、支付值为直觉模糊数的二人非零和博弈为混合直觉模糊二人非零和博弈，记为

$$\tilde{\Gamma}=(X,Y,\tilde{\boldsymbol{A}},\tilde{\boldsymbol{B}};\tilde{v},\tilde{p},\tilde{q},\tilde{p}',\tilde{q}';\tilde{w},\tilde{r},\tilde{s},\tilde{r}',\tilde{s}')$$

其中，$\tilde{p},\tilde{q},\tilde{p}',\tilde{q}'$ 和 $\tilde{r},\tilde{s},\tilde{r}',\tilde{s}'$ 分别为局中人 p_1 和 p_2 的容忍度.

下面定义混合直觉模糊二人非零和博弈 $\tilde{\Gamma}$ 的均衡解概念.

定义 8.2　若存在 $(\boldsymbol{x}^*,\boldsymbol{y}^*)\in(X,Y)$ 满足

$$\boldsymbol{x}^{\mathrm{T}}\tilde{\boldsymbol{A}}\boldsymbol{y}^* \leqslant_{\mathrm{IFN}\,\tilde{p},\tilde{q}} \tilde{v} \quad (\boldsymbol{x}\in X)$$

$$\boldsymbol{x}^{*\mathrm{T}}\tilde{\boldsymbol{B}}\boldsymbol{y} \leqslant_{\mathrm{IFN}\,\tilde{r},\tilde{s}} \tilde{w} \quad (\boldsymbol{y}\in Y)$$

$$\boldsymbol{x}^{*\mathrm{T}}\tilde{\boldsymbol{A}}\boldsymbol{y}^* \geqslant_{\mathrm{IFN}\,\tilde{p}',\tilde{q}'} \tilde{v}$$

$$\boldsymbol{x}^{*\mathrm{T}}\tilde{\boldsymbol{B}}\boldsymbol{y}^* \geqslant_{\mathrm{IFN}\,\tilde{r}',\tilde{s}'} \tilde{w}$$

则称 $(\boldsymbol{x}^*,\boldsymbol{y}^*)\in(X,Y)$ 为混合直觉模糊二人非零和博弈 $\tilde{\Gamma}$ 的均衡策略，$\boldsymbol{x}^*$ 和 $\boldsymbol{y}^*$ 分别为局中人 p_1 和 p_2 的最优策略，$\tilde{v}^*=\boldsymbol{x}^{*\mathrm{T}}\tilde{\boldsymbol{A}}\boldsymbol{y}^*$ 和 $\tilde{w}^*=\boldsymbol{x}^{*\mathrm{T}}\tilde{\boldsymbol{B}}\boldsymbol{y}^*$ 分别为局中人 p_1 和 p_2 的博弈值，$(\boldsymbol{x}^*,\boldsymbol{y}^*,\tilde{u}^*,\tilde{v}^*)$ 为混合直觉模糊二人非零和博弈 $\tilde{\Gamma}$ 的均衡解.

根据定义 8.2，局中人 p_1 和 p_2 的均衡解可通过求解下面的问题得到，即求解 $(\boldsymbol{x},\boldsymbol{y})\in(X,Y)$ 使得

$$\begin{array}{c} \boldsymbol{x}^{\mathrm{T}}\tilde{\boldsymbol{A}}\boldsymbol{y} \leqslant_{\mathrm{IFN}\,\tilde{p},\tilde{q}} \tilde{v} \quad (\boldsymbol{x}\in X) \\ \boldsymbol{x}^{\mathrm{T}}\tilde{\boldsymbol{B}}\boldsymbol{y} \leqslant_{\mathrm{IFN}\,\tilde{r},\tilde{s}} \tilde{w} \quad (\boldsymbol{y}\in Y) \\ \boldsymbol{x}^{\mathrm{T}}\tilde{\boldsymbol{A}}\boldsymbol{y} \geqslant_{\mathrm{IFN}\,\tilde{p}',\tilde{q}'} \tilde{v} \\ \boldsymbol{x}^{\mathrm{T}}\tilde{\boldsymbol{B}}\boldsymbol{y} \geqslant_{\mathrm{IFN}\,\tilde{r}',\tilde{s}'} \tilde{w} \end{array} \tag{8.8}$$

根据 4.2 节的直觉模糊优化和式(8.7)，式(8.8)可转化为

$$\max\{\xi-\eta\}$$
$$\text{s.t.}\begin{cases} \boldsymbol{x}^{\mathrm{T}}\tilde{\boldsymbol{A}}\boldsymbol{y} \leqslant_{\mathrm{IFN}} \tilde{v}+\tilde{p}(1-\xi) & (\boldsymbol{x}\in X) \\ \boldsymbol{x}^{\mathrm{T}}\tilde{\boldsymbol{A}}\boldsymbol{y} \leqslant_{\mathrm{IFN}} \tilde{v}+\tilde{p}-\tilde{q}(1-\eta) & (\boldsymbol{x}\in X) \\ \boldsymbol{x}^{\mathrm{T}}\tilde{\boldsymbol{B}}\boldsymbol{y} \leqslant_{\mathrm{IFN}} \tilde{w}+\tilde{r}(1-\xi) & (\boldsymbol{y}\in Y) \\ \boldsymbol{x}^{\mathrm{T}}\tilde{\boldsymbol{B}}\boldsymbol{y} \leqslant_{\mathrm{IFN}} \tilde{w}+\tilde{r}-\tilde{s}(1-\eta) & (\boldsymbol{y}\in Y) \\ \boldsymbol{x}^{\mathrm{T}}\tilde{\boldsymbol{A}}\boldsymbol{y} \geqslant_{\mathrm{IFN}} \tilde{v}-\tilde{p}'(1-\xi) \\ \boldsymbol{x}^{\mathrm{T}}\tilde{\boldsymbol{A}}\boldsymbol{y} \geqslant_{\mathrm{IFN}} \tilde{v}-\tilde{p}'+\tilde{q}'(1-\eta) \\ \boldsymbol{x}^{\mathrm{T}}\tilde{\boldsymbol{B}}\boldsymbol{y} \geqslant_{\mathrm{IFN}} \tilde{w}-\tilde{r}'(1-\xi) \\ \boldsymbol{x}^{\mathrm{T}}\tilde{\boldsymbol{B}}\boldsymbol{y} \geqslant_{\mathrm{IFN}} \tilde{w}-\tilde{r}'+\tilde{s}'(1-\eta) \\ \xi+\eta\leqslant 1 \\ \xi\geqslant 0,\eta\geqslant 0 \end{cases} \tag{8.9}$$

利用式(2.89)和定义 2.33 的直觉模糊数加权高度排序法，式(8.9)转化为下面带参数 λ 的非线性规划

$$\max\{\xi-\eta\}$$
$$\text{s.t.}\begin{cases} H_\lambda(\boldsymbol{x}^{\mathrm{T}}\tilde{\boldsymbol{A}}\boldsymbol{y}) \leqslant H_\lambda(\tilde{v})+H_\lambda(\tilde{p})(1-\xi) & (\boldsymbol{x}\in X) \\ H_\lambda(\boldsymbol{x}^{\mathrm{T}}\tilde{\boldsymbol{A}}\boldsymbol{y}) \leqslant H_\lambda(\tilde{v})+H_\lambda(\tilde{p})-H_\lambda(\tilde{p})(1-\eta) & (\boldsymbol{x}\in X) \\ H_\lambda(\boldsymbol{x}^{\mathrm{T}}\tilde{\boldsymbol{B}}\boldsymbol{y}) \leqslant H_\lambda(\tilde{w})+H_\lambda(\tilde{r})(1-\xi) & (\boldsymbol{y}\in Y) \\ H_\lambda(\boldsymbol{x}^{\mathrm{T}}\tilde{\boldsymbol{B}}\boldsymbol{y}) \leqslant H_\lambda(\tilde{w})+H_\lambda(\tilde{r})-H_\lambda(\tilde{s})(1-\eta) & (\boldsymbol{y}\in Y) \\ H_\lambda(\boldsymbol{x}^{\mathrm{T}}\tilde{\boldsymbol{A}}\boldsymbol{y}) \geqslant H_\lambda(\tilde{v})-H_\lambda(\tilde{p}')(1-\xi) \\ H_\lambda(\boldsymbol{x}^{\mathrm{T}}\tilde{\boldsymbol{A}}\boldsymbol{y}) \geqslant H_\lambda(\tilde{v})-H_\lambda(\tilde{p}')+H_\lambda(\tilde{q}')(1-\eta) \\ H_\lambda(\boldsymbol{x}^{\mathrm{T}}\tilde{\boldsymbol{B}}\boldsymbol{y}) \geqslant H_\lambda(\tilde{w})-H_\lambda(\tilde{r}')(1-\xi) \\ H_\lambda(\boldsymbol{x}^{\mathrm{T}}\tilde{\boldsymbol{B}}\boldsymbol{y}) \geqslant H_\lambda(\tilde{w})-H_\lambda(\tilde{r}')+H_\lambda(\tilde{s}')(1-\eta) \\ \xi+\eta\leqslant 1 \\ \xi\geqslant 0,\eta\geqslant 0 \end{cases} \tag{8.10}$$

其中参数 λ 代表决策者对待风险的态度.

由于局中人 p_1 和 p_2 的混合策略空间 $X\times Y$ 是凸多面体，混合直觉模糊二人非零和博弈 $\tilde{\Gamma}$ 的均衡策略在 $X\times Y$ 的极点处取得. 因此得到下面的数学规划

$$\max\{\xi-\eta\}$$
$$\text{s.t.}\begin{cases}H_\lambda(\tilde{\boldsymbol{A}}_i\boldsymbol{y})\leqslant H_\lambda(\tilde{v})+H_\lambda(\tilde{p})(1-\xi)\\ H_\lambda(\tilde{\boldsymbol{A}}_i\boldsymbol{y})\leqslant H_\lambda(\tilde{v})+H_\lambda(\tilde{p})-H_\lambda(\tilde{p})(1-\eta)\\ H_\lambda(\boldsymbol{x}^{\mathrm{T}}\tilde{\boldsymbol{B}}_j)\leqslant H_\lambda(\tilde{w})+H_\lambda(\tilde{r})(1-\xi)\\ H_\lambda(\boldsymbol{x}^{\mathrm{T}}\tilde{\boldsymbol{B}}_j)\leqslant H_\lambda(\tilde{w})+H_\lambda(\tilde{r})-H_\lambda(\tilde{s})(1-\eta)\\ H_\lambda(\boldsymbol{x}^{\mathrm{T}}\tilde{\boldsymbol{A}}\boldsymbol{y})\geqslant H_\lambda(\tilde{v})-H_\lambda(\tilde{p}')(1-\xi)\\ H_\lambda(\boldsymbol{x}^{\mathrm{T}}\tilde{\boldsymbol{A}}\boldsymbol{y})\geqslant H_\lambda(\tilde{v})-H_\lambda(\tilde{p}')+H_\lambda(\tilde{q}')(1-\eta)\\ H_\lambda(\boldsymbol{x}^{\mathrm{T}}\tilde{\boldsymbol{B}}\boldsymbol{y})\geqslant H_\lambda(\tilde{w})-H_\lambda(\tilde{r}')(1-\xi)\\ H_\lambda(\boldsymbol{x}^{\mathrm{T}}\tilde{\boldsymbol{B}}\boldsymbol{y})\geqslant H_\lambda(\tilde{w})-H_\lambda(\tilde{r}')+H_\lambda(\tilde{s}')(1-\eta)\\ \xi+\eta\leqslant 1\\ \xi\geqslant 0,\eta\geqslant 0\end{cases}\tag{8.11}$$

综上所述，可通过求解非线性规划(8.11)得到混合直觉模糊二人非零和博弈 $\tilde{\Gamma}$ 的均衡解，即，若 $(\boldsymbol{x}^*,\boldsymbol{y}^*,\xi^*,\eta^*)$ 是非线性规划(8.11)的最优解，则 $(\boldsymbol{x}^*,\boldsymbol{y}^*)$ 是混合直觉模糊二人非零和博弈 $\tilde{\Gamma}$ 的均衡策略，ξ^* 和 η^* 分别为局中人 p_1 和 p_2 对期望值 $\tilde{v}$ 和 $\tilde{w}$ 的最小满意度、最大拒绝度，且 $1-\xi^*-\eta^*\neq 0$ 是犹豫度.

本小节的讨论可概括为定理 8.2.

定理 8.2　混合直觉模糊二人非零和博弈 $\tilde{\Gamma}=(X,Y,\tilde{\boldsymbol{A}},\tilde{\boldsymbol{B}};\tilde{v},\tilde{p},\tilde{q},\tilde{p}',\tilde{q}';\tilde{w},\tilde{r},\tilde{s},\tilde{r}',\tilde{s}')$ 的均衡解等价于非线性规划(8.9)的最优解.

推论 8.1　当 $\tilde{p}=\tilde{q}$, $\tilde{r}=\tilde{s}$, $\tilde{p}'=\tilde{q}'$, $\tilde{r}'=\tilde{s}'$ 与 $\eta=1-\xi$ 时，混合直觉模糊二人非零和博弈 $\tilde{\Gamma}$ 退化为 Vidyottama[52]研究的目标为模糊集、支付值为模糊数的二人非零和博弈.

Vidyottama[52]提出的模糊二人非零和博弈的非线性规划为

$$\max\{\xi\}$$
$$\text{s.t.}\begin{cases}\boldsymbol{x}^{\mathrm{T}}\tilde{\boldsymbol{A}}\boldsymbol{y}\leqslant_{\mathrm{FN}}\tilde{v}+\tilde{p}(1-\xi)\quad(\boldsymbol{x}\in X)\\ \boldsymbol{x}^{\mathrm{T}}\tilde{\boldsymbol{B}}\boldsymbol{y}\leqslant_{\mathrm{FN}}\tilde{w}+\tilde{r}(1-\xi)\quad(\boldsymbol{y}\in Y)\\ \boldsymbol{x}^{\mathrm{T}}\tilde{\boldsymbol{A}}\boldsymbol{y}\geqslant_{\mathrm{FN}}\tilde{v}-\tilde{p}'(1-\xi)\\ \boldsymbol{x}^{\mathrm{T}}\tilde{\boldsymbol{B}}\boldsymbol{y}\geqslant_{\mathrm{FN}}\tilde{w}-\tilde{r}'(1-\xi)\\ 0\leqslant\xi\leqslant 1\end{cases}\tag{8.12}$$

其中，符号“$\leqslant_{\mathrm{FN}}$”和“$\geqslant_{\mathrm{FN}}$”为模糊数的不等关系符号. 因此，目标为模糊集、

支付值为模糊数的二人非零和博弈是目标为直觉模糊集、支付值为直觉模糊数的二人非零和博弈的特殊情况.

8.2.3　数值实例分析

现有电视台公司 p_1 和 p_2，欲在20: 00 — 22: 00这个黄金时间段提高各自电视台的收视率. 假设电视台公司 p_1 和 p_2 都是理性的决策人, 即他们在没有合作的情况下, 都选择最优策略来最大化自己的利益. 两个电视台公司考虑采用下面两个策略来提高收视率: 在这个黄金时间段播电视剧, 即策略 α_1 和 β_1; 在这个时间段播真人秀, 即策略 α_2 和 β_2. 两个电视台公司 p_1 和 p_2 的策略选择可以看成一个二人非零和博弈问题, 即两个电视台公司 p_1 和 p_2 分别为局中人 p_1 和 p_2. 由于缺乏信息或信息的不确定性, 局中人不能准确地预估收视率, 局中人对某一局势下的预估的收视率有一定的犹豫程度. 为了描述这种不确定性及犹豫程度, 我们用第Ⅱ类三角直觉模糊数来表示局中人预估的收视率, 具体如下

$$\tilde{\boldsymbol{A}}=\begin{pmatrix}\langle(0.7,0.8,0.9);0.8,0.1\rangle & \langle(0.3,0.4,0.5);0.7,0.2\rangle\\ \langle(0.3,0.4,0.5);0.7,0.2\rangle & \langle(0.4,0.5,0.6);0.6,0.2\rangle\end{pmatrix}$$

和

$$\tilde{\boldsymbol{B}}=\begin{pmatrix}\langle(0.3,0.36,0.4);0.8,0.1\rangle & \langle(0.2,0.285,0.3);0.7,0.2\rangle\\ \langle(0.2,0.25,0.3);0.7,0.2\rangle & \langle(0.35,0.4,0.45);0.6,0.2\rangle\end{pmatrix}$$

假设局中人 p_1 和 p_2 的期望值分别为 $\tilde{v}=\langle(0.5,0.6,0.7);0.8,0.1\rangle$ 和 $\tilde{w}=\langle(0.4,0.5,0.6);0.6,0.2\rangle$. 容忍度分别为

$$\tilde{p}_1=\tilde{p}_2=\tilde{p}=\langle(0.1,0.2,0.3);0.7,0.2\rangle$$

$$\tilde{q}_1=\tilde{q}_2=\tilde{q}=\langle(0.1,0.15,0.2);0.6,0.2\rangle$$

$$\tilde{p}'=\langle(0.2,0.3,0.4);0.7,0.2\rangle$$

$$\tilde{q}'=\langle(0.1,0.2,0.3);0.5,0.2\rangle$$

$$\tilde{r}_1=\tilde{r}_2=\tilde{r}=\langle(0.1,0.2,0.3);0.6,0.3\rangle$$

$$\tilde{s}_1=\tilde{s}_2=\tilde{s}=\langle(0.1,0.15,0.2);0.8,0.1\rangle$$

$$\tilde{r}'=\langle(0.3,0.4,0.5);0.6,0.2\rangle$$

$$\tilde{s}'=\langle(0.2,0.3,0.4);0.8,0.1\rangle$$

根据式(8.11), 利用定义 2.36 和式(2.105)的第Ⅱ类三角直觉模糊数加权高度排序指标, 可得

$$
\max\{\xi-\eta\}
$$

$$
\text{s.t.}\begin{cases}
0.8y_1+0.4y_2+0.3\xi\leqslant 0.8\\
0.4y_1+0.5y_2+\dfrac{(0.24-0.03\lambda)\xi}{0.8-0.2\lambda}\leqslant\dfrac{0.64-0.08\lambda}{0.8-0.2\lambda}\\
0.8y_1+0.4y_2-\dfrac{(0.12-0.03\lambda)\eta}{0.8-0.1\lambda}\leqslant\dfrac{0.52-0.13\lambda}{0.8-0.1\lambda}\\
0.4y_1+0.5y_2-0.15\eta\leqslant 0.65\\
0.355x_1+0.25x_2+\dfrac{(0.14-0.02\lambda)\xi}{0.8-0.1\lambda}\leqslant\dfrac{0.49-0.07\lambda}{0.8-0.1\lambda}\\
0.2675x_1+0.4x_2+0.2\xi\leqslant 0.7\\
0.355x_1+0.25x_2-\dfrac{(0.0875-0.0125\lambda)\eta}{0.8-0.1\lambda}\leqslant\dfrac{0.385-0.055\lambda}{0.8-0.1\lambda}\\
0.2675x_1+0.4x_2-0.125\eta\leqslant 0.55\\
0.8x_1y_1+0.4x_1y_2+0.4x_2y_1+0.5x_2y_2-\dfrac{(0.24-0.03\lambda)\xi}{0.8-0.2\lambda}\geqslant\dfrac{0.24-0.03\lambda}{0.8-0.2\lambda}\\
0.8x_1y_1+0.4x_1y_2+0.4x_2y_1+0.5x_2y_2+\dfrac{(0.16-0.06\lambda)\eta}{0.8-0.2\lambda}\geqslant\dfrac{0.32-0.12\lambda}{0.8-0.2\lambda}\\
0.355x_1y_1+0.2675x_1y_2+0.25x_2y_1+0.4x_2y_2-\dfrac{(0.32-0.08\lambda)\xi}{0.7-0.1\lambda}\geqslant\dfrac{(0.08-0.02\lambda)\xi}{0.7-0.1\lambda}\\
0.355x_1y_1+0.2675x_1y_2+0.25x_2y_1+0.4x_2y_2+\dfrac{(0.24-0.06\lambda)\eta}{0.7-0.1\lambda}\geqslant\dfrac{0.32-0.08\lambda}{0.7-0.1\lambda}\\
x_1+x_2=1\\
y_1+y_2=1\\
\xi+\eta\leqslant 1\\
x_1,x_2,y_1,y_2,\xi,\eta\geqslant 0
\end{cases}
$$

求解上述非线性规划, 得到局中人在不同风险偏好下的最优策略, 如表 8.2 所示.

表 8.2　局中人在不同的风险偏好下的最优策略

λ	$\boldsymbol{x}^{*\mathrm{T}}$	$\boldsymbol{y}^{*\mathrm{T}}$	ξ^*	η^*
0	(1,0)	(0.6546,0.3454)	0.4605	0.3859
0.1	(1,0)	(0.6495,0.3505)	0.4673	0.3771
0.2	(1,0)	(0.6443,0.3557)	0.4743	0.3675
0.3	(1,0)	(0.6385,0.3615)	0.4820	0.3575
0.4	(1,0)	(0.6326,0.3674)	0.4898	0.3469
0.5	(1,0)	(0.6264,0.3736)	0.4982	0.3358
0.6	(1,0)	(0.6061,0.3939)	0.5041	0.3277

续表

λ	$\boldsymbol{x}^{*\mathrm{T}}$	$\boldsymbol{y}^{*\mathrm{T}}$	ξ^*	η^*
0.7	(0.4444,0.5556)	(0.4027,0.5973)	0.5213	0.3047
0.8	(0.4898,0.5102)	(0.4410,0.5590)	0.5257	0.2992
0.9	(0.5347,0.4653)	(0.4776,0.5224)	0.5326	0.2901
1	(0.6212,0.3788)	(0.4822,0.5178)	0.5413	0.2783

从表 8.2 可以看出，当取不同λ值时，即局中人在不同风险偏好下，选择的最优策略是不同的. 例如，当$\lambda=0.5$时，局中人 p_1 的最优策略是 $\boldsymbol{x}^*=(1,0)^{\mathrm{T}}$，局中人 p_2 的最优策略是 $\boldsymbol{y}^*=(0.6264,0.3736)^{\mathrm{T}}$，最小满意度是$\xi^*=0.4982$，最大拒绝度是$\eta^*=0.3358$. 值得注意的是，最小满意度与最大拒绝度之和不等于 1，局中人有$1-\xi^*-\eta^*=0.166$的犹豫度. 这个数值结果与前面理论分析是契合的.

参 考 文 献

[1] Zadeh L A. Fuzzy sets [J]. Information and Control, 1965, 8(3): 338-353.

[2] Goguen J A. L-fuzzy sets [J]. Journal of Mathematical Analysis and Applications, 1967, 18(1): 145-174.

[3] Zadeh L A. The concept of a linguistic variable and its application to approximate reasoning-I [J]. Information Sciences, 1975, 8(3): 199-249.

[4] Atanassov K T. Intuitionistic fuzzy sets [J]. Fuzzy Sets and Systems, 1986, 20(1): 87-96.

[5] Atanassov K T. Intuitionistic Fuzzy Sets [M]. Heidelberg, New York: Physica-Verlag, 1999.

[6] Atanassov K T. Research on intuitionistic fuzzy sets in bulgaria [J]. Fuzzy Sets and Systems, 1987, 22(1-2): 193.

[7] Atanassov K T. More on intuitionistic fuzzy sets [J]. Fuzzy Sets and Systems, 1989, 33(1): 37-45.

[8] Atanassov K, Christo G. Intuitionistic fuzzy prolog [J]. Fuzzy Sets and Systems, 1993, 53(2): 121-128.

[9] Atanassov K T. Research on intuitionistic fuzzy sets [J]. Fuzzy Sets and Systems, 1993, 54(3): 363-364.

[10] Atanassov K T. New operations defined over the intuitionistic fuzzy sets [J]. Fuzzy Sets and Systems, 1994, 61(2): 137-142.

[11] Atanassov K T. Remarks on the intuitionistic fuzzy sets Ⅲ [J]. Fuzzy Sets and Systems, 1995, 75(3): 401-402.

[12] Atanassov K T. An equality between intuitionistic fuzzy sets [J]. Fuzzy Sets and Systems, 1996, 79(2): 257-258.

[13] Atanassov K, Gargov G. Elements of intuitionistic fuzzy logic. Part I [J]. Fuzzy Sets and Systems, 1998, 95(1): 39-52.

[14] Atanassov K T. Remark on the intuitionistic fuzzy logics [J]. Fuzzy Sets and Systems, 1998, 95(1): 127-129.

[15] Atanassov K T, Kacprzyk J, Szmidt E, et al. On separability of intuitionistic fuzzy sets [J]. Lecture Notes in Computer Science, 2003, 2715: 285-292.

[16] Atanassov K T. My personal view on intuitionistic fuzzy sets theory [M]//Bustince H, Herrera F, Montero J. Fuzzy Sets and Their Extensions: Representation, Aggregation and Models. Berlin, Heidelberg: Springer- Verlag, 2008: 23-43.

[17] Bustince H, Burillo P. Structures on intuitionistic fuzzy relations [J]. Fuzzy Sets and Systems, 1996, 78(3): 293-303.

[18] 李登峰. 直觉模糊集决策与对策分析方法[M]. 北京: 国防工业出版社, 2012.

[19] Chen S M, Tan J M. Handing multicriteria fuzzy decision-making problems based on vague set theory [J]. Fuzzy Sets and Systems, 1994, 67(2): 163-172.

[20] Hong D H, Choi C H. Multi-criteria fuzzy decision-making problems based on vague set theory [J]. Fuzzy Sets and Systems, 2000, 114(1): 103-113.

[21] 李凡, 饶勇. 基于 Vague 集的加权多目标模糊决策方法[J]. 计算机科学, 2001, 28(7): 60-62, 65.

[22] Liu H W. Axiomatic construction for intuitionistic fuzzy set[J]. The Journal of Fuzzy Mathematics, 2000, 8(3): 645-650.

[23] Li D F, Wang Y C. Mathematical programming approach to multiattribute decision making under intuitionistic fuzzy environments [J]. International Journal of Uncertainty, Fuzziness and Knowledge-Based Systems, 2008, 16(4): 557-577.

[24] Atanassov K, Gargov G. Interval valued intuitionistic fuzzy sets [J]. Fuzzy Sets and Systems, 1989, 31(3): 343-349.

[25] 徐泽水. 区间直觉模糊信息的集成方法及其在决策中的应用[J]. 控制与决策, 2007, 22(2): 215-219.

[26] 王坚强, 张忠. 基于直觉模糊数的信息不完全的多准则规划方法[J]. 控制与决策, 2008, 23(10): 1145-1148, 1152.

[27] Dubois D, Prade H. Fuzzy Sets and Systems: Theory and Applications [M]. New York: Academic Press, 1980.

[28] Li D F, Nan J X, Zhang M J. A ranking method of triangular intuitionistic fuzzy numbers and application to decision making [J]. International Journal of Computational Intelligence Systems, 2010, 3(5): 522-530.

[29] Delgado M, Vila M A, Voxman W. On a canonical representation of fuzzy numbers [J]. Fuzzy Sets and Systems, 1998, 93(1): 125-135.

[30] Nan J X, Li D F, Zhang M J. A lexicographic method for matrix games with payoffs of triangular intuitionistic fuzzy numbers [J]. International Journal of Computational Intelligence Systems, 2010, 3(3): 280-289.

[31] Li D F. A ratio ranking method of triangular intuitionistic fuzzy numbers and its application to MADM problems [J]. Computers and Mathematics with Applications, 2010, 60(6): 1557-1570.

[32] Li D F. Compromise ratio method for fuzzy multi-attribute group decision making [J]. Applied Soft Computing, 2007, 7(3): 807-817.

[33] Zhang M J, Nan J X. A compromise ratio ranking method of triangular intuitionistic fuzzy numbers and its application to MADM problems [J]. Iranian Journal of Fuzzy Systems, 2013, 10(6): 21-37.

[34] Choobineh F, Li H S. An index for ordering fuzzy numbers [J]. Fuzzy Sets and Systems, 1993, 54(3): 287-294.

[35] Wang X Z, Kerre E E. Reasonable properties for the ordering of fuzzy quantities (I) [J]. Fuzzy Sets and Systems, 2001, 118(3): 375-385.

[36] 汪贤裕, 肖玉明. 博弈论及其应用[M]. 北京: 科学出版社, 2008.

[37] 李登峰. 模糊多目标多人决策与对策[M]. 北京: 国防工业出版社, 2003.

[38] Nishizaki I, Sakawa M. Solutions based on fuzzy goals in fuzzy linear programming games [J]. Fuzzy Sets and Systems, 2000, 115(1): 105-119.

[39] Bector C R, Chandra S, Vidyottama V. Matrix games with fuzzy goals and fuzzy linear

programming duality [J]. Fuzzy Optimization and Decision Making, 2004, 3(3): 255-269.

[40] Angelov P P. Optimization in an intuitionistic fuzzy environment [J]. Fuzzy Sets and Systems, 1997, 86(3): 299-306.

[41] Aggarwal A, Mehra A, Chandra S. Application of linear programming with I-fuzzy sets to matrix games with I-fuzzy goals [J]. Fuzzy Optimization and Decision Making, 2012, 11(4): 465-480.

[42] Nan J X, Li D F. Linear programming approach to matrix games with intuitionistic fuzzy goals [J]. International Journal of Computational Intelligence Systems, 2013, 6(1): 186-197.

[43] Li D F, Nan J X. A nonlinear programming approach to matrix games with payoffs of Atanassov's intuitionistic fuzzy sets [J]. International Journal of Uncertainty, Fuzziness and Knowledge-Based Systems, 2009, 17(4): 585-607.

[44] 崔振兴, 张苹苹. 矩阵对策理论在技术竞争中的应用[J]. 系统工程理论与实践, 1985, 5(4): 29-33.

[45] Li D F. Linear programming approach to solve interval-valued matrix games [J]. Omega, 2011, 39(6): 655-666.

[46] Nan J X, Li D F, Zhang M J. A lexicographic method for matrix games with payoffs of triangular intuitionistic fuzzy numbers [J]. International Journal of Computational Intelligence Systems, 2010, 3(3): 280-289.

[47] 南江霞, 汪亭, 王冠雄, 等. 异类值多目标二人零和约束矩阵对策及求解方法[J]. 模糊系统与数学, 2016, 30(4): 121-128.

[48] 徐玖平, 李军. 多目标决策的理论与方法[M]. 北京: 清华大学出版社, 2005.

[49] Maeda T. Characterization of the equilibrium strategy of the bimatrix game with fuzzy payoff [J]. Journal of Mathematical Analysis and Applications, 2000, 251(2): 885-896.

[50] Li D F, Yang J. A difference-index based ranking bilinear programming approach to solveing bimatrix games with payoffs of trapezoidal intuitionistic fuzzy numbers [J]. Journal of Applied Mathematics, 2013, (2013): 1-10.

[51] An J J, Li D F, Nan J X. A mean-area ranking based non-linear programming approach to solve intuitionistic fuzzy bi-matrix games [J]. Journal of Intelligent and Fuzzy Systems, 2017, 33(1): 563-573.

[52] Vidyottama V, Chandra S, Bector C R. Bi-matrix games with fuzzy goals and fuzzy [J]. Fuzzy Optimization and Decision Making, 2004, 3(4): 327-344.